新能源工程应用技术系列教材
国家电投江苏电力有限公司生产培训教材

海上风电电气技术

主　编　邢连中　王　锋　邢建辉

副主编　王文庆　葛前华　葛双义　田宏卫　李　成　和庆冬　赵德中　黄　帅　杨　荣　朱天华　陈　城

参　编　刘跃伟　张　成　刁品宜　黄　攀　田智捷　周国钧　戚建功　杨　祥　王小飞　申云乔　吴　涛　宋明哲　杨　叶　陈　勇　夏斯江　傅建亚　王国太　王乃新　李大营　苗会雨　孙　旭

南京大学出版社

图书在版编目(CIP)数据

海上风电电气技术/邢连中，王锋，邢建辉主编.
—南京：南京大学出版社，2023.12
ISBN 978-7-305-27551-7

Ⅰ.①海… Ⅱ.①邢… ②王… ③邢… Ⅲ.①海上—风力发电—电工技术—技术培训—教材 Ⅳ.①TM62

中国国家版本馆 CIP 数据核字(2023)第 239640 号

出版发行 南京大学出版社
社　　址 南京市汉口路 22 号　　　邮　　编 210093

书　　名 海上风电电气技术
HAISHANG FENGDIAN DIANQI JISHU
主　　编 邢连中　王　锋　邢建辉
责任编辑 刘　飞

照　　排 南京开卷文化传媒有限公司
印　　刷 南京新洲印刷有限公司
开　　本 787 mm×1092 mm　1/16　　印张 13.5　　字数 312 千
版　　次 2023 年 12 月第 1 版　2023 年 12 月第 1 次印刷
ISBN 978-7-305-27551-7
定　　价 45.00 元

网　　址:http://www.njupco.com
官方微博:http://weibo.com/njupco
官方微信号:njupress
销售咨询热线:(025)83594756

编 委 会

序

电力是社会现代化的基础和动力，是最重要的二次能源。电力的安全生产和供应事关我国现代化建设全局。近年来，随着电力行业不断发展以及国家对环保要求的不断提高，在传统高参数、大容量燃煤发电机组逐步发展的基础上，新能源、综合智慧能源发展已经成为我国发电行业的新趋势。

国家电投集团江苏电力有限公司（以下简称“公司”）成立于2010年8月，2014年3月改制为国家电投集团公司（以下简称“国家电投集团”）江苏区域控股子公司，2017年11月实现资产证券化，主要从事电力、热力、港口及相关业务的开发、投资、建设、运营和管理等。近年来，公司积极参与构建以新能源为主的新型电力系统建设，产业涵盖港口、码头、航道、高效清洁火电、天然气热电联产、城市供热、光伏、陆上风电、海上风电、储能、氢能、综合智慧能源、售电等众多领域，打造了多个“行业第一”和数个“全国首创”。目前，公司实际管理11家三级单位，2个直属机构，62家控股子公司，发电装机容量527.63万千瓦，管理装机容量718.96万千瓦。其中，新能源装机325.23万千瓦，占比达61.64%。

为了落实江苏公司“强基础”工作要求，使公司生产技术人员更快更好地了解和掌握火电、热电、光伏、海上风电、储能、综合智慧能源等的结构、系统、调试、运行、检修等知识，江苏公司组织系统内长期从事发电设备运行检修的专家及技术人员，同时邀请南京大学专业导师共同编制了《国家电投江苏电力有限公司生产培训教材》系列丛书。本丛书编写主要依据国家和电力行业相关法规和标准、国家电投集团相关标准、各设备制造厂说明书和技术协议、设计院设计图，同时参照了行业内各兄弟单位的培训教材，在此对所有参与教材编写的技术人员表示感谢。

本丛书兼顾电力行业基础知识和工程运行检修实践，是一套实用的电力生产培训类图书，供国家电投集团江苏电力有限公司及其他生产技术人员参阅及专业岗前培训、在岗培训、转岗培训使用。

编委会

2023年10月

前　言

随着国际社会能源紧缺压力的不断增大，环境污染和气候变化等问题日益严峻，风能作为一种洁净、无污染、可再生的绿色能源得到了国际社会的高度重视。近几年来，我国的海上风力发电技术日趋成熟，电气设备集约化和模块化发展迅速，但因其输配电设备远离海岸、可达到性差、运行环境不佳等因素，大大提升了设备检修维护的难度。因此，电气系统设计和安全运行，直接影响风电系统的可靠性、稳定性、经济性和高效性，海上风电运维人员在新的发电产业形式下，面临着新的挑战。

国家电投集团江苏电力有限公司作为一家主要从事电力、热力、港口及相关业务的开发、投资、建设、运营和管理的国有大型能源企业。近年来，公司积极参与构建以新能源为主的新型电力系统建设。2016 年，行业内率先建成盐城滨海北 H1(100 MW)海上风电项目，成为风电行业首个国家优质工程金奖项目，并入选中华人民共和国成立 70 周年百项经典工程。2018 年，建成并投运当时亚洲单体容量最大的盐城滨海北 H2(400 MW)海上风电项目，同年建成并投运当时国内离岸距离最远的盐城大丰 H3(300 MW)海上风电项目。2020 年，建成并投运国内首个数字化、智慧化海上风电场——盐城滨海南 H3(300 MW)海上风电项目。2021 年，建成并投运国内单体容量最大的海上风电场集群——南通如东 800 MW(H4、H7)海上风电项目。至此，国家电投盐城、南通两个百万千瓦海上风电基地巍然屹立于祖国的黄海之滨，为国家、社会提供源源不断的清洁能源。

本书主要从海上风电电气基础知识、发电机、电力变压器、一般电气设备、直流系统及交流不停电电源(UPS)系统、继电保护及自动装置系统、变电站通信及综合自动化系统、消防系统、倒闸操作、事故处理十个方面介绍了海上风电电气技术知识。

本书是由国家电投集团江苏电力有限公司组织归纳编写而成，基层一线管理人员完成了资料收集及数据整理工作。同时在出版过程中得到了南京大学出版社的大力支持，在此表示衷心的感谢！

由于笔者水平有限、时间仓促，书中难免存在不足之处，恳请读者批评指正。

编　者

2023 年 10 月

目　录

第一章　海上风电电气基础知识 ······ 001

第一节　电气主接线 ······ 001

第二节　运行专业术语和定义 ······ 002

第三节　场用电运行方式 ······ 006

第四节　柴油发电机组 ······ 009

第五节　中性点运行方式 ······ 014

第二章　发电机 ······ 018

第一节　鼠笼式异步发电机 ······ 018

第二节　西门子 4 MW 发电机 ······ 020

第三节　发电机日常巡检 ······ 025

第三章　电力变压器 ······ 026

第一节　变压器的本体结构 ······ 026

第二节　变压器的基本工作原理 ······ 031

第三节　分裂变压器 ······ 033

第四节　箱变、接地变 ······ 036

第五节　变压器的检查和维护 ······ 041

第四章　一般电气设备 ······ 044

第一节　隔离开关与输电线路 ······ 044

第二节　气体绝缘全封闭组合电器 ······ 050

第三节　高压开关柜 ······ 057

第四节　互感器 ······ 062

第五节　过电压防护和避雷器 ······ 068

第六节　SVG 无功补偿装置 ······ 071

第七节　设备红外测温基本应用与要点 ······ 076

第五章　直流系统及交流不停电电源(UPS)系统 ······ 079

第一节　直流系统概述 ······ 079

第二节　直流系统构成 ······ 079

第三节　蓄电池基础知识 …… 085
第四节　不停电电源(UPS)系统 …… 087
第六章　继电保护及自动装置系统 …… 091
第一节　继电保护概述 …… 091
第二节　控制回路 …… 094
第三节　变压器保护 …… 098
第四节　线路保护 …… 109
第五节　母线保护 …… 122
第六节　故障录波器 …… 131
第七节　低频减载自动装置 …… 136
第七章　变电站通信及综合自动化系统 …… 139
第一节　系统通信和场内通信系统 …… 139
第二节　电力监控安全防护系统 …… 141
第三节　综合自动化系统 …… 145
第四节　监控系统 …… 151
第八章　消防系统 …… 155
第一节　火灾自动报警控制系统 …… 155
第二节　水喷雾灭火系统 …… 166
第三节　细水雾灭火系统 …… 170
第九章　倒闸操作 …… 179
第一节　倒闸操作的概念及要求 …… 179
第二节　变压器的停、送电操作 …… 185
第三节　线路的停、送电操作 …… 188
第四节　常用安全工器具的使用 …… 190
第十章　事故处理 …… 193
第一节　母线失电故障 …… 193
第二节　单相接地故障 …… 194
第三节　系统振荡 …… 196
第四节　断路器及刀闸异常的处理 …… 198
第五节　电气设备引起火灾事故的处理方法 …… 199
第六节　变压器常见的故障及处理方法 …… 201
第七节　电压、电流互感器常见故障 …… 204

第一章　海上风电电气基础知识

海上升压站、陆上集控中心是电力系统的一部分，主要作用是将海上风力发电机组设备产生的电能通过输送环节供应到电网。电力系统是由电气一次系统和电气二次系统共同组成。

第一节　电气主接线

一、海上风电发电流程

以某风电场为例：海上风力发电机组设备输出的电能经过单元变压器将电压由690 V升压至 35 kV，通过 35 kV 海缆集电线汇集至海上升压站开关柜，再由主变压器升至220 kV 后通过海缆送出线路接入陆上集控中心，最后通过送出线路接入电网变电站(后期深远海项目可能由 690 V 升压至 66 kV，这里我们主要讲 35 kV)。

二、海上升压站、陆上集控中心主接线方式

1. 电气主接线

电气主接线是指发电厂、变电站、电力系统中的一次设备按照设计要求连接起来，由发电机、变压器、断路器、隔离开关、互感器、母线和线路等电气设备按一定顺序连接，用以表示生产、汇集和分配电能的电路，电气主接线又称电气一次接线图。

电气设备的连接方式对供电可靠性、运行灵活性及经济合理性等起着决定性作用。一般在主接线方案和运行方式时，为了清晰和方便，通常将三相电路图描绘成单线图。在绘制主接线全图时，将互感器、避雷器、电容器、电抗器、中性点设备等也表示出来。

对一个风电场而言，电气主接线在风电场设计时会根据机组容量、风电场规模及在电力系统中的地位等，从供电的可靠性、运行的灵活性和方便性、经济性、发展和扩建的可能性等方面，经综合比较后确定。它的接线方式能反映正常和事故情况下的供送电情况。

目前，常用的主接线方式有线变组单元接线、桥型接线、单母线和单母线分段、双母线单分段、双母线双分段、3/2 接线等。海上风电的接线方式较少，目前常用的主接线方式有线变组单元接线、单母线和单母线分段。

线变组单元接线是线路和变压器直接相连，是一种最简单的接线方式，其特点是设备少、投资省、操作简便、宜于扩建，但灵活性和可靠性较低。

单母线接线是指整个系统只有一组母线，所有电源和出线均通过断路器和隔离开关连接至该母线上。这种接线方式是母线制接线中最简单、最清晰的接线方式，但当出线断路器、变压器、母线故障或检修时需要全站停电，可靠性较差。

单母线分段接线是用断路器将单母线分成两段，在两段之间安装分段断路器和分段隔离开关。正常运行时，相当于两个单母线运行。当其中一段母线上出线断路器或变压器故障停运时，可以将分段断路器闭合，不会影响该段母线上设备的运行。

2. 海缆集电线路

海缆集电线路是将风力发电机组设备产生的电能汇集起来，每一组集电线路所接的发电设备采用位置按就近接入原则。目前，国内海上风电发电设备均采用组串式连接，每条集电线路所包含的发电设备根据集电线路设计容量决定。

第二节　运行专业术语和定义

一、设备状态

1. 运行状态

设备或电气系统带有电压，其功能有效。母线、线路、开关、变压器、电抗器、电容器及电压互感器等一次电气设备的运行状态，是指从该设备电源至受电端的电路接通并有相应电压(无论是否带有负荷)，且控制电源、继电保护及自动装置满足运行要求。

2. 热备用状态

设备已具备运行条件，设备继电保护及自动装置满足带电要求，经一次合闸操作即可转为运行状态的状态。母线、变压器、电抗器、电容器及线路等电气设备的热备用是指连接该设备的各侧均无安全措施，各侧的开关全部在断开位置，且至少一组开关各侧隔离刀闸处于合闸位置，设备继电保护投入，开关的控制、合闸及信号电源投入。

开关的热备用是指其本身在断开位置、各侧隔离刀闸在合闸位置，设备继电保护及自动装置满足带电要求。

3. 冷备用状态

连接该设备的各侧均无安全措施，且连接该设备的各侧均有明显断开点或可判断的断开点。母线、变压器、电抗器、电容器及线路等电气设备的冷备用是指连接该设备的各侧均无安全措施，各侧的开关、隔离刀闸全部在断开、分闸位置。

开关的冷备用状态是指开关在断开位置，各侧隔离刀闸在分闸位置。

手车式开关当开关断开，手车拉至“试验”位置，即为冷备用状态。

电压互感器和厂用变冷备用状态应为拉开高、低压侧隔离刀闸或断开开关，取下（断开）高、低压侧熔断器（空气开关），如高压侧既有隔离刀闸又有熔断器，则熔断器可不取下。

母线冷备用状态时应包括该母线电压互感器同时处冷备用。

线路冷备用状态是指线路各侧开关、隔离刀闸都在断开分闸位置，线路与变电站带电部位有明显断开点，但线路本身处于完好状态。线路处冷备用时，线路电压互感器、高压电抗器可以不拉开高压侧隔离刀闸，线路高压并联电抗器是否拉开高压侧隔离刀闸根据调度令执行。

4. 检修状态

连接设备的各侧均有明显的断开点或可判断的断开点，需要检修的设备处于已接地的状态。

手车式开关检修状态：当开关断开，断开机构操作电源，拔出二次插头、手车拉至“检修”位置（无“检修”位置时拉至“试验位置”）。

开关检修状态：开关处于冷备用后，在开关两侧装设接地线（或合上接地刀闸）。

线路检修状态：线路各侧开关、隔离刀闸都在断开位置，线路电压互感器处冷备用，变电站线路侧装设接地线或合上接地刀闸。

主变检修状态：主变各侧有明显断开点或可判断的断开点，主变各侧装设接地线（或合上接地刀闸）。

母线检修状态：母线处冷备用后，在该母线上装设接地线（或合上接地刀闸）。

5. 继电保护状态

投入状态：继电保护装置工作电源投入，相应的功能连接片和出口连接片投入的状态。

退出状态：继电保护装置工作电源投入，通过退出相应的功能连接片或出口连接片，退出部分或全部保护功能的状态。

停用状态：继电保护装置工作电源退出，出口连接片退出的状态。

二、操作术语

1. 电气操作术语

倒闸操作：根据操作任务和该电气设备的技术要求，按一定顺序将所操作的电网或电气设备从一种运用状态转变到另一种运用状态的操作。

故障处理：指在发生危及人身、电网及设备安全的紧急状况或发生电网和设备故障时，为迅速解救人员、隔离故障设备、调整运行方式，以便迅速恢复正常运行的操作过程。

倒母线：指双母线接线方式将一组母线上的线路或变压器全部或部分倒换到另一组母线上的操作。

倒负荷：将线路（或变压器）负荷转移至其他线路（或变压器）供电的操作。

母线正常运行方式：调度部门明确规定的母线正常接线方式，包括母联开关状态。

过负荷:指发电机、变压器及线路的电流超过额定的允许值或规定值。

并列:指发电机(调相机)与电网或电网与电网之间在同期条件下连接为一个整体运行的操作。

解列:指通过人工操作或自动化装置使电网中开关断开,使发电机(调相机)脱离电网或电网分成两个及以上部分运行的过程。

合环:指将线路、变压器或开关串构成的网络闭合运行的操作。

同期合环:指通过自动化设备或仪表检测同期后自动或手动进行的合环操作。

解环:指将线路、变压器或开关串构成的闭合网络开断运行的操作。

跳闸:指未经人工操作的开关由合闸位置转为分闸位置。

重合闸成功:指开关跳闸后,重合闸装置动作,开关自动合上的过程。

重合闸不成功:指开关跳闸后,重合闸装置动作,开关自动合上送电后,由自动装置再次动作跳闸的过程。

重合闸未动:指重合闸装置投入,但不满足动作的相关技术条件,开关跳闸后重合闸装置不动作。

充电:使线路、母线、变压器等电气设备带标称电压,但不带负荷。

送电:对设备充电带标称电压并可带负荷。

试送电:指线路或变压器等电气设备故障后经处理首次送电。

强送电:指线路或变压器等电气设备故障后未经处理即行送电。

用户限电:通知用户按调度指令要求自行限制用户用电。

拉闸限电:拉开线路开关或负荷开关强行限制用户用电。

停电:使带电设备转为冷备用或检修。

x **次冲击合闸**:以额定电压给设备 x 次充电。

核相:用仪表或其他手段检测两电源或环路的相位、相序是否相同。

定相:新建、改建的线路或风电场在投运前,核对三相标志与运行系统是否一致。

相位正确:开关两侧 A、B、C 三相相位均对应相同。

装设接地线:指通过接地短路线使电气设备全部或部分可靠接地的操作。

拆除接地线:指将接地短路线从电气设备上取下并脱离接地的操作。

2. 操作常用动词

合上:各种开关及空气开关通过人工操作使其由分闸位置转为合闸位置的操作。

断开:各种开关及空气开关通过人工操作使其由合闸位置转为分闸位置的操作。

推上:各种隔离刀闸及接地刀闸通过人工操作使其由分闸位置转为合闸位置的操作。

拉开:指各种隔离刀闸及接地刀闸通过人工操作使其由合闸位置转为分闸位置的操作。

投入、退出或停用:使安全自动装置、保护装置等二次设备达到指令状态的操作。

加用或停用:使继电保护加入运行或停止运行。

取下或装上:将熔断器退出或嵌入工作回路的操作。

投入或退出:将二次回路的连接片接入或退出工作回路的操作。

验电:用合格的相应电压等级验电工具验明电气设备是否带电。

3. 调度操作执行术语

双重命名:按照有关规定确定的电气设备中文名称和编号。

复诵:将对方说话内容进行的原文重复表述,并得到对方的认可。

回令:发电厂、变电站运行值班人员或下级值班调度员向发布调度指令的值班调度员报告调度指令的执行情况。

巡视:为了准确掌握电气设备的运行状态,及时发现设备存在的隐患或缺陷,防止或减少设备故障的发生。

定期巡视:定期对运行中的设备进行不停电检查,主要检查设备外观、运行异响和漏油等,及时发现设备缺陷和危及机组安全运行的隐患。

特殊巡视:在气候剧烈变化、自然灾害、外力影响和其他特殊情况时对设备运行情况进行检查,及时发现设备异常现象和危及机组安全运行的情况,特殊巡视根据需要及时进行。当机组非正常运行、大修后或新设备投入运行时,需要增加对该部分设备的巡视检查及次数。

4. 操作指令

综合令:值班调度员说明操作任务、要求、操作对象的起始和终结状态,具体操作和操作顺序项目由受令人拟定的调度指令。只涉及一个受令单位完成的操作才能使用综合令。

单项令:由值班调度员下达的单项操作的操作指令。

逐项令:根据一定的逻辑关系,按顺序下达的多条综合令或单项令。

操作预令:为方便受令人做好操作准备,值班调度员在正式发布调度指令前,预先对受令人下达的有关操作任务和内容的通知。

报数:"么(yɑ)、两、三、四、五、六、拐、八、九、洞"分别对应"一,二,三,四,五,六,七,八,九,零"。

三、风电场维护工作

包含日常维护、定期维护和年度定检工作。

日常维护工作:指对设备设施进行经常性的维护、保养以及消除运行设备缺陷的过程,包括临时故障排除过程中的检查、清理、调整、注油及配件更换。没有固定的时间周期。

定期维护工作:指对设备进行的定期维护保养和定期检验、试验工作。这是基于时间的预防性试验和维护,可根据规程和设备厂家的推荐表,结合实际制定周期表。

年度定检工作:指按照电力行业规程规范和设备厂家运维手册要求进行的设备定期检验试验工作,同时结合设备缺陷记录,可完成部分日常运维中无法消除的设备缺陷。一般无须动用大型和专用设备。

第三节 场用电运行方式

场用电是保证电站安全可靠输送电能的一个必不可少的环节，其作用主要是为变电站内的一次、二次设备提供电源。例如，大型变压器的冷却系统电源，主变有载调压电源，交流电操作系统电源，直流系统用的交流电源，设备用加热、驱潮、照明等交流电源，为UPS提供交流电源，照明、检修、消防等电源。

一、场用电系统主要组成

场用电系统一般由场用变压器、交流屏柜、债线及用电元件组成。场用变压器一般采用油浸式变压器或干式变压器，基本上采用无载调压模式。

风电场基本采用接地变兼场用变设计，接地变兼场用变有两个用途：一是供给风电场内使用的低压交流电源；二是在 35 kV 侧形成人为的中性点，再串接一组电阻器，用于 35 kV 系统发生接地时，继电保护动作切除故障。

二、陆上集控中心场用电运行方式

以某风电场为例：当工作电源因故障断开后，能自动而迅速地将备用电源投入工作，保证负荷连续供电的装置称为备用电源自投装置，简称备自投装置。陆上集控中心 400 V Ⅰ段备自投装置采用南瑞继保 PCS－9691C 备用电源自投装置，采用主备电源自投方式。场用电正常工作电源接自 35 kV 接地变兼场用变，备用电源接自 10 kV 场备变，场用电正常运行方式为 400 V Ⅰ段工作电源进线 401 开关运行、400 V Ⅰ段备用电源进线 402 开关热备用，当 401 开关进线失压时，备自投动作切换为 402 开关进线供电。

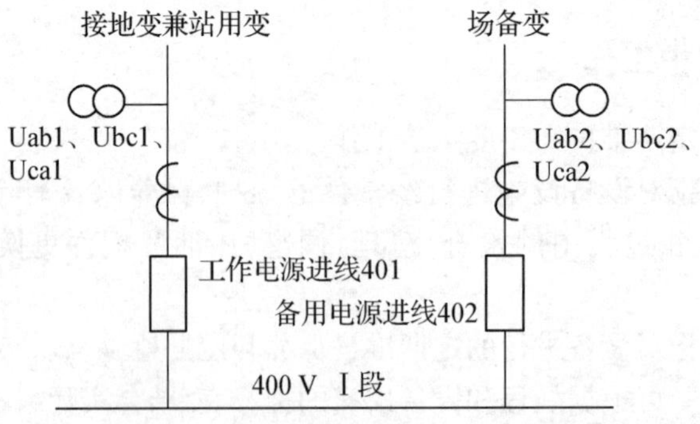

图 1－1 陆上集控中心场用电系统图

备自投装置的动作逻辑分为以下内容。

备自投充电条件：401、402 开关均投入并有压；401 开关在合位、402 开关在分位；备自投功能控制自投入，无闭锁备自投。满足以上条件，经整定充电延时后充电完成灯亮。

备自投放电条件：401、402 开关变位；402 开关进线失压；外部有闭锁备自投开入；备

自投功能手动退出。

备自投动作过程：当充电完成后，401 开关进线无电压无电流，402 开关进线有电压，经延时 1.4 s 后跳 401 开关（至发跳令起在定值中自动延时 2 s 内开关未合则报警，结束本次自投），该过程称为自投方式。

三、海上升压站场用电运行方式

海上升压站场用电系统正常工作方式为两台接地变兼场用变相互备用，柴发为应急电源，海上升压站场用电共有 5 种运行方式，通过程控 PLC 对输入条件进行判断，并进行相应的运行方式切换。

1. *海上升压站场用电运行方式*

（1）运行方式一：如图 1－2 所示，400 V Ⅲ段母线由 2＃接地变兼场用变供电，400 V Ⅲ段工作电源进线 403 开关运行；400 V Ⅳ母线由 4＃接地变兼场用变供电，400 V Ⅳ段工作电源进线 406 开关运行；400 V Ⅴ段母线通过母联由 400 V Ⅲ段母线供电，400 V Ⅲ、Ⅴ段母联 404 开关运行，400 V Ⅲ、Ⅴ段母联 408 隔离开关运行；400 V Ⅳ、Ⅴ段母联 409 隔离开关运行，400 V Ⅲ、Ⅳ段母联 405 开关热备用，400 V Ⅳ、Ⅴ段母联 407 开关热备用，400 V Ⅴ段电源进线 410 开关热备用。

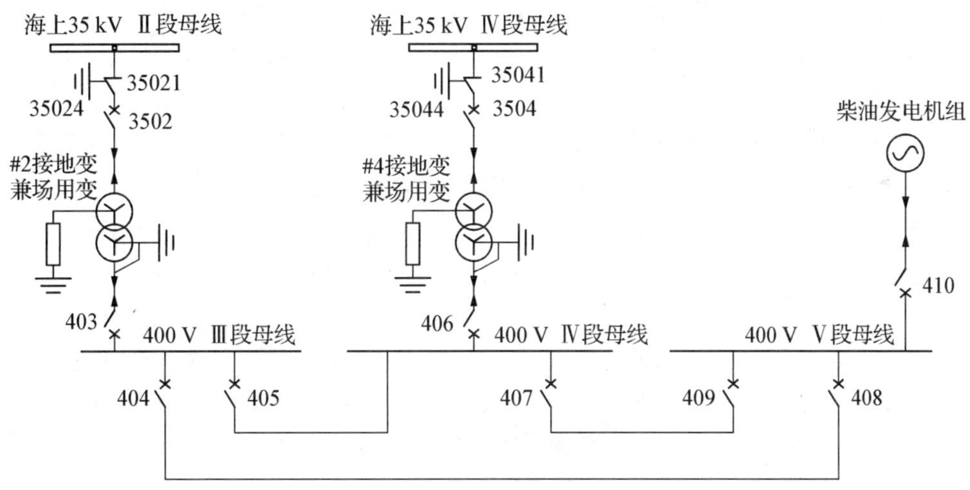

图 1－2　海上升压站厂用电系统图

（2）运行方式二：400 V Ⅲ段母线由 2＃接地变兼场用变供电，400 V Ⅲ段工作电源进线 403 开关运行；400 V Ⅳ母线由 4＃接地变兼场用变供电，400 V Ⅳ段工作电源进线 406 开关运行；400 V Ⅴ段母线通过母联由 400 V Ⅳ段供电，400 V Ⅳ、Ⅴ段母联 407 开关运行，400 V Ⅳ、Ⅴ段母联 409 隔离开关运行；400 V Ⅲ、Ⅴ段母联 408 隔离开关运行，400 V Ⅲ、Ⅳ段母联 405 开关热备用，400 V Ⅲ、Ⅴ段母联 404 开关热备用，400 V Ⅴ段电源进线 410 开关热备用。

（3）运行方式三：400 V Ⅳ段母线由 4＃接地变兼场用变供电，400 V Ⅳ段工作电源进线 406 开关在运行状态；400 V Ⅲ段母线通过母联由 400 V Ⅳ段供电，400 V Ⅲ、Ⅳ段母联

405 开关运行；400 V Ⅴ段母线通过母联由 400 V Ⅳ段供电，400 V Ⅳ、Ⅴ段母联 407 开关运行；400 V Ⅳ、Ⅴ段母联 409 隔离开关运行。

（4）运行方式四：400 V Ⅲ段母线由 2＃接地变兼场用变供电，400 V Ⅲ段工作电源进线 403 开关在运行状态；400 V Ⅳ母线通过母联由 400 V Ⅲ段供电，400 V Ⅲ、Ⅳ段母联 405 开关运行；400 V Ⅴ段母线通过母联由 400 V Ⅲ段供电，400 V Ⅲ、Ⅴ段母联 404 运行，400 V Ⅲ、Ⅴ段母联 408 隔离开关运行。

（5）运行方式五：400 V Ⅲ段母线停运；400 V Ⅳ段母线停运；400 V Ⅴ段母线由柴发供电，400 V Ⅴ段电源 410 开关运行，400 V 柴发运行；400 V Ⅲ段电源 403 开关热备用，400 V Ⅳ段工作电源进线 406 开关热备用，400 V Ⅲ、Ⅳ段母联 405 开关热备用，400 V Ⅲ、Ⅴ段母联 404 开关热备用，400 V Ⅳ、Ⅴ段母联 407 开关热备用，400 V Ⅲ、Ⅴ段母联 408 隔离开关运行，400 V Ⅳ、Ⅴ段母联 409 隔离开关运行。

2. PLC 运行方式切换过程

在运行方式一，且选择自动，且不受控于变电站时，如果发生 403 分闸事件，将产生故障 M1.1 事件，将向方式三或者方式五切换(方式三优先)。

在运行方式二，且选择自动，且不受控于变电站时，如果发生 406 分闸事件，将产生故障 M1.2 事件，将向方式四或者方式五切换(方式四优先)。

（1）若方式一运行时发生故障 M1.1 事件，视当前的相关开关的位置和状态进行动作。

当满足如下条件时，将向运行方式三切换：406 进线不欠压、工作位置、闭合状态，且 405、407、409 均在工作位置。切换过程为：分 403、合 405、分 404、合 407。

方式一向方式三转换详细过程：方式一运行时发生故障 M1.1 事件，分 403 完成后若满足向方式三转换条件，延时 1 s 合闸 405，完成后延时 1 s 分 404，完成后延时 1 s 合 407，转换完成复位故障事件。若转换过程超时 7 s 则复位故障事件 M1.1，停止转换。

（2）当满足如下条件时，运行方式一将向运行方式五切换：向方式三切换的条件不满足且 410 在工作位置，切换过程为：分 406、分 405、分 404、分 407、启动柴发、合 410。

方式一向方式五转换详细过程：方式一运行时发生故障 M1.1 事件，分 403 完成后若不满足向方式三转换条件，且满足向方式五转换条件，分 406、405、404、407，完成后延时 1 s 输出柴发启动信号，延时 30 s 断开柴发启动信号。若转换过程超时 50 s 则复位故障事件 M1.1，停止转换。

（3）若方式二运行时发生故障 M1.2 事件，视当前的相关开关的位置和状态进行动作，当满足如下条件时，将向运行方式四切换：403 进线不欠压、工作位置、闭合状态，且 405、404、408 均在工作位置，切换过程为：分 406、合 405、分 407、合 404。

方式二向方式四转换详细过程：方式二运行时发生故障 M1.2 事件，分 406 完成后若满足向方式四转换条件，延时 1 s 合闸 405，完成后延时 1 s 分 407，完成后延时 1 s 合 404，转换完成复位故障事件。若转换过程超时 7 s 则复位故障事件 M1.1，停止转换。

（4）当满足如下条件时，将向运行方式五切换：向方式四切换的条件不满足，且 410 在工作位置，切换过程为：分 403、分 405、分 404、分 407、启动柴发、合 410。

方式二向方式五转换详细过程：方式二运行时发生故障 M1.2 事件，分 406 完成后若

不满足向方式四转换条件，且满足向方式五转换条件，分 403、405、404、407，完成后延时 1 s 输出柴发启动信号，延时 30 s 断开柴发启动信号。若转换过程超时 50 s 则复位故障事件 M1.2，停止转换。

（5）自动启动柴发仅在以下两种情况下发生：

① 方式一向方式五切换时，且 403、406、405、404、407 均在分闸状态。

② 方式二向方式五切换时，且 403、406、405、404、407 均在分闸状态。

自动合 410 的条件：自动启动柴发后，410 进线电压不欠压。

第四节　柴油发电机组

我们以某风电场为例：某风电场海上升压站配置了一台 CATC18 船用柴油发电机组作为海上升压站场用电的应急备用电源。CATC18 船用发电机采用无刷发电机模式。柴油发电机组的通风方式以轴向通风方式为主。柴油机冷却方式采用风冷，一次水冷，二次采用散热器风冷。冷却水的水质以净化软水为主，并添加一定浓度的乙二醇防冻液。发电机的冷却方式为自然风冷。

一、控制仪表板及系统

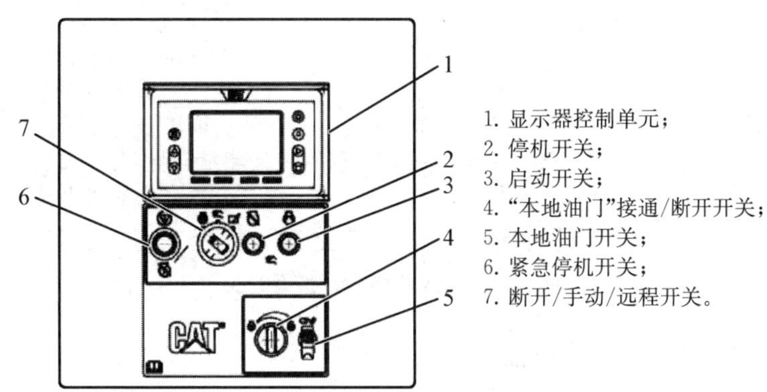

图 1－3　船用发动机控制板

当“断开/手动/远程”开关处于断开位置时，此控制面板不能用于启动或关闭发动机。当“断开/手动/远程”开关处于远程位置时，此控制面板可以关闭发动机但不能用于启动发动机。

二、仪表和指示灯

仪表用来指示发动机性能，要确保仪表处于良好的工作状态。观察仪表一段时间后，就能确定正常的运行范围。仪表读数的显著变化表明潜在的仪表或发动机可能有问题。即使仪表读数在规定的范围内，其读数变化也可能表明存在问题，也必须查明导致读数显著变化的原因。常见的指示灯及含义见图 1－4。

发动机冷却液温度——此仪表指示发动机冷却液温度。该温度随负载变化而变化。不要让该温度超过加压冷却系统的沸点温度。	发动机机油温度表——此仪表指示通过具体冷却器后的发动机机油的温度，此机油冷却器是恒温控制的。
发动机机油压力——冷态发动机启动后，机油压力应在最大值。随着发动机逐渐暖机，压力将降低。当发动机转速提高，机油压力将上升。发动机转速平稳时，机油压力将稳定。	燃油压力——此表指示从燃油滤清器到燃油喷油泵之间的燃油压力。燃油压力降低通常说明燃油滤清器肮脏或堵塞。随着燃油滤清器逐渐堵塞，发动机将出现可察觉到的性能降低。
排气温度——此表指示到涡轮增压器的排气进口的排气温度。两个排气温度可能会稍微不同。	燃油油位——此表指示燃油箱中燃油的液位。通常燃油油位表只在开关处于接通(ON)位置时才记录燃油油位。
工时计——该仪表指示发动机已运转的总时钟小时数。	燃油温度——此仪表指示发动机机油温度。燃油温度高会对性能有不利影响；如果燃油温度太低，燃油滤清器可能会开始堵塞。
燃油耗用量——此仪表指示燃油消耗率。	系统电压——此表指示电气系统的电压。
进气气管空气温度——此仪表指示进入气缸的进气气管空气温度。进气温度升高时会出现下列情况：空气膨胀，气缸内氧气量降低和功率降低，全速全负载操作时如果进气温度太高，发动机可能会消耗过多燃油。	转速表——此表指示发动机转速。在无负载时，把油门控制杆移动到全油门位置，发动机在高怠速运转。在最大额定负载下，油门控制杆在全油门位置，发动机在满负载转速下运转。
进气气管空气压力——此仪表指示位于后冷器之后的进气气管内的空气压力(涡轮增压器增压压力)。此压力取决于发动机的额定功率、负载和工况。为建立正常的进气气管空气压力，应将仪表数据与发动机交机时的数据进行比较，查看数据变化趋势。	发动机负载——此仪表指示发动机扭矩占发动机满额定扭矩的百分比。该百分比的计算基于下列因素：燃油流量、发动机转速、燃油能量含量和燃油修正系数。如果扭矩超过了编程设置在控制策略中的最大限值，该仪表将会闪烁。

图 1-4　常见仪表指示灯及含义

三、柴油发电机系统示意图

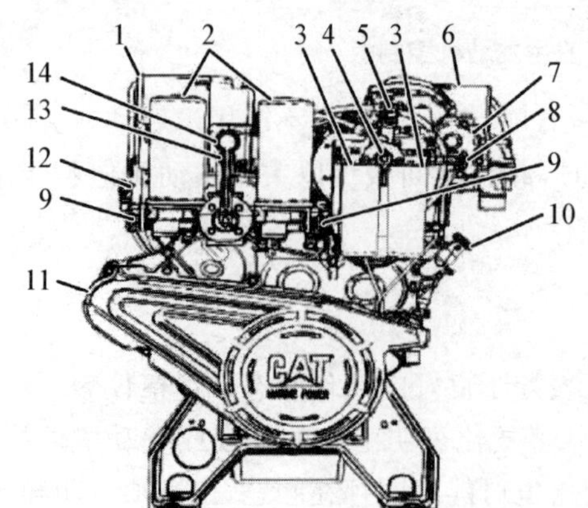

1. 水套水冷却系统膨胀箱；
2. 发动机机油滤清器；
3. 燃油滤清器；
4. 燃油选择器阀；
5. 燃油注油阀；
6. 独立回路后冷式系统膨胀箱；
7. 温度调节器壳体；
8. 燃油切断阀；
9. 发动机机油取样口；
10. 加油管；
11. 皮带和交流发电机护罩总成；
12. 发动机机油油位表；
13. 机油采样端口；
14. 机油滤清器选择器。

图 1-5　船用发动机组前视图

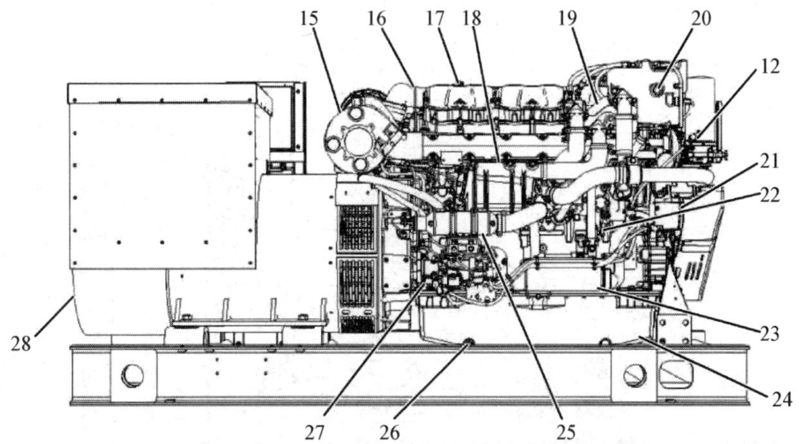

12. 发动机机油油位表；15. 涡轮增压器；16. 吊耳；17. 发动机机油加注口；18. 热交换器；19. 排气装置壳体；20. 水套水系统目测表；21. 交流发电机；22. 独立冷却后冷器系统取样口；23. 发动机机油冷却器；24. 发动机油底壳；25. 变速箱机油冷却器；26. 发动机机油油底壳放油阀；27. 发动机启动马达；28. 发电机配置总成。

图 1－6　船用发动机组右视图

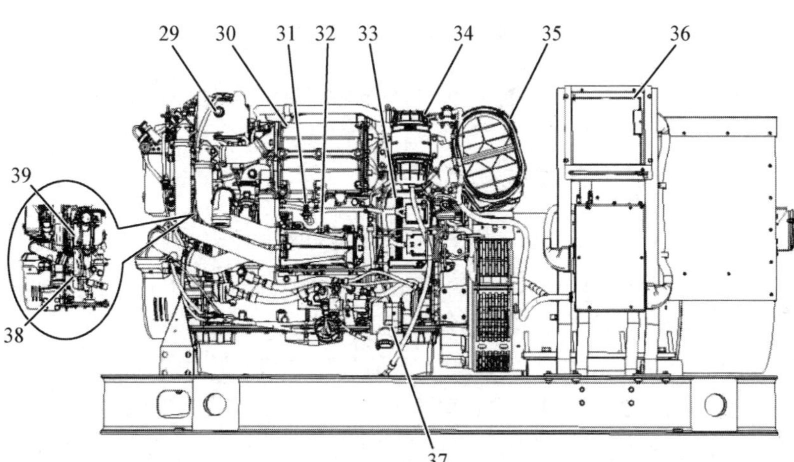

29. SCAC 系统目测表；30. 后冷器；31. 后冷器排放阀；32. 热交换器；33. 电子控制模块；34. 烟雾处理滤清器；35. 发动机空气滤清器；36. 发电机组控制面板；37. 启动马达；38. 水套水系统水泵；39. SCAC 系统水泵。

图 1－7　船用发动机组左侧视图

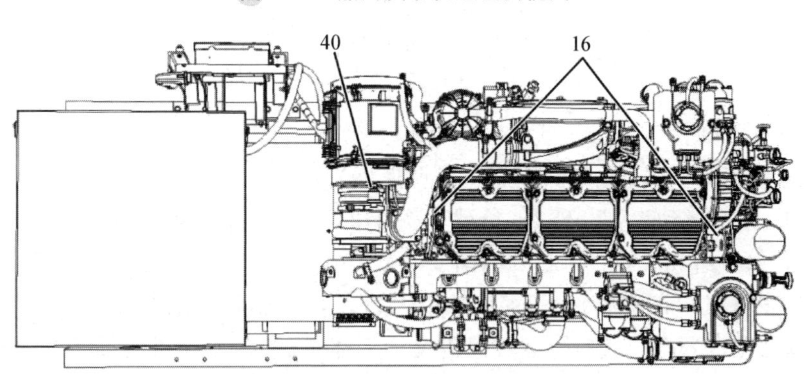

16. 吊耳；40. 空气滤清器维修指示灯。

图 1－8　船用发动机组顶视图

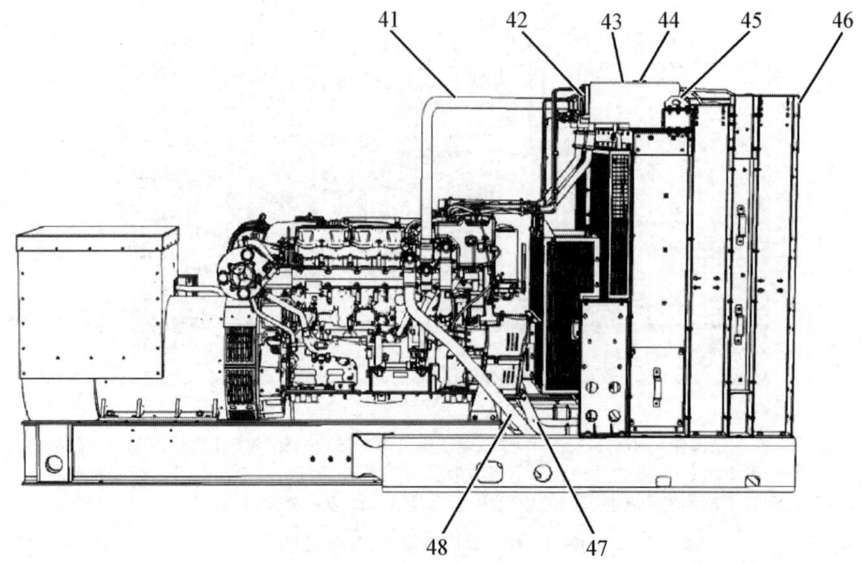

41. 水套水进口;42. 冷却液液位目测;43. 水套水膨胀箱;44. 膨胀箱盖;45. 吊耳;46. 散热器;47. SCAC 出口;48. 水套水出口。

图 1-9　散热器右侧图

四、柴油发电机组负荷加载功能

不平衡负载:发电机在一定的三相对称负载上,其中任一相再加 20%额定相功率的电阻性负载,且任一相总的负载电流不超过额定值时,应能正常工作 1 h,且线电压的最大或最小值与三相线电压平均值之差不超过三相线电压平均值的 10%。

过负载:发电机在额定电压下可过载 1.5 倍额定电流,历时 2 min。发电机应与发动机的过载能力相匹配,即以 6 h 为周期,可在 110%额定负载运行 1 h 不超过 105°温升限度。发电机向相控整流器、开关电源、UPS 或其他负载供电时,不应发生低频振荡。

五、柴油发电机组自动调节功能

1. 柴油发电机组的空载电压整定范围为 95%~105% Ue。

2. 柴油发电机组在带功率因数为 0.8~1.0 的负载,负载功率在 0~100%内渐变时能达到:

① 静态电压调整率:三±0.5%;

② 稳态频率调整率:三 5%(固态电子调速器);

③ 电压、频率波动率:三 0.5%(负载功率在 25%~100%内渐变时);

④ 三 1%(负载功率在 0~25%内渐变时)。

3. 柴油发电机组在空载状态,突加功率因数三 0.3(滞后)、稳定容量为 0.2 pe 的三相对称负载或已在带 80% pe 的稳定负载再突加上述负载时,发电机的母线电压 0.2 s 后不低于 85%Ue。突减额定容量为 0.2 pe 的负载时,柴油发电机组升速不超过额定转速的 10%。

4. 柴油发电机组在空载额定电压时，其正弦电压波形畸变率不大于5%，柴油发电机组在一定的三相对称负载下，在其中任一相加上25%的额定相功率的电阻性负载，能正常工作。

5. 发电机线电压的最大值（或最小值）与三相线电压平均值相差不超过三相线电压平均值的5%，柴油发电机组各部分温升不超过额定运行工况下的水平。

六、巡视检查项目

1. 柴油发电机正常运行中的监视和巡视项目

（1）本体无异音、异常振动及异味。

（2）冷却水位正常，各部分无漏水。

（3）润滑油位正常，各部分无漏油。

（4）燃油箱油位正常，各部分无漏油。

（5）控制盘上仪表指示在正常范围内。仪表指示标准为：发电机电压（400±5%）V，电流各相不超过规定值，频率50 Hz，功率因数符合大于0.8。

（6）观察排烟烟色，分析运行工况。

（7）严禁在柴油发电机运行中触摸气缸、排气管等高温部分，以免烫伤。

2. 柴油发电机备用中的检查项目

（1）柴油发电机本体无漏油、漏水及其他异常情况，燃油箱油位正常，不低于规定值。

（2）燃油供油门在开启位置。

（3）润滑油油箱油位正常在规定机油尺的“加（ADD）”标记和“满（FULL）”标记之间。

（4）检查冷却液液位。观察冷却液回缩箱（若配备）中的冷却液液位。保持冷却液回缩箱中的冷却液液位在“满（FULL）”。若未配备冷却液回缩箱，应将冷却液油位保持在加注管底部以下13 mm之内。如果发动机配备观察孔，保持冷却液液位在观察孔内。

（5）蓄电池正常处于浮充电，充电装置正常工作，维持蓄电池电压正常不低于24.5 V。

（6）柴油发电机控制盘上无任何报警显示。

（7）检查空气滤清器维护指示器（如有配备）。当黄膜片进入红色区或红色活塞锁止在可视位置时，需要维护空气滤清器。

（8）检查确保运转部件周围无异物，所有防护罩保护到位，防护罩无损坏或遗失。

3. 柴油发电机的一般规定

（1）柴油发电机组能通过运行方式选择开关，选择柴油发电机组运行方式。柴油发电机组正常处于“远方”状态，若发现异常应及时处理，并加强检查维护，以保证能随时启动投运。

（2）当场用电全部中断，柴油发电机组自动投入正常时，应检查其运行状态及电源切换情况，并加强对柴油发电机组的运行检查和维护，以保证对场用电的供电。

（3）当场用电全部中断，柴油发电机未能自动投入时，应立即手动启动。

(4) 柴油发电机的启动必须经启动前检查和准备后方可进行,事故下紧急启动除外。

(5) 为了确保柴油发电机启动回路正常完好,随时可用,应定期用手动方式进行柴油发电机组整组启动试验。

(6) 柴油发电机安装或维修后的第一次启动应用手动就地启动方式启动。

4. 柴油发电机的解列及停止

(1) 柴油发电机的解列与停止均由手动进行。

(2) 柴油发电机一般使用正常停机按钮,按此按钮后柴油发电机方停止,事故保护动作停机或手动紧急停机时,均立即使柴油发电机停止。

(3) 当柴油发电机带负荷时间较长时,解列后应当空负荷运行 5 min 方可停机。

第五节　中性点运行方式

电力系统中性点是指三相绕组作星形连接的变压器和发电机的中性点。电力系统中性点与大地间的电气连接方式,称为电力系统中性点接地方式(即中性点运行方式)。

电力系统中性点接地方式有两大类:一类是中性点直接接地或经过低阻抗接地,发生接地故障时,接地电流很大,故又称为大接地电流系统;另一类是中性点不接地,经过消弧线圈或高阻抗接地,发生单相接地时,由于不构成短路回路,接地电流被限制到较小数值,故又称为小接地电流系统。其中采用最广泛的是中性点不接地、中性点经过消弧线圈接地和中性点直接接地等三种方式。

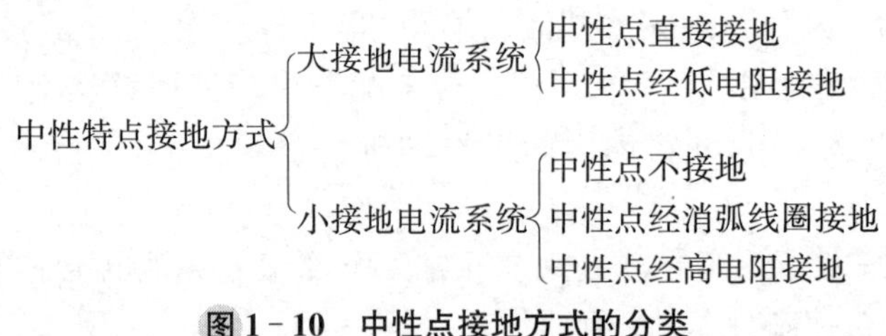

图 1-10　中性点接地方式的分类

一、中性点不接地系统

当中性点不接地系统中发生单相接地时,各相间的电压大小和相位保持不变,三相系统的平衡没有遭到破坏,因此,在短时间内可以继续运行。但是非故障相电压升高,绝缘薄弱点很可能被击穿,为了防止故障扩大,造成相间短路,规定带故障点运行时间不得超过 2 小时,运行人员及时查找接地故障点。

在中性点不接地系统中,当接地的电容电流较大时,在接地处引起的电弧就很难自行熄灭。在接地处还可能出现所谓的间隙电弧,即周期地熄灭与重燃的电弧。由于电网是一个具有电感和电容的振荡回路,间歇电弧将引起相对地的过电压,其数值可达 2.5～3 Ux。这种过电压会传输到与接地点连接的整个电网,更容易引起另一相对地击穿,从而

形成两相接地短路。

二、中性点经消弧线圈接地系统

在中性点经消弧线圈接地系统中，单相接地和中性点不接地系统一样，故障相对地电压为零，非故障相对地电压升高至$\sqrt{3}$倍，三相线电压仍然保持对称和大小不变，允许暂时接地运行，但不得超过 2 小时。消弧线圈的作用对瞬时性接地系统故障尤为重要，它使接地处的电流大大减小，使接地点电弧迅速熄灭，防止产生间歇电弧，所以这种接地方式广泛地应用在额定电压为 3 kV～60 kV 的系统中。

三、中性点直接接地系统

中性点的电位在电网的任何状态下均保持为零。在这种系统中，当发生单相接地时，故障相直接经过接地点和接地的中性点短路，单相接地短路电流的数值最大，继电保护立即启动，将故障部分切除。

中性点直接接地的主要优点是它在发生单相接地故障时，非故障相地对电压不会增高，因而各相对地绝缘即可按相对地电压考虑。电网的电压愈高，经济效果愈大；而且在中性点不接地或经消弧线圈接地的系统中，单相接地电流往往比正常负荷电流小得多，因而要实现有选择性地接地保护就比较困难，但在中性点直接接地系统中，实现就比较容易。由于接地电流较大，继电保护一般都能迅速而准确地切除故障线路，且保护装置简单，工作可靠。

我国 110 kV 及以上电网一般采用大电流接地方式，即中性点有效接地方式（在实际运行中，为降低单相接地电流，可使部分变压器采用不接地方式），这样中性点电位固定为零电位，发生单相接地故障时，非故障相电压升高不会超过 1.4 倍运行相电压。

变压器中性点接地，使变压器中性点锁定为零电位，在三相负载不平衡时，避免中性点位移而造成相电压不平衡。变压器中性点接地，可以将系统发生单相接地变为单相短路，保障继电保护装置迅速可靠地动作跳闸。

四、海上风电场中性点接地方式

1. 风电场中性点运行方式

当风力发电场内有多个变压器中性点时，必须按照调度下达的中性点运行方式执行，避免发生保护装置拒动或误动。江苏省调对某风电陆上集控中心和海上升压站的主变中性点运行方式要求为：陆上集控中心 1＃、4＃主变中性点任选其一直接接地，海上升压站 2＃、3＃主变中性点均直接接地。

2. 中性点保护配置

陆上集控中心有变压器中性点直接接地、变压器中性点经间隙接地两种不同的运行方式，而变压器中性点的保护主要是反映接地故障，针对接地故障中性点运行方式的不同，保护功能投退也有所不同。

情况 1：当系统发生接地故障，中性点接地的变压器应装设零序电流保护，可由两段组成，每段各带两个时限，短时限动作于断开母联或分段断路器，缩小故障影响范围，长时限动作于断开变压器各侧断路器。

情况 2：当系统发生接地故障，中性点接地的变压器跳开后，电网零序电压升高或谐振过电压等都会危及中性点不接地的变压器中性点绝缘。因此，中性点不接地的变压器应装设零序电压保护或间隙零序电流保护。

(1) 变压器中性点间隙过流保护

为防止过电压损坏变压器中性点绝缘，主变压器中性点目前普遍采取装设放电间隙的措施，利用中性点套管电流互感器或在放电间隙回路装设独立的电流互感器，构成变压器中性点放电间隙零序过电流保护(简称间隙过流保护)。

变压器高压侧中性点放电间隙保护应在中性点接地刀闸合上前退出，在中性点接地刀闸拉开后投入(即放电间隙保护与中性点不能同时在投入状态)。放电间隙保护是由零序电压和零序电流并联组成，且电流定值比较灵敏，时间较短，没有与其他保护配合的关系。在直接接地状态时，如遇到外部故障，中性点 CT 中就有零序电流流过，将造成间隙过流保护误动。在经间隙接地状态时，在发生接地故障时，在其他接地变压器跳开后，中性点零序电压将升高，使间隙零序电压保护动作，以保护不接地变压器的安全。

变压器中性点间隙过流保护接线方式为零序过流采用主变压器自带中性点 CT，间隙过流采用单独 CT。

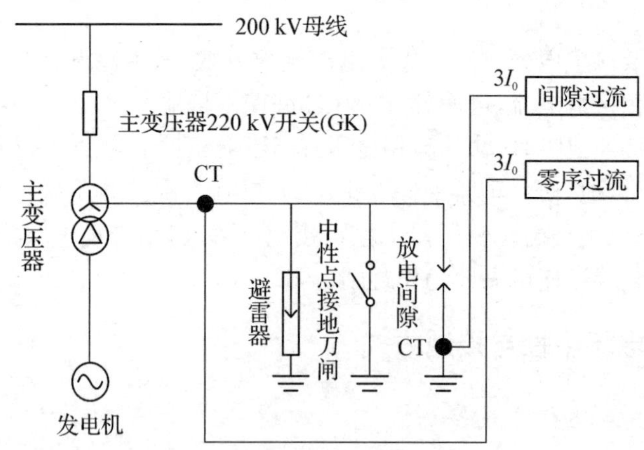

图 1-11　变压器中性点保护配置图

(2) 零序电压保护

中性点放电间隙是一种较为粗糙的设备，因其放电电压受气象条件、调整精度以及连续放电次数的影响可能出现该动作而不能动作的情况。为此，还应装设零序电压保护，作为放电间隙拒动时的后备保护。变压器中性点间隙保护(图 1-12)可采用间隙、避雷器及避雷器联合放电间隙 3 种方式，常采用避雷器联合放电间隙的保护方式，避雷器并联间隙的保护分工是工频、操作过电压由间隙承担，雷电、暂态过电压由避雷器承担，同时，又用间隙来限制避雷器上可能出现的过高幅值的工频过电压和过高的残压。这种方式既对变压器中性点进行保护，又起到互为保护的作用。

图 1-12　变压器中性点间隙接地保护装置

3. 分级绝缘变压器

大型变压器是电力生产的核心设备，由于其成本较高，故在 110 kV 及以上的中性点直接接地的电网中，多采用分级绝缘的变压器。在实际运行中，部分变压器的中性点是直接接地的，但还有部分变压器的中性点不接地运行。

分级绝缘，就是变压器的线圈靠近中性点部分的主绝缘，其绝缘水平比线圈端部的绝缘水平低。分级绝缘变压器运行中应注意以下问题。

(1) 分级绝缘变压器中性点一定要加装避雷器和防止过电压间隙。

(2) 如果条件允许，运行方式允许，分级绝缘变压器一定要中性点接地运行。

(3) 分级绝缘变压器中性点如果不接地运行，中性点过电压保护一定要可靠投入。

第二章　发电机

我们以某风电场为例：对于海上 4.0 MW 风力发电机组，采用发电机-变压器组接线，发电机发出的电能经过变压器升压后并入集电线路。风电场采用西门子 SWT-4.0-130 型 4 极鼠笼式异步发电机，风机出口箱变采用西门子生产的 4 500 kVA 的油浸式三相变压器，型号：TDN-453A03U1H-99。发电机和变压器都是海上风电非常重要的电气设备。

发电机是风电机组中将机械能转化为电能的主要装置，它不仅直接影响到输出电能的品质和效率，而且也影响到整个风能转换系统的性能和结构。风能具有波动性，而电网要求稳定的并网电压和频率，风电机组通过机械和电气控制可以有效解决这问题，实现能量转换，向电网输出满足要求的电能。因此，选用适合风能转换、运行可靠、效率高、供电性能良好和便于控制的发电机是风力发电的重要组成部分，不同的控制方式，使用不同形式的发电机。

根据风电机组并网后的风轮转速，可以分为定速恒频发电机组和变速恒频发电机组两大类。目前，并网型风电机组常用的发电机有鼠笼式异步发电机、绕线式异步发电机及永磁同步发电机等。本章采用鼠笼式异步发电机为例。

虽然发电机种类繁多，但其基本结构是相似的。简单地说，发电机的工作原理是基于电磁感应定律和电磁力定律，即处于变化磁场中的导体产生感应电动势，进而产生感应电流。

第一节　鼠笼式异步发电机

鼠笼式异步发电机主要由定子、转子、端盖、轴承等组成。定子由定子铁芯、定子三相绕组和机座组成，其中定子铁芯是发电机的磁路部分，由经过冲制的硅钢片叠成；定子三相绕组是发电机的电路部分，嵌放在定子铁芯槽内；机座用于支撑定子铁芯，承受运行时产生的反作用力，也是内部损耗热量的散发途径。转子(图 2-1)由转子铁芯、转子绕组及转轴组成，其中转子铁芯和转子绕组分别作为发电机磁路和发电机电路的组成部分参与工作。

异步发电机的定子绕组为一套三相对称的绕组，所谓三相对称是指各相绕组在串联匝数上彼此相等，在发电机定子内表面空间位置上，彼此错开 120°电角度。在该绕组内通以三相对称的交流电后，发电机定子将产生一个沿一定方向旋转的磁场，并且产生旋转磁场的转向与通入绕组三相交流电的相序有关，该旋转磁场的转速我们称为同步转速。

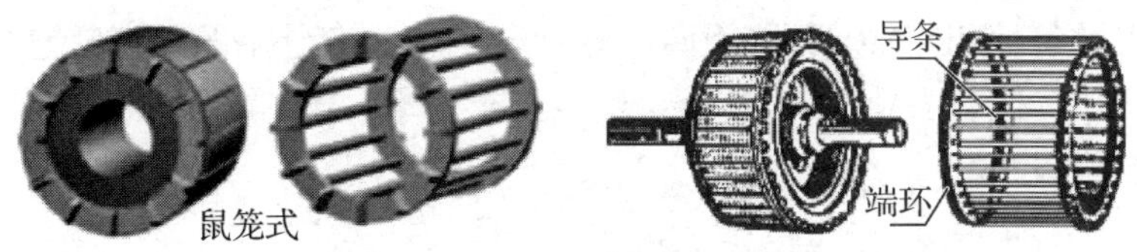

图 2-1 鼠笼式发电机转子结构图

假设发电机的转子仅为由具有两根导体的一个线圈组成，发电机定子的旋转磁场方向为逆时针。那么根据右手定则可知，该旋转磁场将在转子导体中产生感应电流。同理，根据左手定则可知，转子导体在旋转磁场中将受到一个电磁力的作用。由于该电磁力的作用使转子产生一个电磁转矩，转子在该电磁转矩的作用下开始旋转，转向与定子旋转磁场方向相同。由于感应电动势的产生必须具有相对运动，因此转子的转速永远也不可能与定子旋转磁场的转速相同，而是滞后旋转磁场转速一个值。这种转子转速与定子旋转磁场转速的不同，就叫作异步，这里介绍的转子开始不动而定子通电的情况下运行的电机叫作异步电动机。

如果在外力的作用下，使异步电动机的转子的转速超过定子磁场的旋转速度（即同步转速），此时定子绕组相对于转子向相反方向旋转，根据右手定则可知：由于转子磁场的存在，将在定子绕组中产生一个与原来方向相反的感应电动势，从而使电机由电网向其供电变为电机向电网供电，电动机变为发电机。

为了保证发电机的运行，其转子必须由外界提供一个机械转矩以克服转子绕组在定子磁场中受到的电磁转矩，使转子的旋转速度永远高于定子磁场的旋转速度（同步转速）。这种发电机叫作异步发电机。

当异步电机作为电动机运行时，为了克服负载的阻力转矩，三相异步电动机的转速 n 总是略低于同步转速 n_1，以便气隙中的旋转磁场能够切割转子导体而在其中产生感应电动势和感应电流，从而能够产生足够的电磁转矩来拖动转子旋转。同步转速 n_1 和转子转速 n 的差值称为转差，转差与同步转速 n_1 的比值称为转差率，用 S 表示，即 $S=(n_1-n)/n_1$，式中：n 为转子转速，r/min；n_1 为同步转速，r/min。

当负载发生变化时，转子的转差率随着变化，使得转子导体的感应电动势、电流和电磁转矩发生相应变化，因此异步电动机的转速随着负载的变化而变化。按照转差率的正负、大小，异步电机可分为电动机、发电机和电磁制动 3 种运行状态。

（1）电动机状态：电磁转矩克服负载转矩做功，从电网吸收电能，转化成机械能，此时 $0<S<1$；

（2）发电机状态：原动机拖动电机转子旋转，使其转速高于同步转速 n_1，电磁转矩的方向与转子转向相反，此时电磁转矩为制动性质，通过气隙磁场的耦合作用，将转子的机械能转换为电能，此时 $S<0$；

（3）电磁制动状态：由于机械负载或其他原因，转子逆着旋转磁场转动，转轴从原动机吸收机械功率的同时，定子又从电网吸收电功率，二者都变成了转子内部的损耗，此时 $S>1$。

鼠笼式异步发电机采用的是鼠笼式转子。鼠笼式转子的铁芯外圆均匀分布着槽，每个槽中有一根导条，伸出铁芯两端，用两个端环分别把所有导条的两端都连接起来，起到导通电流的作用。假设去掉铁芯，整个统组的外形好像一个“鼠笼”，如图 2－2 所示为鼠笼式发电机结构图。

图 2－2　鼠笼式发电机结构图

第二节　西门子 4 MW 发电机

鼠笼异步发电机和平时用的三相鼠笼电动机一样，因为它在并网前自身无法产生磁场用以励磁，所以必须在并网后通过吸收电网无功来产生磁场用以励磁。当电动机的转速超过同步转速时，转子铁芯将在定子磁场中感应出涡流，从而形成磁场；转速略高于定子磁场转速时，转子磁场将会拉着定子磁场进行旋转，此时，鼠笼异步电机即由电动状态转为发电状态。目前，西门子的主流机型都是用变速运行的鼠笼异步发电机。早期，定桨距风机（失速型风机）也大多采用鼠笼异步发电机，由于没有变流器，所以这种风机号称“恒速”运行。实际上，这种机组并非严格“恒速”，只是转速变化范围极小而已。鼠笼异步发电机运行原理是异步电机超同步处于发电状态，其转速变化范围只能在同步转速和产生最大电磁转矩的转速之间，这个转差率变化范围一般不会超过 8%，因此，我们可以近似地认为定桨距风机是恒转速运行。

1. 西门子 SWT－4.0－130 发电机概述

西门子 SWT－4.0－130 风力发电机组配置的发电机为西门子 4 极鼠笼发电机，这是一个采用鼠笼式转子、全封闭的异步发电机，发电机定子直接与变频器连接，发电机线路中无须连接集电环，这样发电机结构简单、维护方便且故障率低，从而提高可靠性。发电机转子结构和定子绕组的这种设计使其在部分荷载时也具有较高的效率（图 2－3）。该发电机有热保护开关和模拟温度测量传感器保护，并配备一个独立的自动温度调节通风控制装置，空气在发电机内部再循环，热量通过空-空热交换器传输，从环境空气中隔离发电机内部环境。发电机的轴承由发电机驱动侧安装的自动加脂机按照设定的时间周期，通过两端装配的油管进行润滑。

图 2-3 西门子 SWT-4.0-130 发电机定转子结构图

发电机安装有一个单独的恒温控制通风装置，装有空-空热交换器。发电机转子作为离心式通风机，使来自发电机绕组的内部空气流通至热交换器。发电机转子通过转子两端的小孔水平吸入空气。在转子中间，空气被从转子内的槽排出，然后再流经定子内的槽。空气被引入热交换器的中部，围绕铝管，继续流至热交换器的各端，接着被再次吸进发电机转子端。热交换器的冷却空气由外部通风机提供，周围空气通过机舱底部的孔被吸进热交换器。空气通过耐海水铝管进入热交换器，随后空气进入内部通风机，并在经过消音器后被排出发电机。

考虑到风机运行的各种运行环境，发电机在设计的时候要充分考虑到高寒环境，发电机定转子绝缘采用等级较高的特殊绝缘材料，采用 VPI 整浸，这样大大提高了发电机绝缘性能和温升性能，而且具有极强的抗低温性和防潮湿性能。

为了满足整个风力机组的载荷需要，发电机通过改进电机铁芯冲片的槽型以及绕组的绕法来提高载荷，而且重量维持在一定的范围内。考虑到发电机运行时振动对整个机组其他设备的影响，发电机外壳在设计时还要进行特殊设计，可经过特殊热处理，消除内应力，使整个发电机的振动指标达到最优。

2. 西门子 SWT-4.0-130 发电机参数

表 2-1 西门子 SWT-4.0-130 发电机参数表

序号	项 目	单位	技术参数
1	类 型		鼠笼式异步发电机
2	型 号		SWT-4.0-130
3	额定功率	kW	4 000
4	防护等级(防尘防水)		IP54
5	绝缘等级		F
6	过负载能力		1.4 倍
7	发电机冷却方式		空-空热交换
8	定子接线方法		三角形接法
9	发电机对温湿度要求		随主机要求
10	额定电压	V	750
11	额定电流	A	3 785

续 表

序号	项 目	单位	技术参数
12	额定转速	r/min	1 800
13	最大同步转速	r/min	1 550
14	额定励磁电压	V	750
15	极对数		2
16	发电机绕组温度最大值	℃	155
17	发电机轴承温度最大值(非驱动端)	℃	100
18	发电机轴承温度最大值(驱动端)	℃	100
19	发电机轴承温度最大值(滚珠)	℃	100
20	发电机重量	kg	10 500

3. 西门子 SWT-4.0-130 发电机组发电基本原理

如图 2-4 所示,西门子 SWT-4.0-130 发电机组配置的 4 极鼠笼发电机,是一个完全封闭的异步发电机,它采用的是没有滑环的鼠笼式转子。与该鼠笼异步发电机定子侧相连的变频器称为机侧变频器,不仅需要向异步发电机提供建立磁场所需的无功功率,还要控制发电机跟踪最大功率曲线,并将发电机产生的有功功率输送到直流母线上。

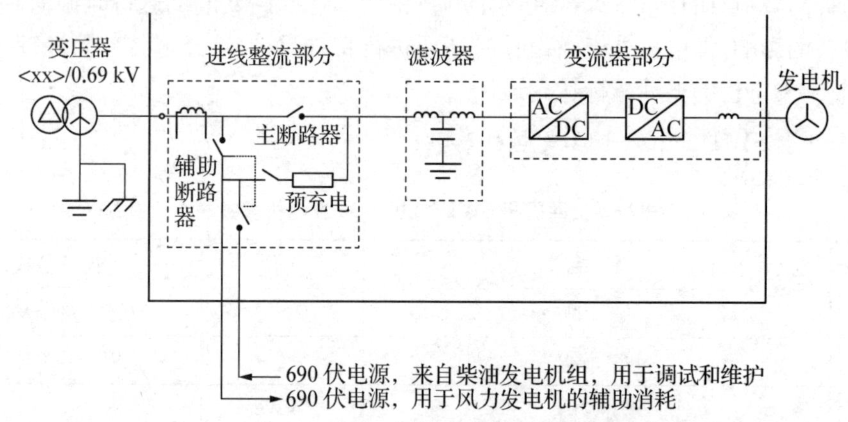

图 2-4 西门子 SWT-4.0-130 发电机组发电基本原理

鼠笼异步发电机在并网前自身无法产生磁场用以励磁,必须在并网后通过吸收电网无功来产生磁场用以励磁。当风速达到切入风速时,风机叶轮开始转动,预充电回路闭合,当变频器直流母线上直流电压达到 900 V 时,预充电回路断开,主断路器闭合,直流电压稳定在 1 100 V。

变频器根据检测到的实时发电机的转速,开始调制使转速同步(同步转速,又称旋转磁场的速度,用 n 表示,其单位是"r/min"。它的大小由交流电源的频率及磁场的磁极对数决定时,即同步转速 $n=60\ f/p$,我国电力系统规定频率(工频)为 50 Hz,西门子 SWT-4.0-130 机组配置的 4 极鼠笼发电机,当 U、V、W 三相每相绕组只有一个线圈均匀对称

分布在圆周上，则电流变化一次，旋转磁场转过一圈，这就是一对极。如果 U、V、W 三相绕组每相分别由两个线圈串联组成，每个线圈的跨距为 1/4 圆周，那么三相电流所建立的合成磁场仍然是一个旋转磁场，并且电流变化一次，旋转磁场仅转过 1/2 转，这就是 2 对极。同理，如果将绕组按一定的规则排列，可得 3 对极、4 对极或 P 对极，P 就是极对数；4 极电机就是转子有 2 个磁极，$2p=4$，即此电机有 2 对磁极。例如，该机型定子绕组通入频率 50 Hz 的三相交流电流时，定子绕组产生的旋转磁场的转速为 1 500 r/min)。低于发电机转速，转子铁芯将在定子磁场中感应出涡流，从而形成磁场。

转速略高于定子磁场转速时，转子磁场将会拉着定子磁场进行旋转，此时，鼠笼异步发电机即由电动状态转为发电状态，发电机发出的电经过变流器转换为频率合格的三相交流电，经过滤波单元，消除高次谐波，风力发电机组的电并入电网。

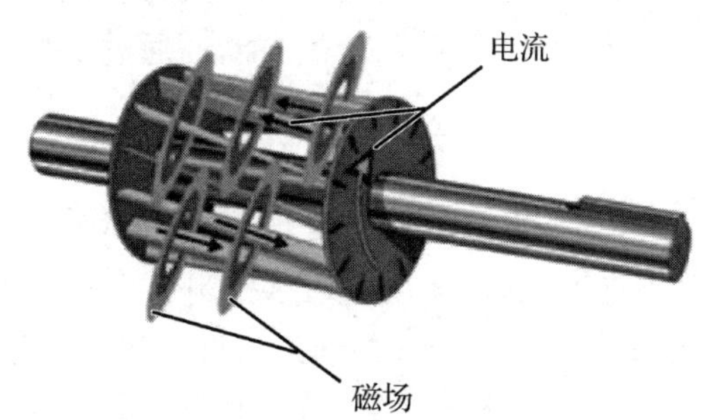

图 2-5　鼠笼转子形成旋转磁场示意图

4. 西门子 SWT-4.0-130 发电机组变流器功率调节

机组变流器为全功率变流器，用于将风力发电机产生的变化频率转换为恒定电网频率。该变流器是采用脉宽调制(PWM)技术的四象限变流器。

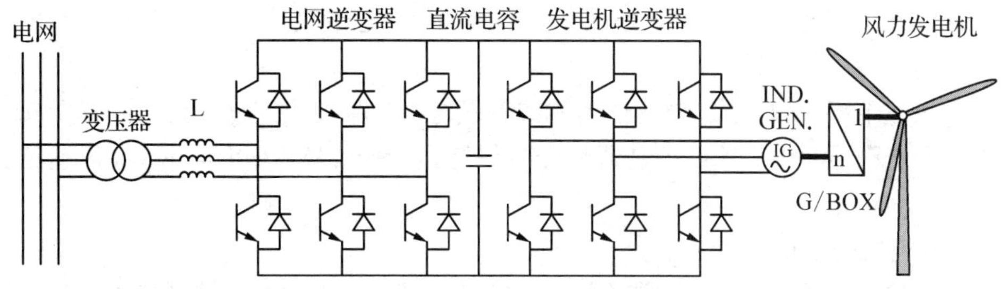

图 2-6　西门子 SWT-4.0-130 发电机组变流器电气连接简图

发电机侧变流器对感应发电机内产生的变化频率功率进行控制，将其传输到直流链路中。通过发电机侧变流器对发电机的转速控制，能够根据风速跟踪最佳功率曲线，获得最佳风能性能。电网侧变流器连接直流电路，将其转换为与电网相同频率的交流电，从而能让满足要求的交流电传输到电网中。它还以低谐波失真的方式将此电能输送给电网，无功功率也能同时通过电网侧变流器进行控制。

变流器的设计基于并联的 IGBT 模块，如部分损坏可以降功率运行。电网和发电机逆变器都有模块并联在一起。这些模块用水冷却，每个模块单独连接到一个歧管，而这个歧管则与水循环泵相连。

为改善功率质量，在低压断路器和电网逆变器之间安装一个滤波器系统。该滤波器的设计取决于允许的风机辐射、兼容性级别、短路级别等。

滤波器电抗器也用作电网逆变器内模块的共用电抗器，这种共用的目的是保证每个模块都提供相等的电流。

功率因数是通过使用四象限变流器来进行控制的。变速风机提供的功率因数将等于标准的功率因数，但这个数字可在一定范围调节。风机的切入通过变流器进行操作，它可将风机接入电网而不会产生大的电流峰值。

5. 西门子 SWT－4.0－130 发电机组投运和停止

西门子风机的切入运行和停止由控制器控制，控制器相当于风机的"中枢神经系统"。控制器负责风机的运行和监控，掌控全部的安全功能，并通过光纤网络与远程监控系统进行通信。

(1) 发电机的切入和运行

如果风机因无风而停转，那么当风速到达某个水平(通常是 4 m/s)后将会自己启动。风机启动时叶片将向零度方向变桨，加速度则通过控制变桨速度的控制器来调节。当发电机速度达到切入速度(通常为 900 rpm)时，通过对叶片进行变桨来保持几乎恒定的速度。首先是变频器切入，然后是发电机切入，这样可将涌入电流对电网的影响降至最低。

在较低和中等风速时，风机发出的功率跟随指定的功率与速度关系曲线，控制机组实现最优和平滑的功率输出。功率输出受到功率控制器和变频器的控制，而变桨被控制到某个优化值(接近零度)。

当风速达到额定值时，由功率控制器和变频器将功率输出限制到额定功率水平。平均空气动力学功率输入则是由速度控制器和变桨系统来限制。通过调节变桨，控制平均速度来跟随某个速度参考值，而风速快速波动则转换为速度变量。这样确保对传动系统、叶片和电网的冲击降至最低。

如果风速下降，平均功率输出达到零或者发电机达到切出速度(通常为 600 r/min)，则发电机和变频器切出。速度控制器将变桨保持在最佳位置，风机准备好在风速增加后再次切入。

(2) 发电机的停止

风机的停机方式可通过控制器发来的自动停机信号、手动激活控制器上的停机按钮或者从远程监控系统上发出停机信号。

控制器通过各种停机步骤来进行区分，大多数可能的风机故障类型都会启动正常的停机序列。在正常停机序列中，叶片在收到停机信号后开始变桨到停机位置，当功率输出达到零时发电机切出。叶轮因空气动力制动而减慢速度，并保持在低速空转状态。如果使用停机按钮来激活停机，则随后通过激活机械制动来完全停止转动。

如果控制器记录到严重的风机故障，或者手动急停按钮被激活，则启动紧急停机序列。在这种情况下，将立即激活紧急叶片变桨并施加机械制动。发电机将仍然用于吸收叶轮中的能量，直到输出达到零为止，风机将在数秒内停止。

第三节　发电机日常巡检

日常登机巡检时应检查发电机全部螺栓是否松动(螺栓力矩线标识检查)、发电机润滑系统及冷却系统、定子接线等。风机启动时应检查:旋转方向、轴承温度、轴承异响、旋转的平稳度以及达到轴承温度的稳定状态时间。如发现功率输入增大、温度升高、振动加剧、异音或异常气味、监控系统反应异常等,立即按用户手册或规程处置、通知维护人员。具体巡检项目见表 2-2。

表 2-2　发电机巡检表

1	发电机加脂机是否正常工作,记录油脂量
2	发电机前、后、背面加热器是否正常工作
3	发电机定子界线盒内电缆接线端子是否牢固,定子接线铜牌是否固定完好,不可有明显向下受力迹象
4	定子接线盒葛兰头是否完整并紧固到位,紧固葛兰头之前把电缆往上推送
5	发电机集电环是否有点蚀、烧弧等现象
6	判断电机运转声音是否过大
7	发电机冷却风扇工作正常,是否灰尘过多
8	弹性减震器检查
9	发电机地脚螺栓是否紧固
10	检查发电机轴承润滑是否可以正常运行(记录油脂润滑数据)
11	检查轴承润滑泵及管路是否正常,手动测试润滑情况
12	拆除废油集油盒检查排油口是否正常排油(排油量多少)
13	检查废油前端盖里面的油量及颜色
14	记录废油颜色(黑色、棕色)及排油量,拍照记录
15	检查废油油脂形态(油脂干硬、油水分离)
16	检查轴承转动是否平滑,是否有异响
17	轴承转动是否有尖叫声(轴承间隙小或润滑不良)
18	轴承转动是否有均匀摩擦声或沙沙声(滚道或滚动体有伤痕)
19	轴承转动是否有忽强忽弱的嗡嗡声(滚道剥落或保持架失效)
20	轴承转动是否有火车声(内外跑圈或轴承彻底失效)
21	检查轴承前端盖是否有烧毁痕迹
22	当轴承转速达到 200～300 r/min 时,观察轴承是否有跳动
23	如果发现轴承转动异常,查看 TCM 是否有报警

第三章　电力变压器

电力变压器是电力系统中重要的电气设备，起着传递、分配电能的重要作用。按单台变压器的相数来区分，变压器可分为三相变压器和单相变压器。在三相电力系统中，通常使用三相电力变压器。当容量过大或受到制造条件及运输条件限制时，在三相电力系统中有时也采用由三台单相变压器连接成三相变压器组使用。

变压器的基本结构是铁芯和绕组，将这两部分装配在一起就构成变压器的器身。对于油浸式变压器是将器身浸放在充满变压器油的油箱里，在油箱外装配有冷却装置、引出线套管及保护测量装置。

变压器有不同的使用条件、安装场所，有不同电压等级和容量级别，有不同的结构形式和冷却方式，可按不同原则进行分类。

(1) 按用途分为① 电力变压器；② 测量变压器(TV、TA)；③ 试验变压器；④ 调压变压器；⑤ 各种小型电源变压器；⑥ 各种特殊用途变压器，如整流变压器、电炉变压器、焊接变压器、控制变压器等。

(2) 按冷却方式分为① 干式(自冷)变压器；② 油浸自冷变压器；③ 油浸风冷或油浸水冷变压器；④ 强迫油循环风冷或强迫油循环水冷变压器；⑤ 充气式变压器。

(3) 按相数分为① 单相变压器；② 三相变压器；③ 多相变压器。

(4) 按绕组结构分为① 单绕组变压器；② 双绕组变压器；③ 三绕组变压器；④ 多绕组变压器。

(5) 按铁芯结构分为① 芯式铁芯变压器；② 壳式铁芯变压器；③ C形、T形及环形铁芯变压器。

(6) 按防潮方式分为① 开启式变压器；② 密封式变压器；③ 全密封式变压器。

(7) 按调压方式分为① 无载调压变压器；② 有载调压变压器。

(8) 按中性点绝缘分为① 全绝缘变压器；② 半绝缘变压器。

第一节　变压器的本体结构

一、铁芯

1. 铁芯的结构

(1) 三相三铁芯柱

它是将A、B、C三相的三个绕组，分别放在三个铁芯柱上，三个铁芯柱由上、下两个铁扼连接起来构成磁回路，绕组的布置方式也同单相一样，将低压绕组放在内侧，把高压绕组放在外侧。如图 3-1 所示。

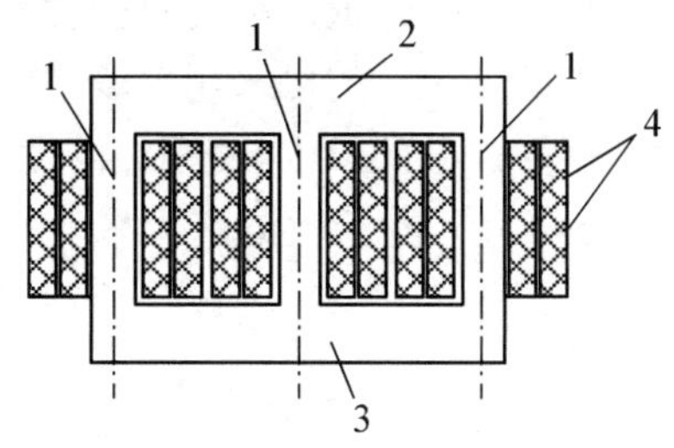

1. 铁芯柱；2. 上铁扼；3. 下铁扼；4. 绕组。

图 3-1　三相三芯柱变压器的铁芯和绕组

(2) 三相五铁芯柱

它与三相三铁芯柱相比较，在铁芯柱的左右两个尽头端，多了两个分支铁芯柱 4(它称为旁扼)，各电压级的绕组分别按相套在中间三个铁芯柱上，而旁扼是空的铁芯柱，没有绕组，这样就构成了三相五铁芯柱变压器。如图 3-2 所示。

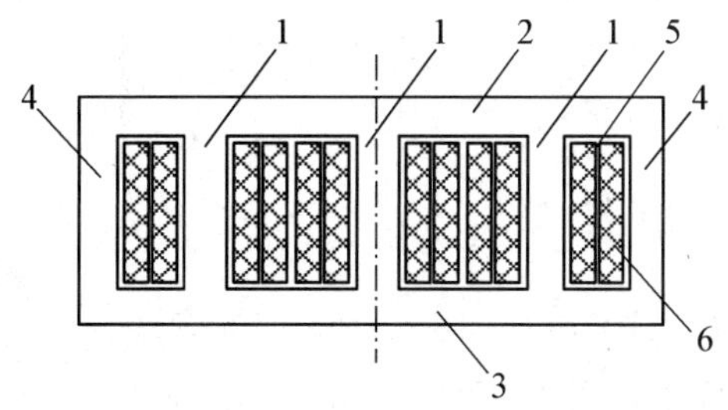

1. 铁芯柱；2. 上铁扼；3. 下铁扼；4. 旁扼；5. 低压绕组；6. 高压绕组。

图 3-2　三相五铁芯柱变压器的铁芯和绕组

随着电力变压器单台制造容量不断增大，其体积也相应增大。为了解决这一矛盾，方法之一就是采用五铁芯柱的铁芯。它是将变压器的上、下铁扼几乎各减去了一半，这样就整个变压器而言，降低了一个铁扼的高度，但是降低后铁扼中的磁密必须保持原来的数值，不能超过设计所能允许的数值。为此，把上、下铁扼中减去一半的铁磁物质，置于 A、C 两相芯柱的两旁(旁扼)，就成了图 3-2 所示的外形了。旁扼仅起着磁路闭合作用，其功能与上、下铁扼相同，是没有绕组的。

2. 铁芯的材料

变压器铁芯由硅钢片组成，为了降低铁芯中的发热损耗，铁芯由厚度为 0.35～0.5 mm 的硅钢片叠装而成。变压器用的硅钢片其含硅量比较高。硅钢片的两面均涂以绝缘漆，这样可使叠装在一起的硅钢片之间绝缘，绝缘漆的厚度仅几个微米。

作为电力变压器使用的硅钢片，有以下特性：

(1) 高导磁率。因为在一定的磁场强度下，磁导率越高，要传递等量的磁通，所需要的硅钢片材料就越少，铁芯的体积越小，产品重量就轻。或者说因为体积减小了，可节约导线和降低导线电阻所引起的发热损耗。

(2) 要求在一定的频率和磁感应强度下，具有低的铁损。单位重量的硅钢片，所引起的损耗(磁滞损耗和涡流损耗)要低，则可降低产品的总损耗，可提高产品的效率。

为了达到上述两个目的，其中第一个目的可采用单取向冷轧钢片；第二个目的则是在铁中加入少量的硅，从而成为硅钢片。硅的渗入，使钢片的性能起了根本性的变化。硅与铁形成合金，提高了电阻率，同时将有害的杂质分离出来。所以渗入了硅，反而能提高磁导率，降低铁损。

3. 铁芯的截面

在大容量的变压器中，为了使铁芯中发出来的热量能被绝缘油在循环时充分地带走，从而达到良好的冷却效果，除了将铁芯柱的截面做成阶梯形外，还设有散热沟(油道)，散热沟的方向与钢片的平面可以做成平行的，也可以做成垂直的。

4. 铁芯的接地

由于铁芯匝电压很高，当铁芯发生两点以上接地时，接地电流较大，故障点能量级别较高，这将引起较为严重的后果。为了能在运行中对大容量变压器进行监视，观察其接地回路内是否有电流流过，把通常在变压器内部直接固定接地的方式，改变为在变压器外部接地的方式。

二、绕组

1. 圆筒形绕组

它是一个圆筒形螺旋体，其线匝是用扁线彼此紧靠着绕成的。圆筒形绕组可以绕成单层，也可以绕成双层(图 3-3)。通常总是尽量避免用单层圆筒，而是绕成双层圆筒状。因为绕成单层时，导线受到弹性变形的影响，线圈容易松开，使端部线匝彼此靠得不够紧，而绕成双层后，松开的倾向就小得多了。当电流较大时，也采用每一线匝由数根导线沿轴向并联起来绕成，但并联导线数通常不多于 4～5 根。

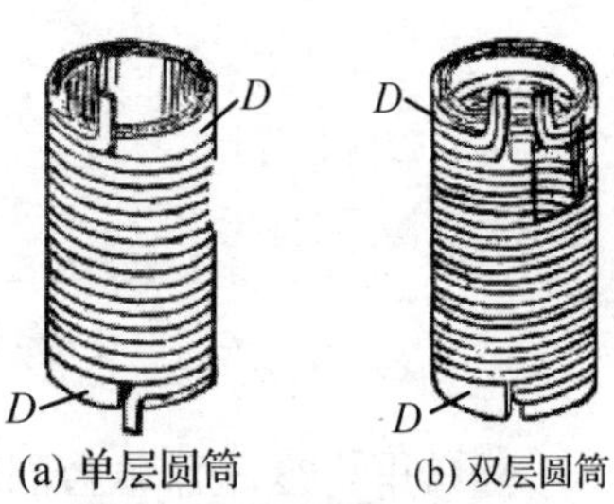

图 3-3 圆筒形绕组

2. 螺旋形绕组

容量稍大些的变压器的低压绕组匝数很少(20～30 匝以下)，但电流却很大，所以要求线匝的横截面很大，因此要用很多根导线(6 根或更多)并联起来绕。圆筒形绕组不能用很多根导线并联起来绕，所以在并联导线的数目较多时，使用螺旋形绕组(图 3-4)。圆筒形绕组实际上也是螺旋形的，螺旋形绕组每匝并联导线的数量较多，且是沿径向一根压着一根地叠起来绕。

3. 连续式绕组

连续式绕组(图 3-5)用扁线绕制，其中没有焊接头。导线的匝间排列，是经过特殊的绕制工艺绕成的，从一个线饼(也称线段)到另一个线饼，其接头是交替地在线圈的内侧和外侧，这是连续式绕组的主要优点。

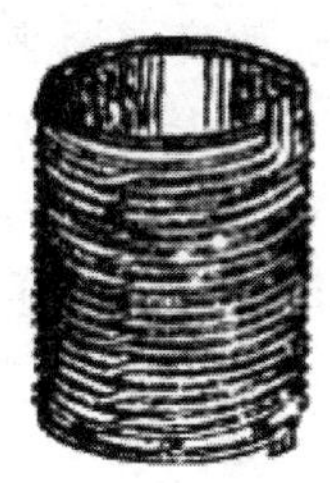

(a) 外形　(b) 绕组纵剖面导线的排列

图 3－4　螺旋形绕组

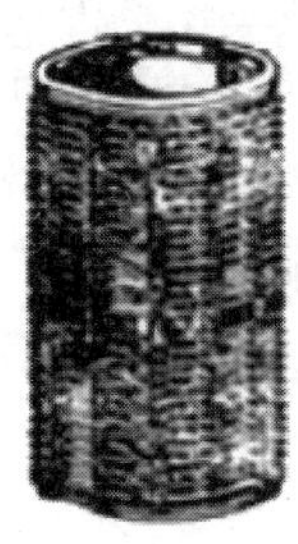

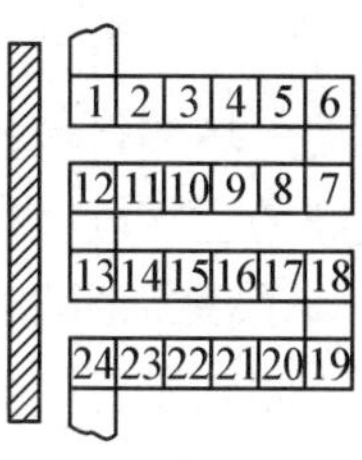

(a) 外形图　(b) 绕组纵剖面导线的匣间排列

图 3－5　连续式绕组

4. 纠结式绕组

纠结式绕组是用两根导线进行并绕，然后按次序将两个线饼串联起来，成为一个单回路线圈。纠结式绕组还有全纠结式和部分纠结式两类，全纠结是整个绕组从绕制开始，全部采用纠结式；部分纠结是采用纠结和连续相结合，通常在高压绕组的出线端和中性点（全绝缘结构）两处，将其中几个线饼绕成纠结式，而其他线饼则绕成连续式。

三、绝缘结构

变压器的绝缘分主绝缘和纵绝缘两大部分。主绝缘是指绕组对地之间、相间和同一相而不同电压等级的绕组之间的绝缘；纵向绝缘是指同一电压等级的一个绕组，其不同部位之间，例如层间、匣间、绕组对静电屏之间的绝缘。

1. 变压器内部的主要绝缘材料

变压器内部的主要绝缘材料为变压器油、绝缘纸板、电缆纸和皱纹纸等。

2. 变压器主绝缘

变压器内部的主绝缘结构，主要为油-隔板绝缘结构，这种结构通常采用以下三种形式形成。

（1）加覆盖层。它是用电缆纸、漆布等在电极上加一薄层，厚度在 1 mm 以下。它的作用是阻止杂质形成小桥而将两极短接。加覆盖层后能使工频击穿电压显著提高，特别是在均匀电场中，可提高 70%～100%，但对极不均匀的电场，提高较少。加覆盖层对冲击电压效果很小。

（2）包绝缘层。用电缆纸、皱纹纸、漆布等在电极上包一较厚的绝缘层，通常在几毫米至十几毫米。它不但起着覆盖作用，而且承受着一定比例的工作电压，结果可使油中的电场强度降低些，对冲击电压和工频电压都有显著的作用。特别是在极不均匀的电场中，在曲率半径较小的电极上，包绝缘层后，可以显著地提高油隙的击穿电压。因此，在变压器的引出线、绕组的首末端处线段上，都用这个方法来加强其绝缘。在均匀的电场中，效果会相反。因为电场强度按介电常数成反比分配，油的介电常数为 2.2～2.4，纸板的介电常数为 3.6，当包扎了一定厚度的绝缘层后，油中的电场强度反而比原来增高，因为油隙比原来减小了。

(3) 隔板油隙。在油隙中放置比电极稍大些的固体绝缘材料称为隔板。它的作用是阻止杂质搭成“小桥”;另外,隔板在电场中积聚了自由电荷,形成附加电场,改变了原来的电场分布,使电场变得均匀些。这种方法对越不均匀的电场,效果越好。当隔板放置得合适,可使油隙的击穿电压提高到无隔板时的 2～2.5 倍。

总之,为了提高油隙的耐电击穿强度,减小绝缘结构的尺寸,应根据具体情况,采用合适的形式,以收到良好的效果。

3. 纵向绝缘

纵向绝缘是指同一绕组的匝间、层间以及与静电屏之间的绝缘。在同一个线饼内,绕有数匝线圈,这时匝与匝之间需要有匝绝缘。对于不同形式的绕组,匝间电压数值也不相同。当绕组的形式为纠结式时,其匝电压比一般连续式绕组时高。不同形式的纠结绕组,其匝电压数值也不一样,所以匝电压的具体数值,要根据绕组的具体形式而定。匝间绝缘是由包在导线上的电缆纸构成,不同的电压等级,其匝间绝缘的厚度也不相同。

四、变压器附属设备

1. 油箱

油浸式变压器均要有一个油箱,以便将组装好的铁芯和绕组装入其中,并且要将变压器绝缘和散热用的油装入,以保证变压器正常工作,变压器油箱的重要作用是很明显的。正常情况下变压器油箱要承受铁芯、绕组和变压器油的重量和对箱壁的压力,还要承受变压器安装时真空热油干燥时外部大气压力。

在非正常情况下(例如变压器故障),变压器油分解产生气体会对油箱产生很大压力,变压器油箱应在一定压力范围内不产生变形、破损等异常。现代化大型变压器强大的磁能,有时漏磁会使变压器油箱某些部位磁化,产生大量热能,所以现在对变压器油箱要求比较高,要用质量好的钢板焊接而成,能承受一定压力和某些部位必须具有防磁化性能。为了检修变压器的方便,可以把油箱做成钟罩式,在变压器检修时不用吊起沉重的铁芯和绕组,只要将油放掉,将钟罩油箱吊起就可以检修,现代大型变压器油箱均采用了钟罩式结构。

2. 气封油枕

变压器在运行中,随着油温的变化,油的体积会膨胀和收缩,油面的空气与外界大气交换时容易受潮和氧化。为了使变压器油箱中的油随着油温变化任意膨胀和收缩,同时减少外界空气的接触面积,减小变压器受潮和氧化的概率,通常在变压器上部安装一个储油容器(俗称油枕),使其与变压器本体油箱连通,一般由变压器容量来决定油枕的大小。

随着变压器容量增大,油枕的重要性也越大,为了防止大型变压器由于油受潮和劣化造成故障,不断地采取了一些重要措施。例如,采用气封型油封油枕可以将变压器油与大气隔开,允许变压器主油箱的油随温度变化而自由膨胀和收缩,同时又不接触外面空气,也就避免了油接触大气中的水分、氧气、杂质等,减小了变压器箱内油受潮的机会,降低了油的劣化速度。

3. 空气干燥器(呼吸器)

变压器随着负荷和气温变化,各变压器油温会不断变化,这样油枕内的油位随着整个变压器油的膨胀和收缩而发生变化,有时将油枕内空气向外排出,有时外界空气要被油枕吸入。为了使潮气不能进入油枕使油劣化,将油枕用一根管子从上部连通到一个内装硅胶的干燥器(俗称呼吸器,因为空气经过干燥器有进有出好像呼吸一样所以称为呼吸器,如图 3-6 所示),硅胶正常为蓝色颗粒,对空气中水分具有很强的吸附作用,吸潮饱和后会变为红色。

空气干燥器就是利用硅胶的吸湿性。将硅胶颗粒装在玻璃容器内,外面用金属容器保护,并留有适当窗口用以检查硅胶状况。

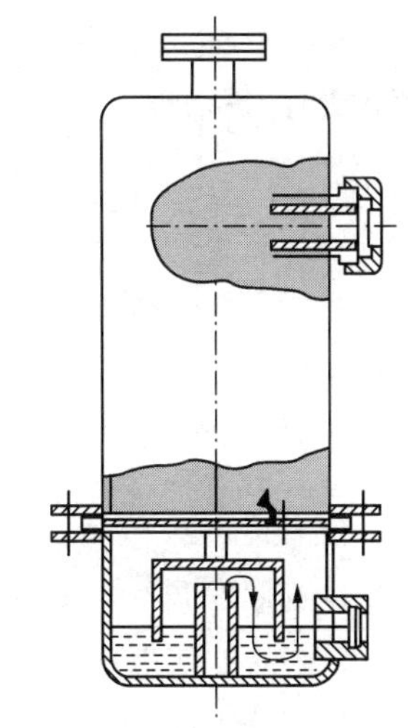

图 3-6 变压器空气干燥器的结构

第二节 变压器的基本工作原理

一、变压器的空载运行

1. 空载时的物理过程

变压器原绕组接入额定功率、额定电压的交流电源,副绕组开路时的运行状态称为**空载运行**。

2. 空载时的电磁关系

当原绕组接入交流电压为$\dot{U}_1$ 的电源上时,原绕组便有空载电流$\dot{I}_0$,流过$\dot{I}_0$ 建立空载磁动势 $\dot{F}_0=\dot{I}_0\dot{N}_0$,该磁动势产生空载磁通。为便于研究问题,把磁通等效地分成两部分(图 3-7):一部分磁通$\dot{\Phi}_m$ 沿铁芯闭合,同时交链原、副绕组,称为主磁通;另一部分磁通$\dot{\Phi}_{1\sigma}$主要沿非铁磁性材料(变压器油、油箱壁等)闭合,仅与原绕组交链,称为原绕组漏磁通。根据电磁感应定律可知,交变的主磁通分别在原、副绕组感应出电动势$\dot{E}_1$ 和$\dot{E}_2$;漏磁通在原绕组感应出漏电动势$\dot{E}_{1\sigma}$。

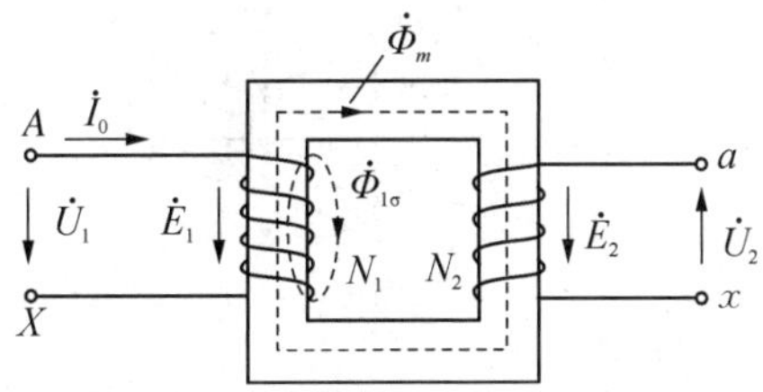

图 3-7 变压器空载运行示意图

此外，空载电流还在原绕组电阻 r_1 上形成一个很小的电阻压降 $\dot{I}_0 r_1$。归纳起来，变压器空载时，各物理量之间的关系可表示如图 3-8 所示。

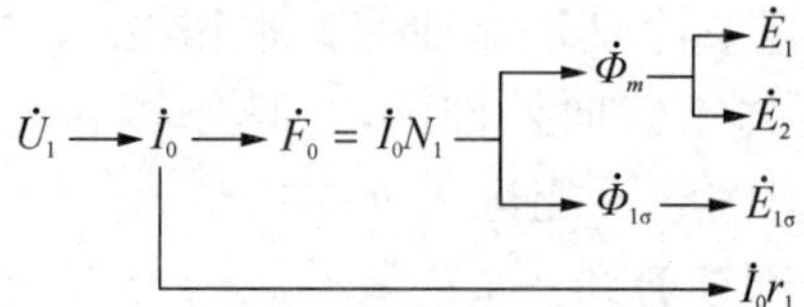

图 3-8　变压器空载运行时的电磁关系

3. 空载电流

空载电流有两个作用：一是建立空载时的磁场，即主磁通 $\dot{\Phi}_m$ 和原绕组漏磁通 $\dot{\Phi}_{1\sigma}$；二是补偿空载时变压器内部的有功功率损耗。所以相应地可认为空载电流由无功分量和有功分量两部分组成，前者用来产生空载时的磁场，后者对应于有功功率损耗。在电力变压器中，空载电流的无功分量远大于有功分量，因此空载电流基本上属于无功性质的电流，通常称为励磁电流。空载电流的数值不大，变压器容量愈大，空载电流的百分数一般愈小。主变的空载电流大约为额定电流的 0.3%。

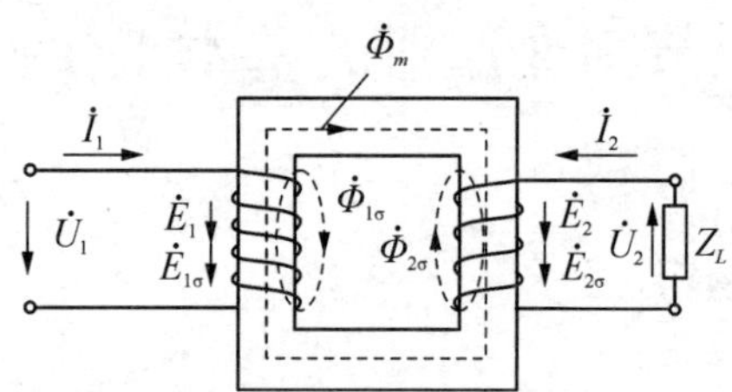

图 3-9　磁路饱和时的空载电流波形

空载电流的波形取决于铁芯主磁路的饱和程度。由于变压器接入额定电压时，铁芯处在近于饱和情况下工作，考虑到铁芯磁化曲线的非线性关系，根据外施电压为正弦波形，则主磁通也为正弦波曲线 $\Psi=f(t)$，利用铁芯磁化曲线 $\Psi=f(i_0)$，可用图解法求得波形为尖顶波的空载电流曲线 $i_0=f(t)$。

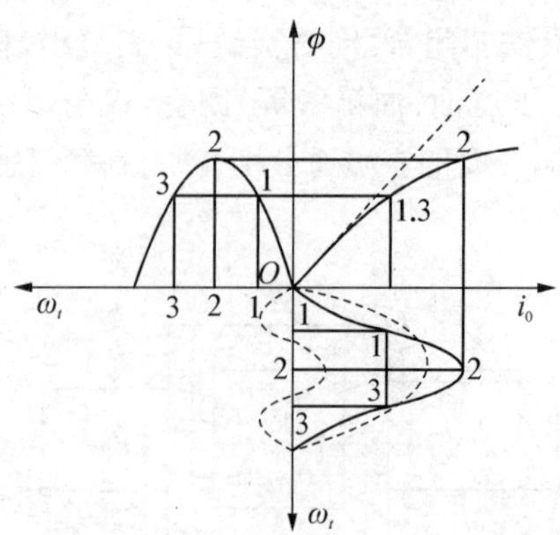

图 3-10　单相变压器负载运行示意图

通常用一个等效正弦波空载电流代替实际的尖顶波空载电流，这时空载电流便可用相量$\dot{I}_0$表示。将$\dot{I}_0$分解为无功分量$\dot{I}_\mu$和有功分量$\dot{I}_{Fe}$，$\dot{I}_\mu$与主磁通Φ_m同相位，$\dot{I}_{Fe}$超前主磁通Φ_m为$90°$，故$\dot{I}_0$超前Φ_m一个铁损耗角α。

二、变压器的负载运行

变压器原绕组接入额定功率、额定电压的交流电源，副绕组接上负载，此时副边有电流流过的运行状态称为负载运行。

变压器空载运行时，副边电流为零，原边只流过较小的空载电流$\dot{I}_0$，它建立空载磁动势$\dot{F}_0=\dot{I}_0\dot{N}_1$，作用在铁芯磁路上产生主磁通$\Phi_m$，主磁通在原、副绕组分别感应出电动势$\dot{E}_1$和$\dot{E}_2$。电源电压$\dot{U}_1$与原绕组的反电动势$-\dot{E}_1$和原绕组漏阻抗压降$\dot{I}_0Z_1$相平衡，此时变压器处于空载运行时的电磁平衡状态。

当副绕组接上负载，副边流过电流$\dot{I}_2$，建立副边磁动势$\dot{F}_2=\dot{I}_2\dot{N}_2$，这个磁动势也作用在铁芯的主磁路上，并企图改变主磁通Φ_m。如前所述，由于外加电源电压U_1不变，主磁通Φ_m近似地保持不变，所以当副边磁动势$\dot{F}_2$出现时，原边电流必须由$\dot{I}_0$变为$\dot{I}_1$，原边磁动势即从$\dot{F}_0$变为$\dot{F}_1=\dot{I}_1\dot{N}_1$，其中所增加的那部分磁动势，用来平衡副边的作用，以维持主磁通不变，此时变压器处于负载运行时新的电磁平衡状态。

负载运行时，$\dot{F}_1$和$\dot{F}_2$除了共同建立铁芯中的主磁通Φ_m以外，还分别产生交联各自绕组的漏磁通$\Phi_{1\sigma}$和$\Phi_{2\sigma}$，并分别在原、副绕组感应出漏电动势$\dot{E}_{1\sigma}$和$\dot{E}_{2\sigma}$。同样可以用漏电抗压降的形式来表示原绕组漏电动势$\dot{E}_{1\sigma}=-j\dot{I}_{1x1}$，副绕组漏电动势$\dot{E}_{2\sigma}=-j\dot{I}_{2x2}$，其中$x_2$称为副绕组漏电抗，对应于副边漏磁通$\Phi_{2\sigma}$，$x_2$反映漏磁通的$\Phi_{2\sigma}$的作用，也是常数。此外，原、副绕组电流$I_1$、$I_2$还分别产生电阻压降$I_1*r_1$和$I_2*r_2$。

归纳起来，变压器负载时各物理量之间的关系可用图3-11表示。

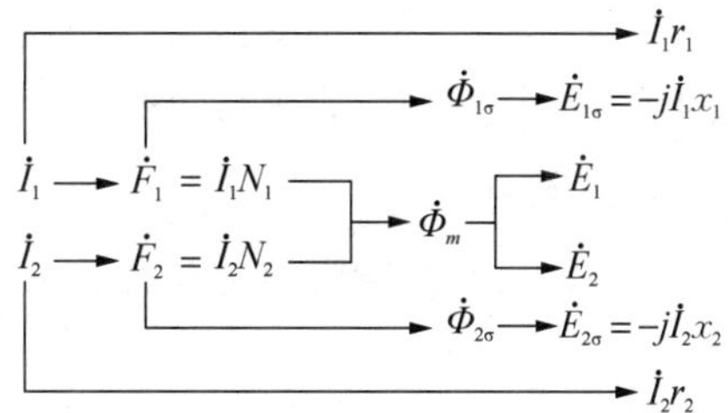

图3-11　变压器负载运行时的电磁关系

第三节　分裂变压器

一、结构特点

分裂变压器(又称分裂绕组变压器)，通常把一个或几个绕组(一般是低压绕组)分裂成额定容量相等的几个部分，形成几个支路(每一部分形成一个支路)，这几个支路之间没有电的联系。分裂出来的各支路，额定电压可以相同也可以不相同，可以单独运行也可以同时运行，可以在同容量下运行也可以在不同容量下运行。当分裂绕组各支路的额定电压相同时，还可以并联运行。

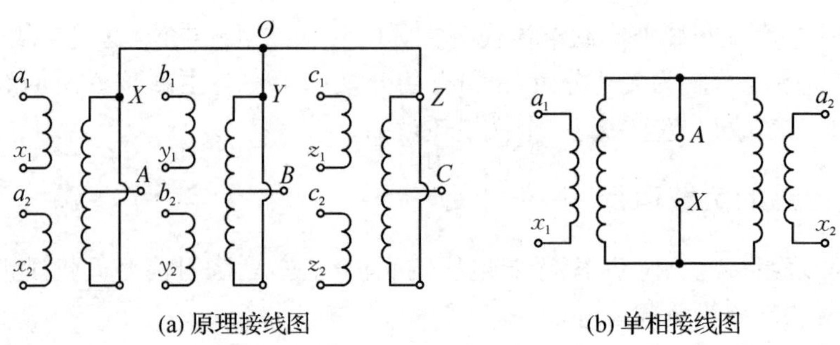

(a) 原理接线图　　(b) 单相接线图

图 3-12　三相双绕组分裂变压器

在图(b)中,高压绕组 AX 为不分裂绕组,由两部分并联组成;低压绕组 a_1x_1 和 a_2x_2,为分裂出来的两个支路。

二、分裂变压器的特殊参数

1. 穿越阻抗 Z_c

当分裂绕组的几个支路并联连接组成统一的低压绕组对高压绕组运行时,称穿越运行。此时高、低压绕组之间的短路阻抗叫作穿越阻抗,用 Z_c 表示。显然,穿越阻抗相当于普通双绕组变压器的短路阻抗。

2. 分裂阻抗 Z_f

当分裂绕组的一个支路对另一支路运行时,称分裂运行。此时分裂绕组两个支路之间的短路阻抗叫作分裂阻抗,用 Z_f 表示。

3. 分裂系数 k_f

分裂阻抗与穿越阻抗之比称为分裂系数,用 k_f 表示,即

$$k_f=\frac{Z_f}{Z_c} \tag{3-1}$$

分裂变压器的设计原则:分裂绕组每一支路与高压绕组之间的短路阻抗相等;分裂绕组之间的分裂阻抗具有较大的值;分裂系数一般为 3～4。

三、等值电路

以分裂变压器为例,分析其一相的简化等值电路。

这种分裂变压器的一相有三个绕组:一个不分裂的高压绕组,两个相同的低压分裂绕组,可对照三绕组变压器得到其等值电路图 3-13 所示。图中各支路阻抗分别用 Z_A、Z_{a1}、Z_{a2} 表示,下面求这些阻抗的大小。

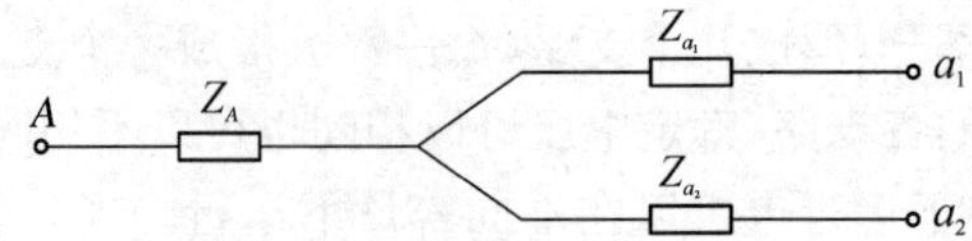

图 3-13　分裂变压器简化等值电路

a_1、a_2 两端之间的阻抗就是分裂阻抗，即 $Z_{a_1}+Z_{a_2}=Z_f$。因为分裂绕组在布置上是对称的，所以 $Z_{a_1}=Z_{a_2}$，有

$$Z_{a_1}=Z_{a_2}=\frac{1}{2}Z_f=\frac{1}{2}k_fZ_c \tag{3-2}$$

a_1、a_2 两点并联后与 A 点之间的阻抗就是穿越阻抗，即 $Z_c=Z_A+Z_{a1}/Z_{a2}$，有

$$Z_A=Z_c-\frac{Z_{a1}}{2}=Z_c-\frac{1}{4}k_fZ_c=\left(1-\frac{1}{4}k_f\right)Z_c \tag{3-3}$$

四、优、缺点

目前，分裂变压器多用作 200 MW 及以上大机组发电厂中的厂用变压器，它比普通双绕组变压器有以下优点。

1. 限制短路电流作用显著

当分裂绕组一个支路短路时，由电网供给的短路电流经过的阻抗较大。从图 3－14 等值电路上可看出，设 a_1 端短路，则短路电流经过的阻抗为 $Z_A+Z_{a1}=\left(1-\frac{k_f}{4}\right)Z_c+\frac{1}{2}\times k_fZ_c=\left(1+\frac{k_f}{4}\right)Z_c$，比穿越阻抗大 $\frac{k_f}{4}Z_c$，即比普通变压器的短路阻抗大，故可显著限制短路电流。

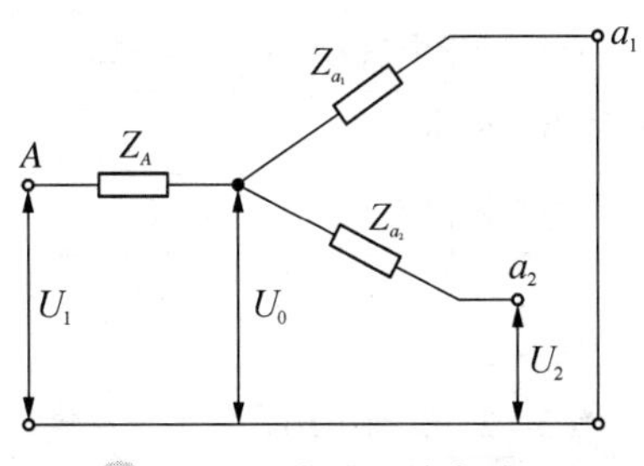

图 3－14　求残压的电路图

此外，当一个支路短路时，由另一支路供给短路点的反馈电流会减小很多，因为此时电流流经的是较大的分裂阻抗。

2. 发生短路故障时母线电压降低不多

当分裂绕组的一个支路短路时，另一支路的母线电压降低很小，即残压较高，从而提高了供电的可靠性。当 a_1 端短路时，忽略另一支路的短路阻抗压降，则 a_2 端的残压 $U_2=U_0$。

$$U_2=U_0=\frac{Z_{a1}}{Z_A+Z_{a1}}U_1=\frac{\frac{1}{2}k_fZ_c}{\left(1-\frac{1}{4}k_f\right)Z_c+\frac{1}{2}k_fZ_c}U_1$$

$$=\frac{\frac{1}{2}k_f Z_c}{\left(1+\frac{1}{4}k_f\right)Z_c}U_1=\frac{2k_f}{4+k_f}U_1$$

例如，当分裂系数 $k_f=3.42$ 时，得 $U_2=U_0=0.92U_1$。这一电压值大大超过残压为额定电压 65%的规定。

同理，当分裂绕组一个支路的电动机自启动时，另一支路电压几乎不受影响。

第四节 箱变、接地变

一、箱变-油浸式风冷箱式变压器

1. 设备参数(以某风电场为例)

(1) 基本参数

表 3-1 某风电场设备基本参数

额定容量/kVA	4 500	绝缘水平	LI200AC85/AC5	联结组别	Dyn11
高压侧额定电压/V	36 750	高压额定电流/A	70.70	冷却方式	KFAF
低压侧额定电压/V	690	低压额定电流/A	3 765	绝缘等级	H
高压调压范围	±2×2.5%	噪音/dB(A)	<72	使用条件	户内式
频率/Hz	50	变压器温升/℃	55/105	相数	3

(2) 试验参数

表 3-2 某风电场设备试验参数

序号	项　目	要　求	备　注
1	额定容量/kVA	4 500	KFAF
2	功率因素	超前 0.9～滞后 0.9 p.u	满发情况下
3	电网连接	不接地 接地 小电阻接地	变压器适应不同电网的接地方式
4	电网	变压器能够在以下条件的电网中安全运行 GB/T12325—2008 GB/T12326—2008 GB/T14549—1993 GB/T15543—2008 GB/T15945—2008	

续　表

序号	项　　目	要　　求	备　　注
5	高压侧/kV	$U_m=40.5$,$U_n=35$	GB/T156—2007,4.3
6	低压侧/V	690±10%	
7	高压侧分接	±2×2.5%	
8	频率/Hz	50±3%	
9	联结组别	Dyn11	
10	阻抗	7%	690 V,4 500 kVA,120°允许偏差±7.8%
11	空载损耗/kW	3.65(参考)	额定电压下,允许偏差+6%
12	负载损耗 120°/kW	46.5	额定电压下,允许偏差+4%
13	低压侧绝缘等级/kV	5	
14	高压侧绝缘等级/kV	AC85,LI200	
15	绕组平均温度/℃	最高 55(参考)	
16	液体平均温度/℃	最高 95(参考)	
17	液面温度/℃	最高 105(参考)	

2. 箱变维护

为确保安全合规的操作箱变,避免人员伤害和变压器损坏,在使用过程中应注意以下几点。

(1) 变压器通电之前应进行试运行检查。

(2) 变压器运行的保护系统和设备必须定期检查。主要检查项目为高压柜保护设定、高压柜开关与刀闸的功能及远程控制、箱变信号监测(油位、油压、油温、瓦斯、电流监测等)数据是否出现异常。

(3) 长期在过载、过压或者过励磁的环境下运行,会对设备的寿命产生严重的不利影响,应避免长期过载、过压或者过励磁运行。

(4) 变压器含有可燃液体,配备的消防设备需要定期检查。

(5) 必须采取措施防止环境污染,可能的污染源有:

① 变压器油泄漏或者错误的处理变压器油。

② 噪声污染。

③ 由于外部电气接触不良引起的通信干扰。

(6) 变压器发生故障,压力释放装置释放的变压器油可能是温度非常高的油,应注意防止烫伤。

(7) 压力释放装置内部含有非常大的受压弹赁。所有设备必须在应有安全措施下拆除,防止造成损伤及伤害。

3. 电气安全因素

(1) 电气设备相关的系统里存在高压和液体。

(2) 电子元器件使用的材料、清洗剂和溶剂等存在的有毒物质。

(3) 触电:错误的接地方式、灰尘或者潮湿的绝缘体、非技术人员的干预等。

(4) 火灾:不正确的设置过载或保护装置、使用错误的熔丝或者电缆等级、空气不流通、错误的运行电压。

(5) 带电导体短路:灰尘或者潮湿引起的绝缘体与带电导体短路。

(6) 变压器和辅助设备与电源未断开,无有效接地,否则不可进行任何操作。尤其进行线路箱变送电时,同一条线路有进行箱变工作的。

(7) 设备配备电流互感器,电流互感器二次侧必须短接。

(8) 如果变压器长时间正常运行后出现故障,应检查油位和合成脂的绝缘强度。

(9) 变压器带电运行期间,绝不可以操作无载开关。

4. 运行期间的维护与监视

变压器维护可以分为定检和全检。定检为一年一次,全检为十年一次。

(1) 定检内容

① 检查油位。

② 检查油面和绕组温度。

③ 检查运行噪音。

④ 检查和清洁冷却器。

⑤ 检查油冷循环泵的运行情况。

⑥ 检查开关的运行情况。

⑦ 变压器的清洁。

⑧ 检查油漆状况和外观腐蚀情况。

(2) 全检内容

① 开关阀门功能。

② 绝缘套管和避雷器。

③ 辅助保护设备。

④ 油箱。

⑤ 冷却系统。

⑥ 合成脂油等。

5. 箱变调试

(1) 防爆室内部检查。检查内部是否清洁有异物;检查防爆室底部是否有积油,如有需检查箱变是否有漏油,再在底部打开放油开关处理。

(2) 检查箱变变压器油循环油管,检查油管与散热器的连接处螺栓是否紧固,检查油散热片是否清洁,并测试散热风扇的功能。

(3) 箱变高低压侧电缆接线检查以及连接螺栓的力矩值检查。

(4) 测量箱变绝缘。

(5) TU 平台箱变瓦斯排气。

6. 变压器安装就位后,所有运行保护、报警、监视设备和泵都需要检验

(1) 保护设备测试

① 检查油温指示器(三线 PT100)。
② 检查油枕上的油位计(报警信号)。
③ 检查压力监控器(报警信号)。
④ 检查油枕上的泄露指示器(报警和跳闸信号)。
(2) 检查冷却系统
① 检查启动温度(泵启动温度)。
② 检查报警信号。
(3) 检查无载调压开关
① 线圈直流电阻。
② 变压器变比。

二、场用变兼接地变——干式变压器

1. 概况

接地变高压侧为 Z 形接线,当发生单相接地故障时,线电压三角形仍保持对称。为了给系统保护装置提供足够的零序电流和零序电压,使保护可靠动作,陆上集控中心 1# 接地变兼场变采用了保定天威恒通生产的 THT－DKSC 型干变接地变压器(图 3－15)。

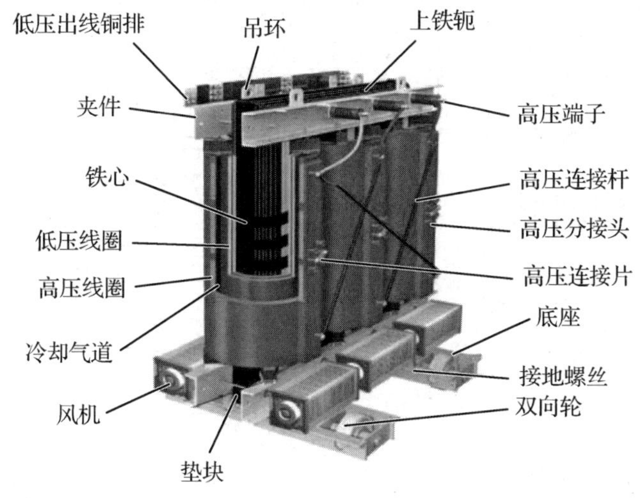

图 3－15　干式变压器

2. 接地电阻柜技术参数(表 3－3)

表 3－3　接地电阻柜技术参数

项　目	1# 接地场变电阻柜
型　号	THT－ZT－35/25.3
额定电压	$35/\sqrt{3}$ kV
额定电流	800 A

续 表

项　目	1＃接地场变电阻柜
额定频率	50 Hz
额定时间	10 s
变压器	见1＃接地场变技术参数
电阻值	25.3 Ω
制造厂家	保定天威恒通电气有限公司

电阻材质采用合金材料，耐高温，最高使用温度可达1 200 ℃，温度系数小，阻值稳定，耐腐蚀，防燃防爆，可靠性高。用合金材料组成的电阻全部采用电阻单元，以多个单元焊接成框架，用高压绝缘子支衬。电阻单元用耐高温绝缘子支衬连接。

3. 接地变接线方式

THT－DKSC型接地变采用Z形接线方式(图3－16)，即每一相线圈分别绕在两个磁柱上，这样连接的好处是零序磁通可沿磁柱流通，而普通变压器的零序磁通是沿着漏磁磁路流通，因而Z型接地变压器的零序阻抗很小。

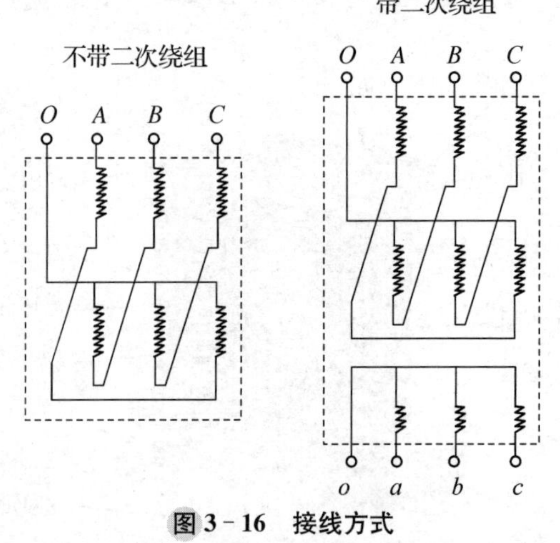

图3－16　接线方式

4. 接地变工作原理

在电网正常运行时接地变压器承受电网的对称电压，对正序电流呈高阻抗，绕组中只流过很小的励磁电流，处于空载运行状态。其中性点对地电位差为零(忽略接地电阻中性点位移电压)，此时接地电阻没有电流流过。

当系统发生接地故障时，在绕组中将流过正序、负序和零序电流。该绕组对正序和负序电流呈现高阻抗，而对零序电流来说，由于在同一相的两绕组中成反极性串联，其感应电动势大小相等，方向相反，正好相互抵消，因此呈低阻抗，使接地保护可靠动作。

5. 变压器运行前的检查

(1) 检查运输时拆卸的附件是否已全部安装就位。

(2) 检查所有紧固件、连接件、标准件是否松动,并重新紧固一次。

(3) 检查温控设备以及其他辅助器件能否正常运行。

(4) 检查变压器的箱体是否可靠接地、铁芯装配是否有一点可靠接地。

6. 首次运行前的试验

(1) 测量绕组在各个分接位置的直流电阻值。

(2) 检测各个分接位置的电压比与铭牌是否相符。

(3) 测定绕组的极性和联结组标号。

(4) 拆去铁芯接地点,用 2 500 V 兆欧表检测铁芯的绝缘状况,符合要求后装好接地点,检测铁芯接地是否良好(铁芯有且只能一点接地)。用 2 500 V 兆欧表检测变压器高压对地、低压对地及高压对低压的绝缘状况。如果所得数据达不到要求,此时变压器需经干燥处理。干燥处理的方法视现场条件而定,最简单的方法可以用热风干燥或红外线灯烘烤或两者兼用。此时,加温不可急骤,要缓慢,保持变压器周围的环境温度在 60～80 ℃。干燥处理一段时间后。待绝缘至少恢复到规定后,变压器可以投入运行。

(5) 如要进行工频耐压试验,其试验值为出厂试验值的 100%。变压器必须在温控器与传感插头分离后,方可进行耐压试验。

7. 干变首次投入试运行

(1) 变压器投入运行前,正确使用温控和温显设备。

(2) 检查变压器的分接位置是否与铭牌和分接位置标志牌一致。

(3) 检查变压器相序与电网相序是否一致。

(4) 在确定保护装置已经投入的情况下,变压器进行 3 次全电压空载合闸,进一步使变压器承受操作过电压和激磁涌流(瞬间峰值可达 10 倍的变压器额定电流)的考验。两次电压冲击间隔应大于 5 min。无异常情况后,若为带二次负荷时,所带负荷应由轻到重,且检查无异响。

8. 运行中的监视

(1) 温度正常,测温装置完好。

(2) 变压器无异常声音,无焦煳味和异常振动。

(3) 变压器周围无积水和漏水,外表清洁。

(4) 变压器柜门关闭。

(5) 通风系统良好,冷却装置正常。

第五节　变压器的检查和维护

一、变压器的检查规定

(1) 正常情况下,变压器及其冷却装置应每日检查一次,并定期在夜间进行熄灯检查。

(2) 新设备或经过检修、改造的变压器，在投入运行后72小时内，最初8小时内每2小时检查一次，以后视设备运行情况按正常进行检查。

(3) 定期检查消防系统。

二、运行中变压器的检查

(1) 油枕油位正常。

(2) 瓦斯继电器内充满油，无气体，通往油枕的阀门在开启状态。

(3) 套管油位应正常，套管外部清洁无漏油、裂纹、放电痕迹，无严重油污及其他异常现象。

(4) 压力释放器应完好无损。

(5) 变压器声音正常，内部无杂音及放电声。

(6) 变压器油温正常，各冷却器温度应接近。

(7) 散热器阀门全开，其盘根无渗油现象。

(8) 引线接头、电缆、母线应无发热迹象。

(9) 各控制箱和二次端子箱应关严，无受潮。

(10) 对于带有载调压装置的变压器还应检查：

① 操作机构箱内完好，显示的档位应清楚，和远方指示一致。

② 转动轴的连接部分应牢靠，各部件无松动脱落。

三、变压器特殊巡视检查情况

(1) 新设备或经过检修、改造的变压器在投运72 h内。

(2) 有严重缺陷时。

(3) 气象突变(如大风、大雾、大雪、冰雹、寒潮等)时。

(4) 雷雨季节特别是雷雨后。

(5) 高温季节，高峰负荷期间。

(6) 变压器急救负载或过负荷运行时。

四、运行中干式变检查

(1) 线圈绝缘层完好，相色正确清晰。

(2) 主架无裂纹，线圈无松散变形，无倾斜。

(3) 各连接部分接触良好，无过热。

(4) 引线线夹处连接良好，无过热。

(5) 外表无开裂，无放电痕迹。

(6) 使用红外热成像或红外测温仪监测无异常。

(7) 室内无漏水现象。

五、电压分接头的切换操作

(1) 主变分接头的位置，根据系统的电压需要来决定，切换操作应有调度命令；场用

变压器分接头位置,根据场用电压需要来决定,切换前应报部门同意。

(2) 无载调压变压器分接头的切换工作,需将变压器停电并做安全措施后方能进行。

(3) 有载调压变压器,每次切换,均应分别记入分接头切换记录本内。

(4) 有载调压变压器的分接头操作:

① 为了减少有载调压开关的断流次数,有条件时尽可能在变压器未带电前进行分接头的切换。如需要带电切换时,正常应采用电动远方操作;当远方操作失灵时,方可用就地操作箱上的按钮操作。

② 在变压器控制盘上按预定目的按下“升”(+)或“降”(-)按钮,检查分接头切换至相应挡位,同时监视母线电压达到相应要求。

③ 对变压器进行全部检查,应无异常。

④ 操作后应核对远方与就地挡位一致。

六、变压器停运后的有关工作

(1) 变压器停运后处于备用状态时,仍应按运行变压器对待,并按有关规定进行检查。

(2) 对停运后的主变,当遇有气温突然下降时,应检查油位及呼吸器是否正常。

(3) 停运后应取下变压器保护的电源保险器或打开跳闸压板。

七、变压器紧急停止运行规定

变压器遇有下列情况之一时,应紧急停止运行。

(1) 套管爆炸或破裂,大量漏油,油面突然下降。

(2) 套管端头熔断。

(3) 变压器冒烟着火。

(4) 变压器铁壳破裂。

(5) 变压器严重漏油,油表指示无油位。

(6) 内部有异音,且有不均匀爆炸声。

(7) 变压器无保护运行。

(8) 变压器保护及开关拒动。

(9) 变压器轻瓦斯信号动作,放气检查为可燃或黄色气体。

(10) 干式变压器放电并有异臭味。

(11) 发生直接威胁人身安全的危急情况。

(12) 当变压器附近的设备着火、爆炸或发生其他情况,对变压器构成严重威胁时。

第四章　一般电气设备

第一节　隔离开关与输电线路

一、隔离开关

隔离开关是一种主要用于隔离电源、倒闸操作、连通和切断小电流电路，无灭弧功能的开关器件。隔离开关在分位置时，触头间有符合规定要求的绝缘距离和明显的断开标志；在合位置时，能承载正常回路条件下的电流及在规定时间内异常条件（例如短路）下的电流的开关设备。一般用作高压隔离开关，即额定电压在 1 kV 以上的隔离开关，它本身的工作原理及结构比较简单，但是由于使用量大，工作可靠性要求高，对变电所、电厂的设计、建立和安全运行的影响均较大。隔离开关的主要特点是无灭弧能力，只能在没有负荷电流的情况下分、合电路。

1. 隔离开关的功能

隔离开关主要用来将高压配电装置中需要停电的部分与带电部分可靠地隔离，以保证检修工作的安全。隔离开关的触头全部敞露在空气中，具有明显的断开点，隔离开关没有灭弧装置，因此不能用来切断负荷电流或短路电流。否则在高压作用下，断开点将产生强烈电弧，并很难自行熄灭，甚至可能造成飞弧（相对地或相间短路），烧损设备，危及人身安全，这就是所谓"带负荷拉隔离开关"的严重事故。

隔离开关还可以用来进行某些电路的切换操作，以改变系统的运行方式。例如，在双母线电路中，可以用隔离开关将运行中的电路从一条母线切换到另一条母线上；同时，也可以用来操作一些小电流的电路。

2. 隔离开关分类

(1) 按其安装方式分类

可分为户内隔离开关（图 4 - 1）与户外隔离开关（图 4 - 2）。户外隔离开关指能承受风、雨、雪、污秽、凝露、冰及浓霜等作用，适合安装在露台使用的隔离开关。

(2) 按其绝缘支柱结构分类

可分为单柱式隔离开关、双柱式隔离开关、三柱式隔离开关。单柱式隔离开关在架空母线下面直接将垂直空间用作断口的电气绝缘，因此，具有的明显优点，即节约占地面积，减少引接导线，同时分合闸状态特别清晰。在超高压输电情况下，变电所采用单柱式隔离

开关后，节约占地面积的效果更为显著。

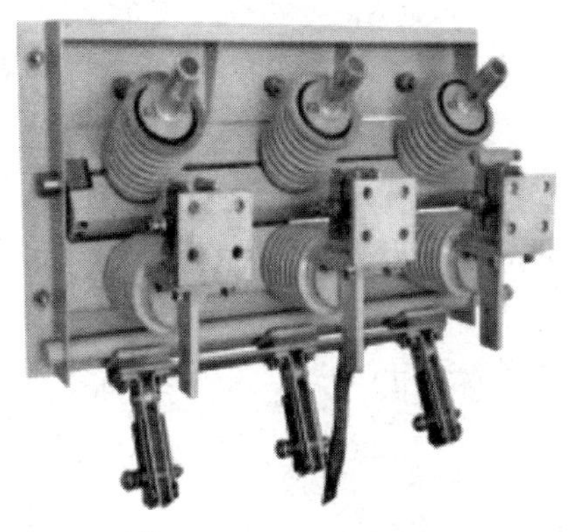

图 4-1　户内隔离开关

图 4-2　户外隔离开关

双柱式隔离开关是指每极有两个可转动的触头，分别安装在单独的瓷柱上，且在两支柱之间接触，其断口方向与底座平面平行的隔离开关。

三柱式隔离开关是由三个垂直布置的绝缘支柱及其他部件组成的隔离开关。中间支柱的顶部安装水平导电臂，随着中间支柱的旋转而改变位置。两个边侧支柱固定不动，其顶部均安装静触头。

3. 隔离开关的操作

(1) 在操作隔离开关前，应先检查相应回路的断路器在断开位置，以防止带负荷拉、合隔离开关。

(2) 线路停、送电时，必须按顺序分、合隔离开关。停电操作时，必须先拉开线路侧隔离开关，再拉开母线侧隔离开关。送电操作顺序与停电顺序相反。

(3) 操作中，如发现绝缘子严重破损、隔离开关传动杆严重损坏等严重缺陷时，不得进行操作。

(4) 操作时，应有运行人员在现场逐项检查其分、合闸位置，同期情况，触头接触深度等，确保隔离开关动作或位置正确。

(5) 隔离开关一般应在主控室进行操作。当远控电气操作失灵时，可在现场就地进行手动或电动操作，但必须在有现场监督的情况下才能进行。

(6) 隔离开关、接地刀闸和断路器之间安装有防止误操作的电气、电磁和机构闭锁装置。倒闸操作时，一定要按顺序进行。如果闭锁装置失灵或隔离开关和接地刀闸不能正常操作时，必须严格按闭锁的要求条件检查相应的断路器、刀闸位置状态，核对无误后，才能解除闭锁进行操作。

4. 隔离开关的运行维护

隔离开关在无负载时方可进行操作，开关应定期检修，如遇严重故障，应在故障后立即进行检修。

隔离开关维护项目：

(1) 清除导电部分及支柱绝缘子表面污垢，接线端子与母线连接平面及触头接触面需清理干净，涂上工业凡士林。

(2) 检查所有紧固件，如锥销、螺栓，应无松动。

(3) 检查操作联动机构是否正常。

5. 隔离开关的反措要求

(1) 合闸操作时，应确保合闸到位，伸缩式隔离开关应检查驱动拐臂过“死点”。

(2) 在隔离开关倒闸操作过程中，应严格监视动作情况，发现卡塞应停止操作并进行处理，严禁强行操作。

(3) 例行试验中，应检查瓷绝缘子胶装部位防水密封胶完好，必要时复涂防水密封胶。

二、输电线路

1. 输电线路概述

输电线路是用变压器将发电机发出的电能升压后，再经断路器等控制设备接入输电线路来实现输送电能的线路。

按结构形式，输电线路分为架空输电线路和电缆线路。

(1) 架空输电线路

架空输电线路由线路杆塔、导线、绝缘子、线路金具、拉线、杆塔基础、接地装置等构成，架设在地面之上。

按照输送电流的性质，架空输电线路分为交流输电和直流输电线路。

输电的基本过程是创造条件使电磁能量沿着输电线路的方向传输。线路输电能力受电磁场及电路的各种规律的限制。以大地电位作为参考点(零电位)，线路导线均需处于由电源所施加的高电压下，称为输电电压。输电线路在综合考虑技术、经济等各项因素后所确定的最大输送功率，称为该线路的输送容量。输送容量大体与输电电压的平方成正比。因此，提高输电电压是实现大容量或远距离输电的主要技术手段，也是输电技术发展水平的主要标志。

通常将 35 kV～220 kV 的输电线路称为高压线路，330 kV～750 kV 的输电线路称为超高压线路，750 kV 以上的输电线路称为特高压线路。采用超高压输电，可有效地减少线损，降低线路单位造价，少占耕地，使线路走廊得到充分利用。

2. 输电线路运行中受到的危害

(1) 雷击

架空输电线路在雷雨季节有遭受雷击危害的风险，线路遭受雷击有三种情况：一是雷击于线路导线上产生直击雷过电压；二是雷击避雷线后，反击到输电线上；三是雷击于线路附近或杆塔上，在输电线上产生感应过电压。无论是直击雷过电压还是感应过电压，都使得导线上产生大量电荷。这些电荷以接近光的速度向导线两边传播，产生雷电侵入波。

直击雷过电压，轻则引起线路绝缘子闪络，从而引起线路单相接地或跳闸，重则引起绝缘子破裂、击穿、断线等事故，造成线路较长时间的供电中断。雷电侵入波顺路线侵入到变电站，威胁电气设备的绝缘，造成避雷器爆炸、主变压器绝缘损坏等事故，直接影响变电站的安全运行。

防止雷击断线的措施：安装接地避雷线、避雷器、防导线熔断装置，增长闪络路径，提高线路绝缘耐压水平。

(2) 覆冰

在低温雨雪天气里，由于湿度高，大量水汽凝聚在导线表面造成覆冰，容易造成电力系统的冰冻灾害。覆冰时杆塔两侧的张力不平衡，会出现导线断落冲击荷载而造成倒杆；结冰的电线遇冷会收缩，风吹引起震荡，电线有时会因不胜重荷而断裂，即使舞动时间过长，也会使导线、塔杆、绝缘子和金具等受到不平衡冲击而疲劳损伤。由覆冰、舞动引起的输电线路倒杆(塔)、断线及跳闸事故会给电力系统的输电线路造成重大的损害，更会威胁到电网的安全稳定运行和供电系统运行的可靠性。

(3) 外力破坏

外力破坏电力线路引起的故障越来越多，情况也较复杂，分布面广。在山区，开山炸石很容易炸伤绝缘子、炸断导线；在线路经过的下方燃烧农作物，火焰和浓烟易导致线路跳闸；在线路保护区内施工的大型吊车、挖掘机有时会碰断导线，撞坏塔杆；还有些不法分子受到经济利益的驱使，盗窃塔材、拉线等电力设施；以及在输电线路下钓鱼、违章施工等都属于外力破坏线路的情况。

图 4-3　输电线路运行中受到的危害

(4) 绝缘子污闪

绝缘子污闪是指由于表面积聚的污秽物在特定的条件下发生潮解，沿设备表面的泄漏电流急剧增加，导致设备发生闪络的现象。例如，工厂排出的煤尘，主要成分含氧化硅、氧化硫和氧化铝，水泥厂排放的灰尘主要是氧化硅和氧化钙，沿海地区及盐场附近的盐雾主要含氯化钠，化工厂的氨气，这些含导电性颗粒的烟尘和化学性污秽附着在绝缘子表面，将使绝缘水平降低。

污闪事故的发生还与气候条件有关。因为干燥天气，污垢表面电阻较大不易形成闪络。大雨天气，污垢被雨水冲掉，闪络概率也小。大雾、细雨和融雪天气，空气湿度很大，绝缘子表面污垢吸潮，某些溶于水的物质发生分解，使表面电阻大大降低，放电电压下降。在过电压下，有时甚至在正常工作电压下发生局部放电，造成污闪事故。

污闪故障波及面广且时间较长，有时造成几十条线路污闪停电，所以防止污闪对保障线路安全极为重要。一般可根据本地区的运行经验，采取以下防污闪措施。

① 确定线路的污秽期和污秽等级

要正确了解线路通过地区的大气污秽程度和污秽性质，正确划分各地区的污秽区，以便为防污闪工作提供可靠依据。

② 定期清扫绝缘子

在污秽季节到来之前，逐级登杆清扫绝缘子，除去绝缘子表面的污秽物。一般每年在雨季前清扫一次，可用干布、湿布或蘸汽油的布（或浸肥皂水的布）将绝缘子擦干净，也可带电冲洗绝缘子。对污秽严重，不易在现场清扫的绝缘子，可以更换新的绝缘子，将旧绝缘子带回工厂进行清扫。

③ 更换不良和零值绝缘子

定期对绝缘子串进行绝缘检测，发现不良绝缘子和零值绝缘子，要及时更换。

④ 增加绝缘子串的单位泄漏比距

绝缘子表面泄漏电流越大，污闪越严重，而泄漏电流的大小与绝缘子串的单位泄漏比距成反比。因此，可以增加绝缘子片数或改为耐污绝缘子来增加绝缘子串的单位泄漏比距。

⑤ 采用防污涂料

对污秽严重地区的绝缘子，必要时可采取定期在表面涂有机硅油等防污涂料，以增强其抗污能力。有条件时，也可采用半导体绝缘子。

⑥ 采用合成绝缘子

合成绝缘子是由环氧玻璃纤维棒制成芯棒和以硅橡胶为基本绝缘体构成的。环氧玻璃纤维棒抗张强度相当高，硅橡胶绝缘伞裙具有良好的耐污闪性能，所以采用合成绝缘子是线路防污闪的有效措施。

三、光电复合海缆

1. 光电复合海缆概述

海上风电项目使用的海底电缆敷设于海底，埋深 2 m 左右，为铜导体 3 芯交联聚乙烯绝缘分相铅护套钢丝铠装海底光电复合缆，内外护套及结构根据现场实际环境条件及敷设情况设计，电缆具备防海水侵入、耐腐蚀、耐盐碱等特性。电缆的交联工艺采用全封闭干式交联，内、外半导电层与绝缘层采用三层共挤式。

2. 光电复合海缆构成

光电复合海缆主要构成结构如图 4-4 所示。

(1) 导体

海缆使用的导体采用纯度不小于 99.95%的电解铜，由退火的无氧铜单线绞制而成，表面光洁、无油污、无损伤屏蔽及绝缘的毛刺、锐边，无凸起或断裂的单线。导体具有纵向防水密封结构，采用半导电阻水带分层密实填充，导体绞合间隙绕的阻水工艺，以防止电缆损坏后海水进入导体。

(2) 导体屏蔽

导体屏蔽为交联挤包半导电层，厚度均匀的包覆在导体上，并与绝缘层牢固地黏结。半导电层与绝缘层的界面表面光滑，无明显绞线凸纹，无尖角、颗粒、烧焦或擦伤的痕迹。

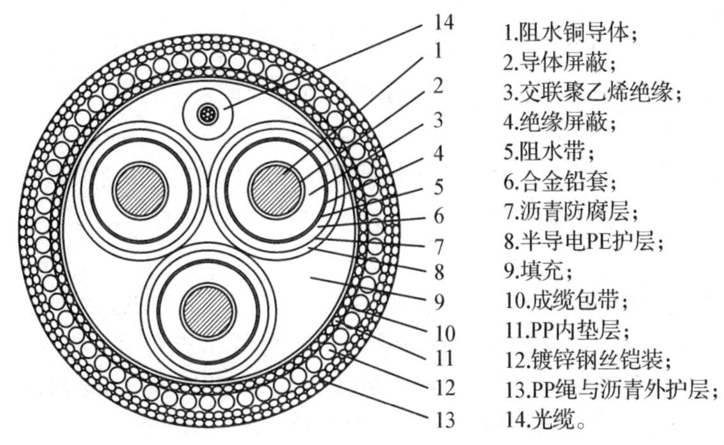

图 4－4　光电复合海缆主要构成结构

(3) 绝缘材料

海缆绝缘材料采用超净化(无直径大于 100 μm 的杂质)可交联聚乙烯。厚度不小于 10.5 mm，主绝缘的最小工频平均击穿场强大于 22 kV/mm。

(4) 绝缘屏蔽

绝缘屏蔽为交联挤包半导电层，采用超光滑可交联型材料制成，标称厚度为 1.0 mm。半导电层均匀的包覆在绝缘表面，表面光滑，无尖角、颗粒、烧焦或擦伤的痕迹。绝缘屏蔽与金属屏蔽之间应有沿缆芯纵向的相色(黄绿红)标志带。

(5) 半导电阻水带

采用绕包的半导电吸水膨胀带作纵向阻水，以防止电缆损坏时海水沿电缆渗入。半导电性阻水膨胀带的直流电阻率小于 1.0×10^{6} Ω·cm。材料与其相邻的其他材料相容。

阻水膨胀带绕包紧密、平整，可膨胀面朝向金属屏蔽层。使绝缘半导电屏蔽层与金属屏蔽层保持电气上接触。

(6) 金属护套

金属护套为无缝合金铅套，铅套材料纯度不小于 99.6%，标称厚度不小于 2.2 mm，紧敷于纵向防渗水层上，能有效防止海缆在较高落差垂直敷设的情况下，金属护套和缆芯发生相对移动和滑落。外层镀锌钢丝铠装层与金属护套同时起到短路泄流作用。

(7) 沥青及半导电护套料

在金属护套上用防腐沥青，沥青厚度不低于 0.5 mm，并挤包一层半导电护套料以增强防水及防腐功能。

(8) 填充、光缆复合及内衬层

三根缆芯和复合光纤单元采用行星式机械组合在一起，光纤单元放置于绝缘线芯之间的缝隙内，满足对光缆的保护，防挤压、变形。缝隙中采用填充紧密的非吸湿性柔软材料，成缆后采用合成带紧缚在一起。

内衬层采用聚丙烯绳绕包层，并在内衬层外面均匀涂敷沥青或其他合适的防腐材料，厚度不小于 1.5 mm。

(9) 铠装及防腐

金属铠装采用一层直径为 5 mm，经特殊处理过的防腐镀锌钢丝敷于内衬层上。在铠装层上使用沥青来提供进一步的防腐蚀保护，并与所有护层黏合。

(10) 外护套

防腐钢丝铠装层外有一层牢固包覆的，具有良好的耐磨性能、扭绞紧密的浸渍聚丙烯绳，厚度为 4.0 mm，保障海缆在运动和施工过程中不松动、不滑落。

(11) 复合光缆

复合光缆由高密度聚乙烯外护层、加强磷化钢丝、聚乙烯粘接内护套以及内含光纤的不锈钢松套管缆芯等构成，不锈钢管缆芯内含有光纤填充膏、24 芯着色单模光纤，以及采用加强元件(磷化钢丝)绞合于不锈钢管周围构成缆芯。结构起到径向及纵向阻水性能。光纤单元结构如图 4－5 所示。

光缆主要用于风机计算机监控系统及机组高低压设备监控系统的传输。

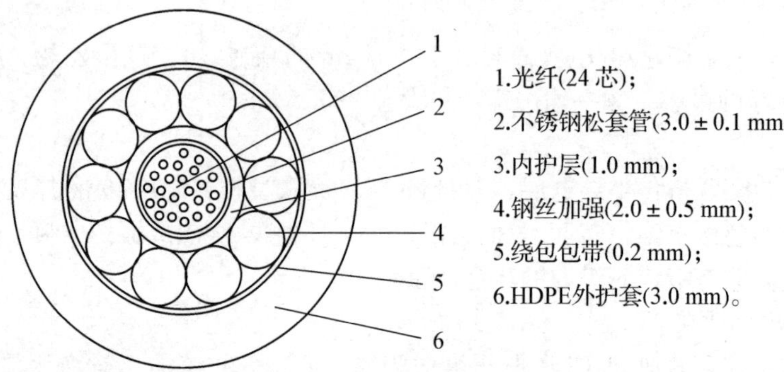

图 4－5　光纤单元结构示意图

第二节　气体绝缘全封闭组合电器

一、概述

1. 气体绝缘全封闭组合电器(GIS)的概念

气体绝缘全封闭组合电器即 Gas Insulated Switchgear，简称 GIS。GIS 由断路器、隔离开关、接地开关、互感器、避雷器、母线、连接件和出线终端等组成，这些设备或部件全部封闭在金属接地的外壳中，在其内部充有一定压力的 SF_6 绝缘气体，故也称 SF_6 全封闭组合电器。

高压配电装置的形式有三种：第一种是空气绝缘的常规配电装置，简称 AIS，其母线裸露直接与空气接触，断路器可用瓷柱式或罐式。第二种是混合式配电装置，简称 H－GIS，母线采用敞开式，其他均为六氟化硫气体绝缘开关装置。第三种是六氟化硫气体绝缘全封闭配电装置，简称 GIS，陆上集控中心及海上升压站 220 kV 采用的就是这种形式。

2. SF_6 的特性

SF_6 是一种人工合成的惰性气体。纯净的 SF_6 气体是无色、无味、无臭、不燃，在常温下化学性质稳定，属惰性气体，气体密度是空气密度的 5.1 倍。

SF_6 气体在 0.29 MPa 压力时，绝缘强度与变压器油相当，灭弧能力是空气的 100 倍，是目前应用最广泛的电气绝缘气体。

在 GIS 操作过程中，由于电弧、电晕、火花放电和局部放电、高温等因素影响，SF_6 气体会进行分解，它的分解物遇到水分后会变成腐蚀性电解质。尤其是有些高毒性分解物，如 SF_4、S_2F_2、S_2F_{10}、SOF_2、HF 和 SO_2，它们会刺激皮肤、眼睛、黏膜，如果吸入量大，还会引起头晕和肺水肿，甚至致人死亡。

3. GIS 的特点

(1) 小型化。因采用绝缘性能卓越的 SF_6 气体做绝缘和灭弧介质，所以能大幅度缩小设备的体积，实现小型化。

(2) 可靠性高。由于带电部分全部密封于 SF_6 气体中，大大提高了可靠性。

(3) 安全性好。带电部分密封于接地的金属壳体内，因而没有触电危险。SF_6 气体为不燃烧气体，所以无火灾危险。

(4) 杜绝对外部的不利影响。因带电部分以金属壳体封闭，对电磁和静电实现屏蔽，噪音小，抗无线电干扰能力强。

(5) 安装周期短。由于结构小，可在制造厂实现整体装配，试验合格后，以单元或整个间隔的形式运输，因此可缩短现场安装的工期。

(6) 维护方便，检修周期长。因结构布置合理，灭弧系统先进，延长了检修周期，提高了产品使用寿命，又由于结构小，安装位置距地面近，使其维护很方便。

二、具体参数

表 4－1 为某风电场陆上集控中心 220 kV GIS 参数。

表 4－1　GIS 参数(型号:ZF28－252/T4000－50 型 SF_6 气体绝缘组合电器)

额定电压	252 kV	额定电流	4 000 A
额定短路电流	50 kA/3 s	额定峰值电流	125 kA
1 min 工频耐压	460 kV	雷电冲击耐压	1 050 kV

表 4－2 为海上升压站 220 kV GIS 参数。

表 4－2　GIS 参数(型号:8DN9/2 型气体绝缘组合电器)

额定电压	252 kV	额定电流	3 150 A
额定短路电流	50 kA/3 s	额定峰值电流	125 kA
1 min 工频耐压	460 kV	雷电冲击耐压	1 050 kV

表 4－3 为海上升压站 35 kV 配电装置(H－GIS)参数。

表 4-3 H-GIS 参数(型号:8DA/B 型)

额定电压	40.5 kV	额定电流	3 150 A
额定短路电流	50 kA/3 s	额定峰值电流	125 kA
1 min 工频耐压	460 kV	雷电冲击耐压	1 050 kV

三、GIS 的结构

1. GIS 的标准结构

GIS 的标准结构如图 4-6 所示。

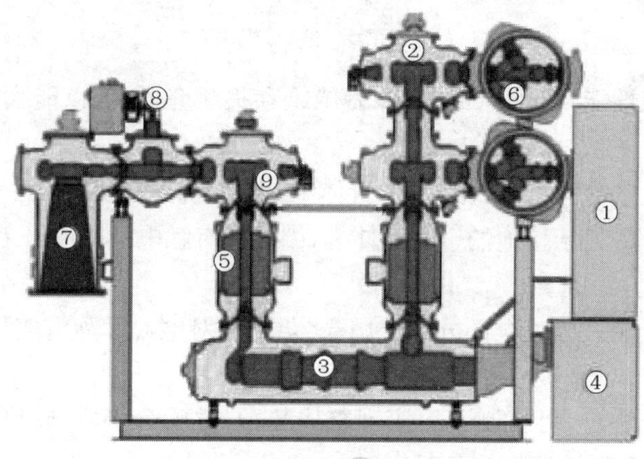

1. 汇控柜;
2. 母线侧三工位开关;
3. 断路器;
4. 断路器操作机构;
5. 电流互感器;
6. 主母线;
7. 电缆终端;
8. 快速接地开关;
9. 出线侧三工位开关。

图 4-6 GIS 结构图

2. GIS 中断路器

断路器作为气体绝缘金属封闭开关设备的最主要元件,可以开合正常线路中的负荷电流,也能够开合线路故障状态时的短路电流,以实现对输电线路的控制和保护。GIS 中断路器分为立式和卧式两种结构,如图 4-7 所示是立式 GIS 中断路器的典型结构。

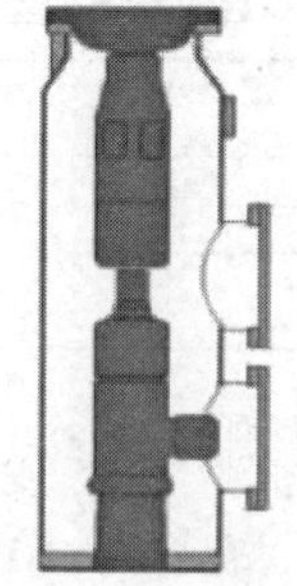

图 4-7 断路器结构

(1) 断路器灭弧原理

在开断短路电流时,由于开断电流较大,弧触头间的电弧能量大,弧区热气流流入热膨胀室,在热膨胀室进行热交换,形成低温高压气体。此时,由于热膨胀室压力大于压气

室压力，单向阀关闭。当电流过零时，热膨胀室的高压气体吹弧，带走电弧能量，熄灭电弧。同时，在分闸过程中，压气室的压力开始被压缩，但到达一定的气压值后，底部的弹性释压阀打开，一边压气，一边放气，使机构不需要克服更多的压气反力，从而大大降低了操作。

在开断小电流时（通常在几千安培以下），由于电弧能量小，热膨胀室内产生压力小。此时，压气室内的压力高于膨胀室内压力，单向阀打开，被压缩的气体向断口吹去。在电流过零时，这些具有一定压力的气体吹向断口使电弧熄灭。

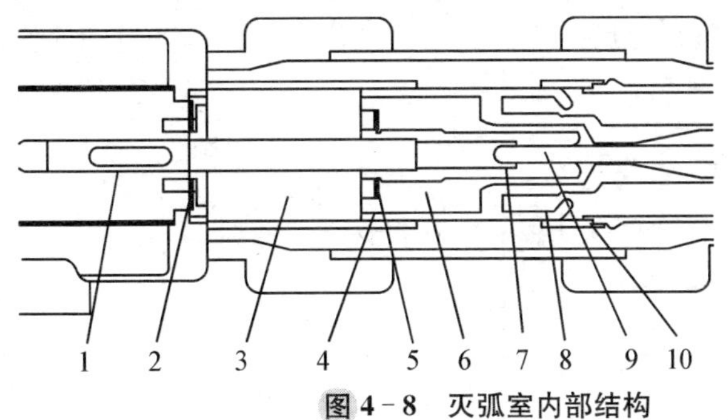

1. 拉杆；
2. 弹性释压阀；
3. 压气室；
4. 活塞；
5. 单向阀；
6. 热膨胀室；
7. 动弧触头；
8. 动主触头；
9. 静弧触头；
10. 静主触头。

图 4－8　灭弧室内部结构

（2）弹赁操作机构

电动机通过减速装置和储能机构的动作使合闸弹轮储存机械能，储能完毕后通过合闸闭锁装置使弹轮保持在储能状态，然后切断电动机电源。

当接收到合闸信号时，将解脱合闸闭锁装置以释放合闸弹轮储存的能量。这部分能量中一部分通过传动机构使断路器的动触头动作，进行合闸操作；另一部分则通过传动机构使分闸弹赁储能，为合闸状态做准备。

另一方面，当合闸弹赁释放能量、触头合闸动作完毕后，电动机立即接通电源动作，通过储能机构使合闸弹赁重新储能，以便为下一次合闸动作做准备。

当接收到分闸信号时，将解脱分闸自由脱扣装置以释放分闸弹赁储存的能量，并使触头进行分闸动作。

3. GIS 中隔离开关

隔离开关、接地开关由操动机构、传动连杆、绝缘拉杆、导体、中间触头、动触头、梅花型静触头等组成。三工位隔离、接地组合开关与单个的隔离开关或接地开关的组成部分及原理是相同的，具体如图 4－9 所示。

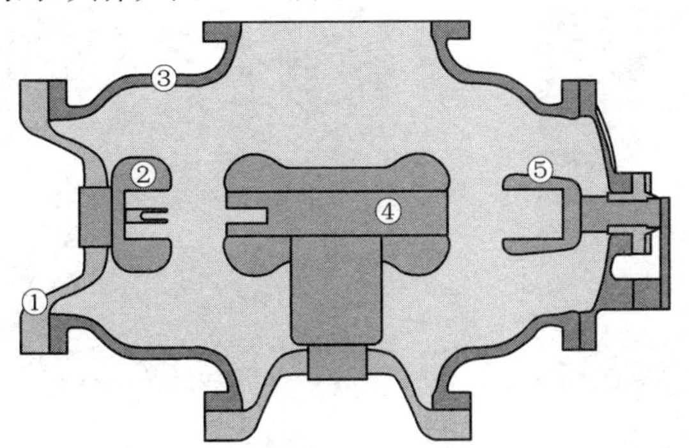

1. 盆式绝缘子；
2. 隔离触头座；
3. 外壳；
4. 动触头座；
5. 接地触头座。

图 4－9　三工位开关内部结构

动作原理：收到分、合闸指令后，隔离开关或接地开关的操动机构动作带动绝缘拉杆转动，与绝缘拉杆端部连接的齿轮随之转动，从而驱动与齿轮啮合的齿条带动动触头成直线运动。三工位开关操作如图 4－10 所示。

当隔离接地开关处于隔离开关合闸状态时，它不能直接操作过渡到接地开关合闸状态，必须先进行隔离开关分闸操作且分闸到位，才能实现接地开关的合闸操作。

当隔离接地开关处于接地开关合闸状态时，它不能直接操作过渡到隔离开关合闸状态，必须先进行接地开关分闸操作且分闸到位，才能实现隔离开关的合闸操作。

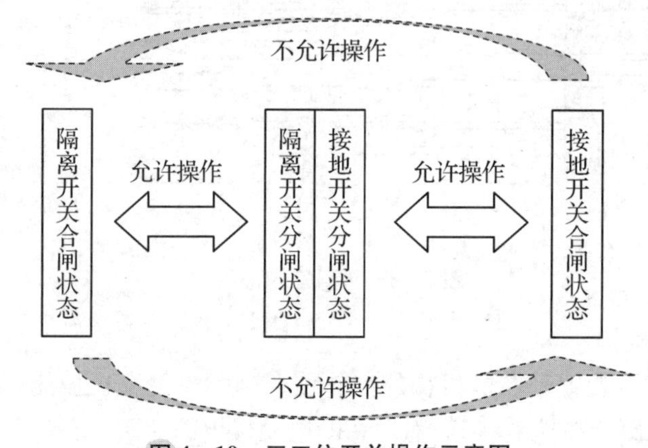

图 4－10　三工位开关操作示意图

4. GIS 中的互感器

(1) 电流互感器

电流互感器布置在断路器的两侧，线圈为环形结构（图 4－11），安装在 SF_6 气体的壳体中。一次绕组是高压导体，二次绕组的数量、变比、精度等级、容量可按实际要求来设计和配置。二次端子通过密封的绝缘板引到端子盒，并引至汇控柜内，为继电保护装置和测量仪表提供电流型号。

(2) 电压互感器

电压互感器（图 4－12）可以布置在间隔线路侧或母线上，由铁芯、一次绕组、二次绕组、剩余绕组组成，绕组额定变比及容量可按实际要求来设计和配置。二次回路的引出线通过密封的绝缘板引到端子盒，并引至汇控柜内，为继电保护装置和测量仪表提供电压型号。

图 4－11　电流互感器结构

图 4－12　电压互感器结构

5. GIS 电缆终端

电缆终端直接用来完成 GIS 母线与高压电缆的连接，在电缆终端电缆头直接用法兰固定，最终绝缘子和高压带电部分封闭在 SF_6 气体里。电缆终端如图 4－13 所示。

1. 电缆终端头固定在法兰上与电缆连接模块的壳体有密闭的连接面以满足组合电器对气密的性能要求。
2. 电缆终端头经过连接件，触头和耦合触头与组合电器设备的导体相连。
3. 电缆连接模块的壳体通过侧面的法兰与组合电器的其他模块相连。

图 4－13　电缆终端结构

6. GIS 中的避雷器

避雷器(图 4－14)可以布置在间隔线路侧或母线上，采用等电位梯度无间隙氧化锌避雷器，氧化锌阀片具有优良的非线性特性和很高的能量吸收能力。侧面安装的在线监测装置用来监测泄漏电流数值及记录放电次数。

图 4－14　避雷器结构

7. GIS 的就地控制柜

就地控制柜是对 GIS 进行现场监视与控制的集中控制屏，也是 GIS 间隔内外各开关元件以及 GIS 与主控室之间进行电气联络的中继枢纽。就地控制柜具有就地操作、信号传输、保护和中继及对 SF_6 系统进行监控等功能。一般每一个 GIS 断路器间隔，配一台就地控制柜。

根据布置方式的不同，就地控制柜可分为两种：一体式就地控制柜和分体式就地控制柜，如图 4－15 和图 4－16 所示。

图 4－15　一体式就地控制柜

图 4－16　分体式就地控制柜

四、GIS 运行维护

1. GIS 构架检查(构架、基础、接地)

(1) GIS 构架接地应良好、紧固,无松动、锈蚀。

(2) GIS 基础无裂纹、沉降。

(3) GIS 构架螺栓应紧固。

2. 检查 GIS 外观是否良好

(1) 外表面油漆是否起皮、脱落。

(2) 金属外表面是否锈蚀、氧化。

(3) 紧固件是否锈蚀、氧化。

(4) 外表面有无外力磕碰的痕迹。

(5) 涂覆的防水胶是否开裂。

(6) 伸缩节伸缩量是否满足曲线要求。

3. 设备异常声音检查

巡检断路器、三工位隔离接地开关、母线、分支母线、PT、CT、避雷器是否有异常声音。

4. GIS 本体压力值及 SF_6 气体密度表检查

(1) SF_6 密度计观察窗面清洁,气压指示清晰可见。外观无污物、无损伤痕迹。

(2) SF_6 密度计与本体连接可靠,无松动。

(3) 压力值应在额定气压±0.02 MPa 范围内,并与上次记录的 GIS 本体压力值进行比对,以提前发现 SF_6 是否存在泄漏。

5. 红外测试

用红外成像仪检测,检查 GIS 瓷套管表面温度有无异常。

6. 带电显示器

目视检查带电显示器及电压继电器是否正常工作。

7. 避雷器

检查记录避雷器计数器动作次数及泄漏电流。

五、GIS 反措要求

1. 倒闸操作前后,发现 GIS 三相电流不平衡时,应及时查找原因并处理。

2. 巡视时,如发现断路器、快速接地开关缓冲器存在漏油现象,应立即处理。

3. 户外 GIS 应按照“伸缩节(状态)伸缩量-环境温度”曲线定期核查伸缩节伸缩量,每季度至少开展一次,且在温度最高和最低的季节每月核查一次。

第三节　高压开关柜

一、概述

1. 基本概念

开关柜(又称成套开关或成套配电装置)是指生产厂家根据电气一次主接线图的要求,将有关的高低压电器(包括控制电器、保护电器、测量电器)以及母线、载流导体、绝缘子等装配在封闭的或敞开的金属柜体内,以断路器为主的电气设备,作为电力系统中传输、分配电能的装置,如图 4-17 所示。

图 4-17　高压开关柜

2. 使用条件

(1) 环境温度:周围空气温度不超过 40 ℃,一般地区不低于－5 ℃,严寒地区可以为－15 ℃。环境温度过高,金属的导电率会减低,电阻增加,表面氧化作用加剧;另一方面,过高的温度,也会使柜内的绝缘件的寿命大大缩短,绝缘强度下降。反之,环境温度过低,在绝缘件中会产生内应力,最终会导致绝缘件的破坏。

(2) 海拔高度:一般不超过 1 000 m。

(3) 环境湿度:日平均值不大于 95%,月平均值不大于 90%。

(4) 地震烈度:不超过 8 级。

(5) 其他条件:没有火灾、爆炸危险、严重污染、化学腐蚀及剧烈振动的场所。

二、高压开关柜的组成

1. 一般开关柜内部结构

一般高压开关柜内部结构如图 4-18 所示。

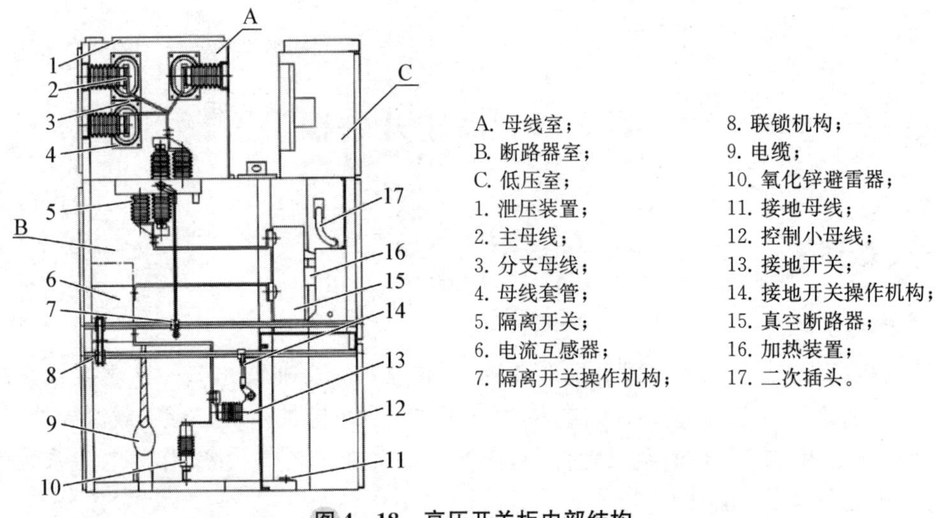

图 4-18　高压开关柜内部结构

2. 开关柜内元器件

柜内一次电器元件的类型主要有电流互感器、电压互感器、接地开关、避雷器(或过电压保护器)、高压断路器、高压接触器、高压熔断器、高压带电显示器、绝缘件、主母线和分支母线、负荷开关等。

柜内常用的主要二次元件有继电器、电度表、电流表、电压表、功率表、功率因数表、频率表、熔断器、空气开关、转换开关、信号灯、电阻、按钮、微机综合保护装置等。

图 4-19 为几个常见的开关柜一次图。

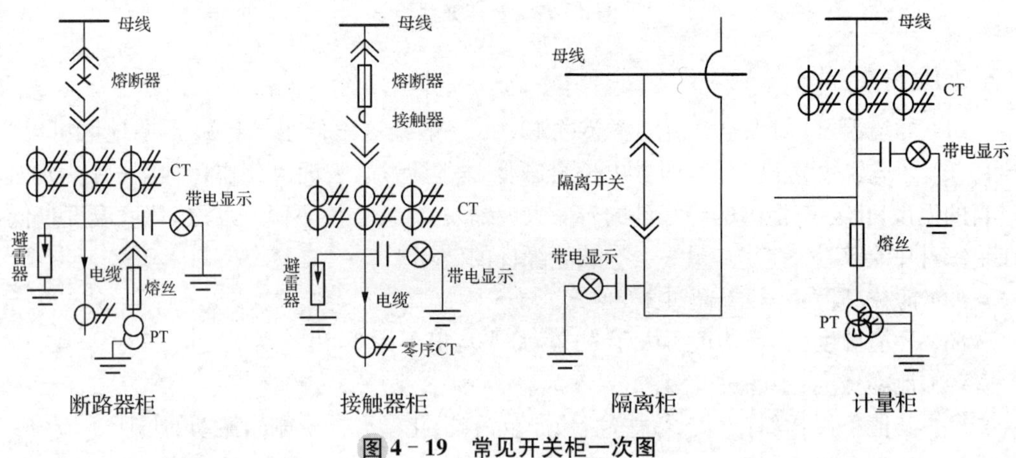

图 4-19　常见开关柜一次图

三、真空断路器柜

真空断路器柜内部结构如图 4-20 所示。

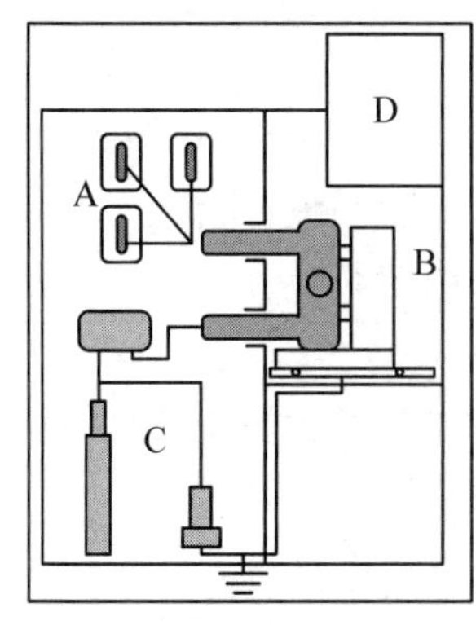

A. 母线室；B. 断路器室；C. 电缆室；D. 继电器室(低压室)。

图 4－20　真空断路器柜内部结构图

1. 母线室

开关柜母线室主要由左右后侧板、母线室下隔板、母线室后封板、穿墙套管安装板、母室前隔板及带活门的插头板形成的开关柜内部隔离。当母线发生故障燃弧时，开关柜内部隔板也能保证接近断路器室和电缆室人员的安全。

如图 4－21 所示，所有主母排和分支母线均用套管覆盖，母线连接处均装有绝缘性能好的绝缘罩。主母线从一个开关柜引至相邻的另一个开关柜，通过分支母线和套管固定。根据电流大小还需在母线室内加绝缘子以支撑主母排。

考虑消除闭合磁回路产生的涡流的影响，穿墙套管和触头盒安装板开孔连通，并加装铝合金板或不锈钢板作为衬板，阻断其磁回路，达到消除涡流的目的。

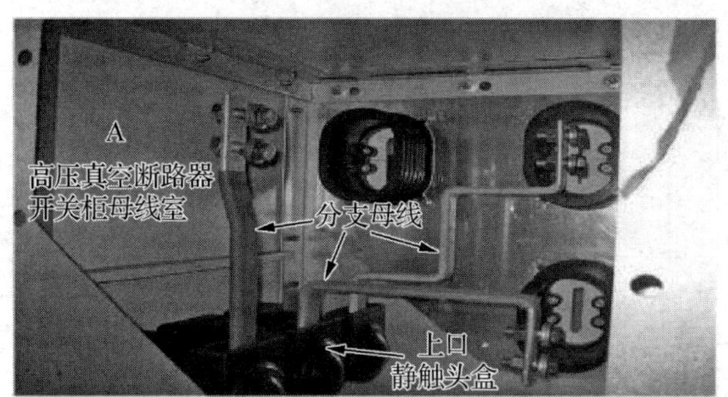

图 4－21　母线室布置图

2. 断路器室

(1) 断路器室设备

断路器手车装在有导轨的断路器室内，断路器手车可在工作、试验两个不同位置之间移动。断路器框架由合金钢板拼装而成，上面装断路器和其他设备，具有弹赁触头系统的触臂装在断路器的极柱上，当手车插到运行位置时起电气连接作用。手车与开关柜之间的信号、保护和控制线，用一个控制线插头连接。手车刚插入开关柜就固定在试验位置，同时也可靠地连接到开关柜的接地系统。

除真空断路器外，还有配真空接触器的F－C手车、隔离手车、接地手车、计量手车、带熔断器的电压互感器手车、带熔断器的隔离手车等。

(2) 断路器手车

当断路器手车从试验位置向工作位置移动时，通过断路器两侧活门导轨与上、下滚轮联锁，使其上、下活门打开。当手车从工作位置向试验位置移动时，活门复位并盖住分支母线静触头。

手车能在开关柜门关闭的情况下，通过机械装置紧急分闸，可通过观察窗观察手车的位置、分合闸状态和储能状况。

手车底盘车可实现断路器和柜体之间的机械连接。当手车底盘锁定在开关柜上时，手车可通过丝杠手动移动。

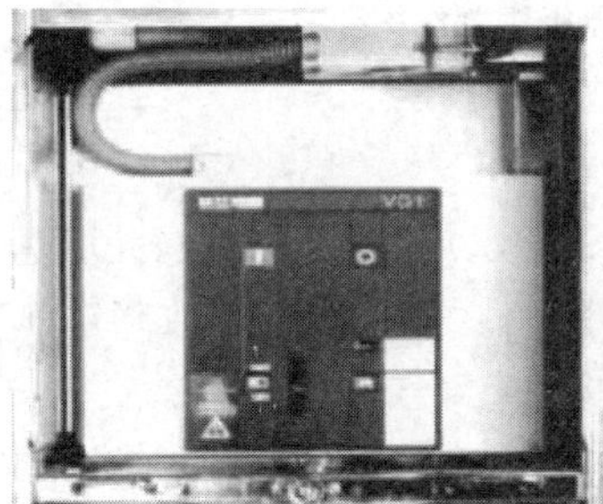

图4－22　断路器室设备分布图

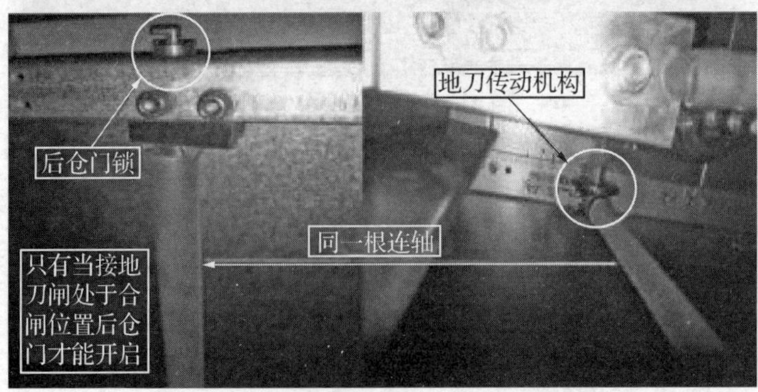

图4－23　电缆室内设备分布图

3. 电缆室

电缆室(图 4－23)一般位于开关柜后面,根据运行要求可安装电流互感器、快速接地开关、电压互感器、避雷器、零序电流互感器等元器件。当电缆室门打开后,有足够的空间供施工人员进入柜内安装电缆。盖在电缆入口处的电缆孔底板可选用非导磁的不锈钢板或铝板(三芯电缆也可选用镀锌板或敷铝锌板),是开缝、可拆卸的,便于现场施工。底板中穿越一、二次电缆的变径密封圈开孔应与所装电缆相适应,以防小动物进入。对于湿度较大的电缆沟,应使用防火泥、环氧树脂将开关柜进行密封。

4. 低压室

开关柜(图 4－24)的低压室内装有传统或新型的综合控制和保护装置、二次元器件等二次设备。

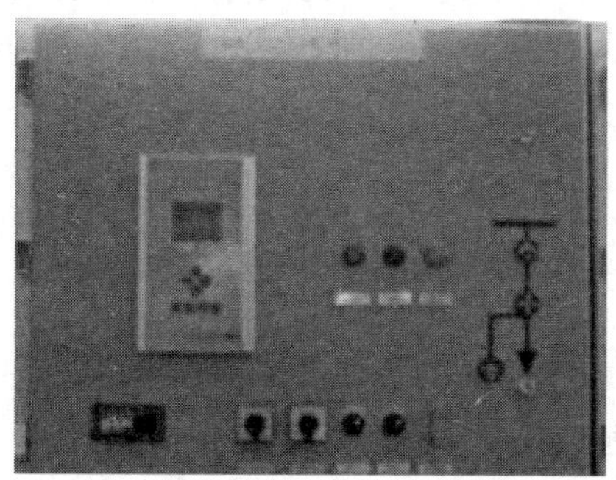

图 4－24 低压室设备分布图

四、高压开关柜的运行维护要求

1. 高压开关柜投运检查项目

(1) 电气连接应可靠且接触良好。

(2) 盘、柜的固定及接地应可靠,盘、柜漆层应完好,清洁整齐。

(3) 操作及联动试验正确,符合实际要求。

2. 高压开关柜维护要求

(1) 不带电部分的定期清扫。

(2) 配合其他设备的停电机会,进行传动部位检查,清扫瓷瓶积存的污垢及缺陷处理。

(3) 按设备使用说明书规定对机构添加润滑油脂。

(4) 检查合闸熔丝是否正常,核对容量是否相符。

3. 高压开关柜反措要求

(1) 加强带电显示闭锁装置的运行维护,保证其与接地开关(柜门)间强制闭锁的运行可靠性。防误操作闭锁装置或带电显示装置失灵时应尽快处理。

(2) 开关柜操作应平稳无卡塞,禁止强行操作。

第四节　互感器

一、概述

为保证电力系统的安全和经济运行，需要对电力系统及其中各电力设备的相关参数进行测量，以便对其进行必要的计量、监控和保护。通常的测量和保护装置不能直接接到高电压、大电流的电力回路上，需将这些高电平的电力参数按比例变换成低电平的参数或信号，以供给测量仪器、仪表、继电保护和其他类似电器使用。进行这种变换的变压器，通常称为**互感器**或**仪用变压器**。互感器作为一种特殊的变压器，其特性与一般变压器有类似之处，但也有其特定的性能要求。

二、电流互感器

1. 基本概念

电流互感器(Current Transformer，简称 CT)，是将一次回路的大电流成正比的变换为二次小电流，以供给测量仪器仪表、继电保护及其他类似电器的设备。

电流互感器的一次绕组和二次绕组绕在同一闭合的铁芯上，如果一次绕组带电而二次绕组开路，互感器成为一个带铁芯的电抗器。一次绕组中的电压降等于铁芯磁通在该绕组中引起的电动势，铁芯磁通也在二次绕组中感应出相应的电动势。二次绕组的回路通过一个阻抗形成闭合回路，二次回路产生电流，此电流在铁芯中产生磁通趋向于抵消一次绕组产生的磁通。忽略误差时，二次回路电流与一次回路电流的比值等于一次绕组匝数与二次绕组匝数之比。

电流互感器的额定一次电流和额定二次电流是作为互感器性能基准的一次电流和二次电流。

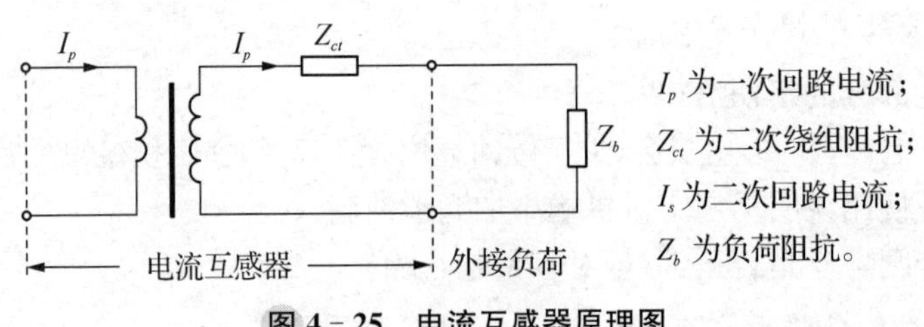

图 4-25　电流互感器原理图

2. 电流互感器种类

根据一次绕组和二次绕组的安装组成方式，可分为普通电流互感器、穿心式电流互感器、多抽头电流互感器、不同变比电流互感器和一次绕组可调二次多绕组电流互感器。

(1) 普通电流互感器

电流互感器的结构较为简单，原理如图 4－26 所示，由相互绝缘的一次绕组、二次绕组、铁芯以及构架、壳体、接线端子等组成。其工作原理与变压器基本相同，一次绕组的匝数(N_1)较少，直接串联于电源线路中，一次负荷电流(I_1)通过一次绕组时，产生的交变磁通感应产生按比例减小的二次电流(I_2)；二次绕组的匝数(N_2)较多，与仪表、继电器、变送器等电流线圈的二次负荷(Z)串联形成闭合回路，由于一次绕组与二次绕组有相等的安培匝数，$I_1N_1=I_2N_2$，电流互感器额定电流比电流互感器实际运行中负荷阻抗很小，二次绕组接近于短路状态，相当于一个短路运行的变压器。

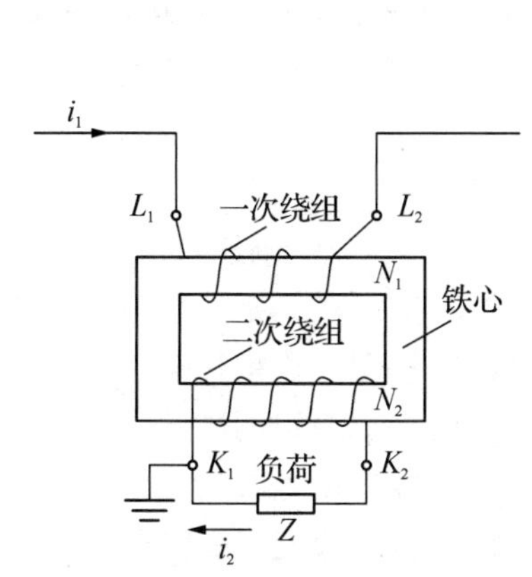

图 4－26　普通 CT 结构原理图

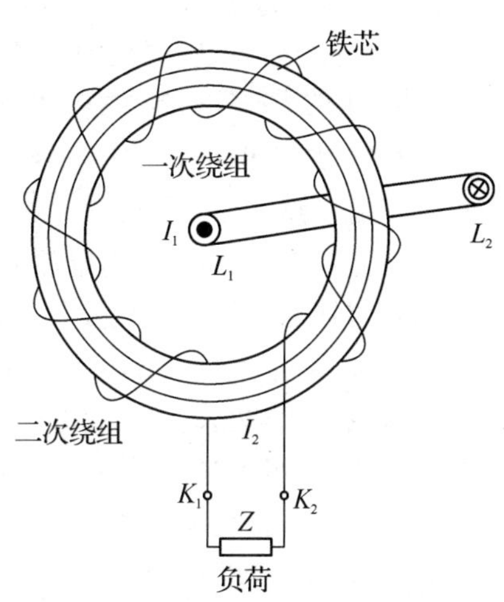

图 4－27　穿心 CT 结构原理图

(2) 穿心式电流互感器

穿心式电流互感器其本身结构不设一次绕组，如图 4－27 所示，载流(负荷电流)导线由 L_1 至 L_2 穿过由硅钢片掛卷制成的圆形(或其他形状)铁芯起一次绕组作用。二次绕组直接均匀地缠绕在圆形铁芯上，与仪表、继电器、变送器等电流线圈的二次负荷串联形成闭合回路，由于穿心式电流互感器不设一次绕组，其变比根据一次绕组穿过互感器铁芯中的匝数确定，穿心匝数越多，变比越小；反之，穿心匝数越少，变比越大，额定电流比为

$$I_2=\frac{1}{n}\times I_1 \tag{4-1}$$

式中：I_1 为穿心线圈流过的一次额定电流；

n 为穿心匝数。

(3) 多抽头电流互感器

这种类型的电流互感器(图 4－28)，一次绕组不变，在绕制二次绕组时，增加几个抽头，以获得多个不同变比。它具有一个铁芯和一个匝数固定的一次绕组，其二次绕组用绝缘铜线绕在套装于铁芯上的绝缘筒上，将不同变比的二次绕组抽头引出，接在接线端子座上，每个抽头设置各自的接线端子，这样就形成了多个变比，此种电流互感器的优点是可以根据负荷电流变比，调换二次接线端子的接线来改变变比，而不需要更换电流互感器，给使用提供了方便。

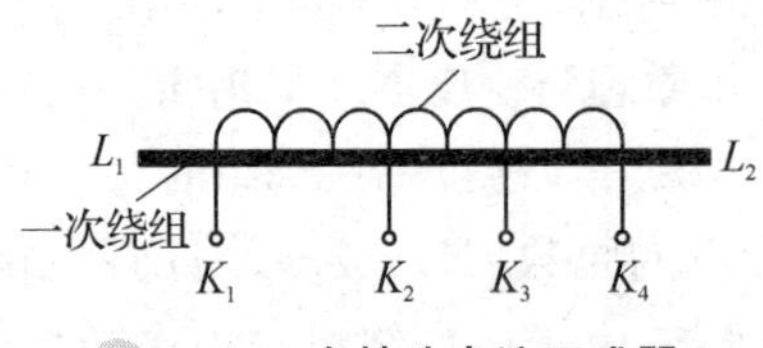

图 4-28　多抽头电流互感器

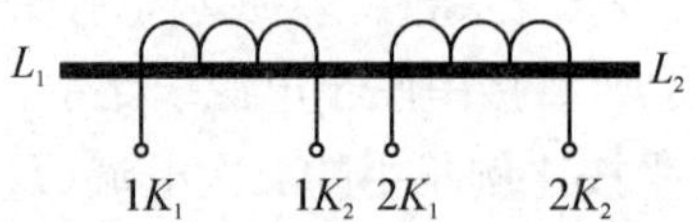

图 4-29　不同变比 CT 结构原理图

(4) 不同变比电流互感器

这种类型的电流互感器(图 4-29)具有同一个铁芯和一次绕组,二次绕组则分为多个匝数不同、各自独立的绕组,以满足同一负荷电流情况下不同变比、不同准确度等级的需要。例如,在同一负荷情况下,为了保证电能计量准确,要求变比较小一些,准确度等级高一些;而用电设备的继电保护,考虑到故障电流的保护系数较大,则要求变比较大一些,准确度等级可以稍低一点。

(5) 一次绕组可调,二次多绕组电流互感器

这种电流互感器的特点是变比量程多,而且可以变更,多见于高压电流互感器。如图 4-30 所示,其一次绕组分为两段,分别穿过互感器的铁芯,二次绕组分为两个带抽头的、不同准确度等级的独立绕组。一次绕组与装置在互感器外侧的连接片连接,通过变更连接片的位置,使一次绕组形成串联或并联接线,从而改变一次绕组的匝数,以获得不同的变比。带抽头的二次绕组自身分为两个不同变比和不同准确度等级的绕组,随着一次绕组连接片位置的变更,一次绕组匝数相应改变,其变比也随之改变,这样就形成了多量程的变比。带抽头的二次独立绕组的不同变比和不同准确度等级,可以分别应用于电能计量、指示仪表、变送器、继电保护等,以满足各自不同的使用要求。

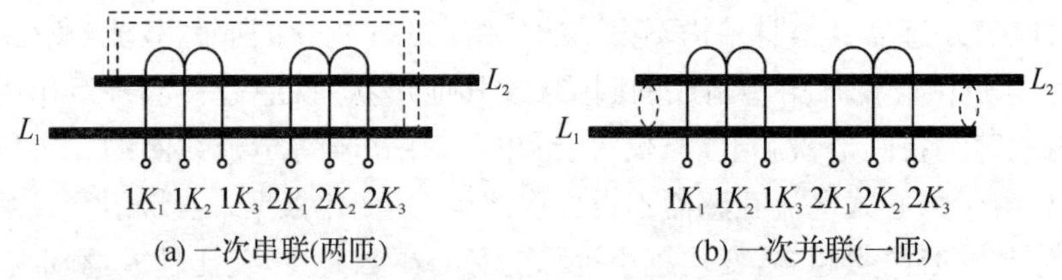

图 4-30　一次绕组可调,二次多绕组 CT 结构原理图

3. 电流互感器用途

电流互感器的用途是实现被测电流值的变换,与普通变压器不同的是其输出容量很小。一般不超过数十伏安。一组电流互感器通常有多个铁芯,即具有多个绕组,提供不同的用途。中压的(如 10 kV 级)某些类型互感器可能只有 1～3 个二次绕组,而超高压的电流互感器的二次绕组可多达 6～8 个。

电流互感器按其用途和性能特点可分为两大类:一类是测量用电流互感器,主要在电力系统正常运行时将相应电路的电流变换供给测量仪表和其他类似电器,用于状态监视、记录和电能计量等用途。另一类是保护用互感器,主要在电力系统非正常运行和故障状态下,将相应电路的电流变换供给继电保护装置和其他类似电器,以便启动有关设备切除

故障，也可实现故障监视和录波。

测量用和保护用两类电流互感器的工作范围和性能差别很大，一般不能共用，但可组装在一组电流互感器内，由不同的铁芯和二次绕组分别实现测量和保护功能。

三、电压互感器

1. 概述

电压互感器(Potential Transformer，简称 PT)，和变压器类似，是用来变换线路上的电压的仪器。变压器变换电压的目的是为了输送电能，因此容量很大，一般都是以千伏安或兆伏安为计算单位；而电压互感器变换电压的目的，主要是用来给测量仪表和继电保护装置供电，用来测量线路的电压、功率和电能，或者用来在线路发生故障时保护线路中的设备。因此，电压互感器的容量很小，一般只有几伏安、几十伏安，最大也不超过一千伏安。

2. 电压互感器种类

按照构成电压互感器原理的不同，主要分为电磁式电压互感器和电容式电压互感器两种类型。

(1) 电磁式电压互感器

电磁式电压互感器是利用电磁感应原理按比例变换电压的设备。**电磁式电压互感器**工作原理如图 4－31 所示：一次绕组直接并联于一次回路中，一次绕组上的电压取决于一次回路上的电压，二次绕组与一次绕组是通过磁耦合，属于无电的耦合。二次绕组通常接的是一些仪表、仪器及保护装置，容量一般均在几十至几百伏安，所以负载很小，而且是恒定的，所以电压互感器的一次侧可视为一个电压源，基本不受二次负载的影响。正常运行时，电压互感器二次侧由于负载较小，基本处于开路状态，电压互感器二次电压基本等于二次侧感应电动势，取决于一次系统电压。

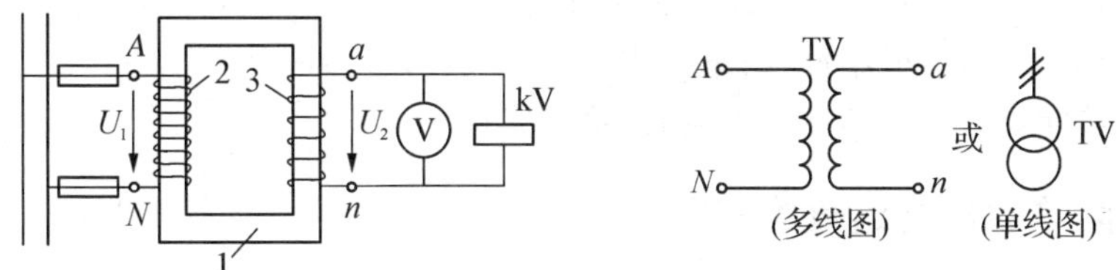

图 4－31　电磁式 PT 原理图与等效电路

电磁式电压互感器的分类方式很多，根据绝缘介质可分为干式和油式；根据相数的不同可分为单相、三相两种；根据绕组的多少可分为双绕组、三绕组、四绕组等；按其运行承受的电压不同，可分为半绝缘和全绝缘电压互感器等。在实际应用中一般经常使用单相三绕组或四绕组。

(2) 电容式电压互感器

随着电力系统输电电压的增高，电磁式电压互感器的体积越来越大，成本随之增高，因此 220 kV 电压等级宜采用电容式电压互感器。

电容式电压互感器主要由电容分压器和中压变压器组成，其外形与等效电路如图

4-32所示。电容分压器由瓷套和装在其中的若干串联电容器组成，瓷套内充满保持正压的绝缘油，并用钢制波纹管平衡不同环境以保持油压，电容分压可用作耦合电容器连接载波装置。中压变压器由装在密封油箱内的变压器、补偿电抗器和阻尼装置组成，油箱顶部的空间充氮。一次绕组分为主绕组和微调绕组，一次侧和一次绕组间串联一个低损耗电抗器。由于电容式电压互感器的非线性阻抗和固有的电容有时会在电容式电压互感器内引起铁磁谐振，因而用阻尼装置抑制谐振，阻尼装置由电阻和电抗器组成，跨接在二次绕组上，正常情况下阻尼装置有很高的阻抗，当铁磁谐振引起过电压，在中压变压器受到影响前，电抗器已经饱和，只剩电阻负载，使振荡能量很快被降低。

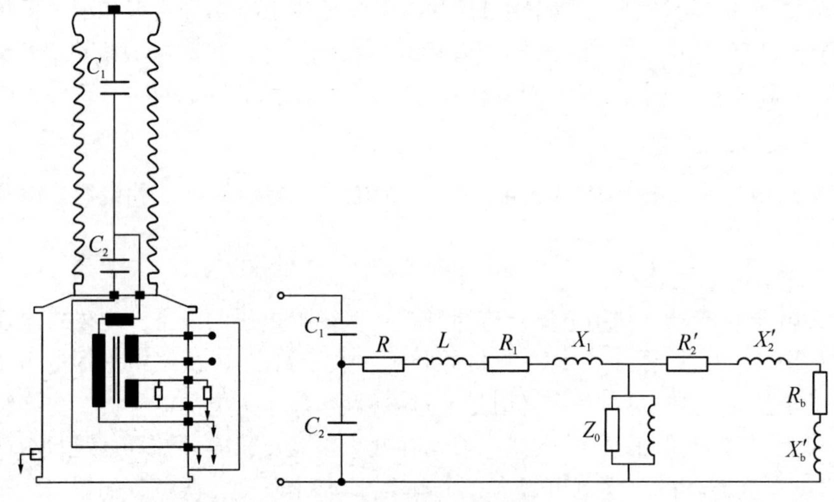

图 4-32　电容式 PT 外形图与等效电路图

与电磁式电压互感器相比，电容式电压互感器具有以下特点：

① 电容式电压互感器的冲击绝缘强度比电磁式高。

② 体积小，重量轻，成本低，占地面积小。

③ 误差特性和暂态特性不如电磁式，输出容量小。

四、互感器的日常运行维护

1. 电流互感器的运行维护

(1) 电流互感器运行原则

① 电流互感器在运行中不得超过额定容量长期运行。如果电流互感器过负荷运行，会使铁芯磁通密度饱和或过饱和，造成电流互感器误差增大，表计指示不正确，不容易掌握实际负荷。

② 电流互感器的负荷电流，对独立式电流互感器应不超过其额定值的 110%，对套管式电流互感器，应不超过其额定值的 120%。

③ 电流互感器的二次线圈在运行中不允许开路。因为出现开路时，将使二次电流消失，这时全部一次电流都成为励磁电流，使铁芯中的磁感应强度急剧增加，其有功损耗增加很多，会引起铁芯和绕组绝缘过热，甚至造成互感器的损坏。

④ 油浸式电流互感器应装设油位计和吸湿器，以监视油位在降低时免受空气中水分和杂质的影响。

⑤ 电流互感器的二次绕组，应有一个可靠接地点，防止电流互感器主绝缘故障或击穿时，二次回路上出现高电压，危及人身和设备安全。

(2) 电流互感器的运行

① 按规定做必要的测量和试验工作。

② 各部分接线正确、无松动及损坏现象。

③ 外壳接地良好。

④ 瓷瓶无放电裂纹现象。

⑤ 运行声音应无异常。

⑥ 内外部无放电现象及放电痕迹。

⑦ 干式电流互感器应无受潮痕迹。

2. 电压互感器的运行维护

(1) 电压互感器运行原则

① 电压互感器在额定容量下能长期运行，在制造时要求能承受其额定电压的 1.9 倍而无损坏，但实际运行电压不应超过额定电压的 1.1 倍，最好不超过额定电压的1.05倍。

② 电压互感器在运行中，副线圈不能短路。因为如果副线圈短路，副边电路的阻抗大大减小，就会出现很大的短路电流，使副线圈因严重的发热而烧毁。

③ 110 kV 及以上电压互感器，一次侧与中性点引出部分不装设熔断器或空开，一般不装熔断器，在电压互感器的二次侧装设熔断器或自动空气开关。当电压互感器二次侧发生故障时，使之能迅速熔断或切断，以保证电压互感器不遭受损坏。

④ 油浸式电压互感器应装设油位计和吸湿器，以监视油位在降低时免受空气中水分和杂质的影响。

⑤ 启用电压互感器时，应检查绝缘是否良好，定相是否正确，油位是否正常，接头是否清洁。

⑥ 停用电压互感器时，应先退出相关保护和自动装置，断开二次侧自动空气开关，防止反充电。

(2) 电压互感器的运行

① 设备周围应无影响送电的杂物。

② 各接触部分良好，无松动、发热和变色现象。

③ 充油式的电压互感器，油位正常，油色清洁，各部分无渗油、漏油现象。

④ 瓷瓶无裂纹及积灰。

⑤ 二次侧中性点接地良好。

⑥ 熔丝接触良好。

⑦ 各部分无放电声及烧损现象。

3. 在带电的互感器二次回路上工作的安全规定

(1) 在带电的电磁式流互感器二次回路上工作时，应采取下列安全措施：

① 严禁将电流互感器二次侧开路。

② 在电流互感器二次回路进行短路接线时，必须使用短路片或短接线，短路应妥善可靠严禁用导线缠绕，严禁短接片或短接线导电部分触及其他接端子或外壳等；电流互感器二次回路短后，要有可靠的接地点。

③ 严禁在电流互感器与短路端子之间的回路和导线上进行任何工作。

④ 工作必须认真、谨慎，不得将回路的永久接地点断开。

⑤ 工作时必须有专人监护，使用绝缘工具，并站在绝缘垫上。

(2) 在带电的电压互感器二次回路上工作时，应采取下列安全措施：

① 使用绝缘工具，戴绝缘手套。必要时，工作前停用有关保护装置、自动装置，严格防止电压互感器二次侧短路或两点接地。

② 接临时负载，必须装有专用的刀闸和熔断器。

③ 工作时必须有专人监护，严禁将回路的永久保护接地点断开。

第五节　过电压防护和避雷器

一、过电压基本概述

过电压是指工频下交流电压值升高，超过额定值的 10%，并且持续时间大于 1 分钟的长时间电压变动现象。过电压的出现通常是负荷投切的结果，例如，切断某一大容量负荷或向电容器组增能(无功补偿过剩导致的过电压)。

电力系统在特定条件下所出现的超过工作电压的异常电压升高，属于电力系统中的一种电磁扰动现象。电气设备的绝缘长期耐受着工作电压，同时还必须能够承受一定幅度的过电压，这样才能保证电力系统安全可靠地运行。研究各种过电压的起因，预测其幅值，并采取措施加以限制，是确定电力系统绝缘配合的前提，对于电工设备制造和电力系统运行都具有重要意义。

二、过电压的分类

电力系统中电路状态和电磁状态的突然变化是产生过电压的根本原因。过电压从过电压形成的方式，分为外部过电压和内部过电压。

1. 外部过电压

外部过电压又称雷电过电压、大气过电压，是由大气中的雷云对地面放电而引起的，雷电过电压的持续时间约为几十微秒，具有脉冲的特性，故常称为雷电冲击波。外部过电压分为直击雷过电压和感应雷过电压两种。

直击雷过电压是雷闪直接击中电力设备导电部分时所出现的过电压。雷闪击中带电的导体，如架空输电线路导线，称为直接雷击。雷闪击中正常情况下处于接地状态的导体，如输电线路铁塔，使其电位升高以后又对带电的导体放电称为反击。直击雷过电压幅值可达上百万伏，会破坏电力设施绝缘，引起短路接地故障。

感应雷过电压是雷闪击中电力设备附近地面，在放电过程中由于空间电磁场的急剧变化而使未直接遭受雷击的电力设备（包括二次设备、通信设备）上感应出的过电压。因此，架空输电线路需架设避雷线和接地装置等进行防护。通常用线路耐雷水平和雷击跳闸率表示输电线路的防雷能力。

2. 内部过电压

内部过电压是由电力系统内部运行方式发生改变而引起的过电压，分为暂态过电压、操作过电压和谐振过电压。

暂态过电压是由于断路器操作或发生短路故障，使电力系统经历过渡过程以后重新达到某种暂时稳定的情况下所出现的过电压，又称工频电压升高。常见的有：① 空载长线电容效应（费兰梯效应）。在工频电源作用下，由于远距离空载线路电容效应的积累，使沿线电压分布不等，末端电压最高。② 不对称短路接地。三相输电线路某相短路接地故障时，另外两相上的电压会升高。③ 甩负荷过电压，输电线路因发生故障而被迫突然甩掉负荷时，由于电源电动势尚未及时自动调节而引起的过电压。

操作过电压是由于进行断路器操作或发生突然短路而引起的衰减较快，持续时间较短的过电压，常见的有：① 空载线路合闸和重合闸过电压；② 切除空载线路过电压；③ 切断空载变压器过电压；④ 弧光接地过电压。

谐振过电压是电力系统中电感、电容等储能元件在某些接线方式下与电源频率发生谐振所造成的过电压。一般按起因分为① 线性谐振过电压；② 铁磁谐振过电压；③ 参量谐振过电压。

三、避雷器

避雷器是用于保护电气设备免受雷击时高瞬态过电压危害，并限制续流时间，也常限制续流幅值的一种电器。避雷器有时也称为过电压保护器、过电压限制器。

避雷器连接在线缆和大地之间，通常与被保护设备并联。避雷器可以有效地保护电气设备和线路。一旦出现不正常电压，避雷器将发生动作，起到保护作用，也可防护操作高电压。当设备在正常工作电压下运行时，避雷器不会产生作用，对地面来说视为断路。一旦出现高电压，且危及被保护设备绝缘时，避雷器立即动作，将高电压冲击电流导向大地，从而限制电压幅值，保护通信线缆和设备绝缘。当过电压消失后，避雷器迅速恢复原状，使线路或设备正常工作。因此，避雷器的主要作用是通过并联放电间隙或非线性电阻的作用，对入侵流动波进行削幅，降低被保护设备所受过电压值，从而起到保护线路和设备的作用。

避雷器的主要类型有管型避雷器、阀型避雷器和氧化锌避雷器等。每种类型避雷器的主要工作原理是不同的，但是它们的工作实质是相同的，都是为了保护电气设备不受损害。

1. 管型避雷器

管型避雷器实际是一种具有较高熄弧能力的保护间隙，它由两个串联间隙组成，一个间隙在大气中，称为外间隙，它的任务就是隔离工作电压，避免产气管被流经管子的工频泄漏

电流所烧坏；另一个装设在气管内，称为内间隙或者灭弧间隙，管型避雷器的灭弧能力与工频续流的大小有关。图 4－33 是一种保护间隙型避雷器，大多用在供电线路上作避雷保护。

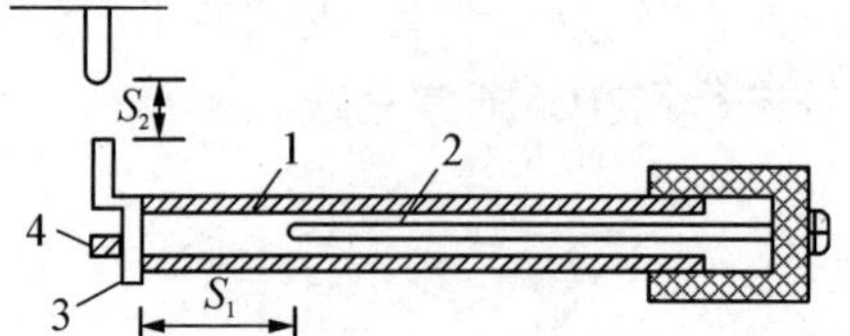

1. 产气管；2. 棒形电极；3. 环形电极；
4. 动作指示器；S_1. 内间隙；S_2. 外间隙。

图 4－33　管型避雷器结构示意

2. 阀型避雷器

阀型避雷器(图 4－34)由火花间隙及阀片电阻组成，阀片电阻的制作材料是特种碳化硅。利用碳化硅制作的阀片电阻可以有效地防止雷电和高电压，对设备进行保护。当有雷电高电压时，火花间隙被击穿，阀片电阻的电阻值下降，将雷电流引入大地，这就保护了线缆或电气设备免受雷电流的危害。在正常的情况下，火花间隙是不会被击穿的，阀片电阻的电阻值较高，故常用于通信线路上。

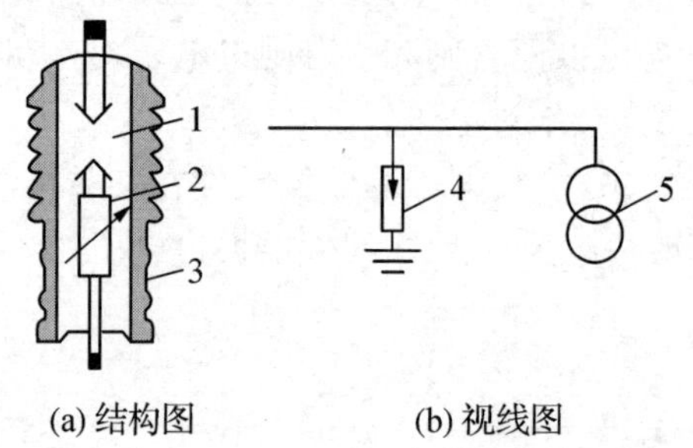

1. 间隙；2. 可变电阻；3. 电瓶；4. 避雷器；5. 变压器。

图 4－34　阀型避雷器结构示意

3. 氧化锌避雷器

(1) 氧化锌避雷器的介绍

氧化锌避雷器(图 4－35)是一种保护性能优越、质量轻、耐污秽、性能稳定的避雷设备。它主要利用氧化锌良好的非线性伏安特性，使在正常工作电压时流过避雷器的电流极小(微安或毫安级)；当过电压作用时，电阻急剧下降，泄放过电压的能量，达到保护的效果。这种避雷器和传统避雷器的差异是它没有放电间隙，利用氧化锌的非线性特性起到泄流和开断的作用。

氧化锌避雷器的伏安特性(图 4－36)：

① 额定电压时候，电流很小，相当于绝缘体。

② 电压超过定值时，阀片“导通”，导入大地。

③ 当作用电压下降到动作电压以下时，阀片自动终止“导通”状态，恢复绝缘状态。由于它良好的电气特性，氧化锌避雷器被广泛地应用于电力行业。

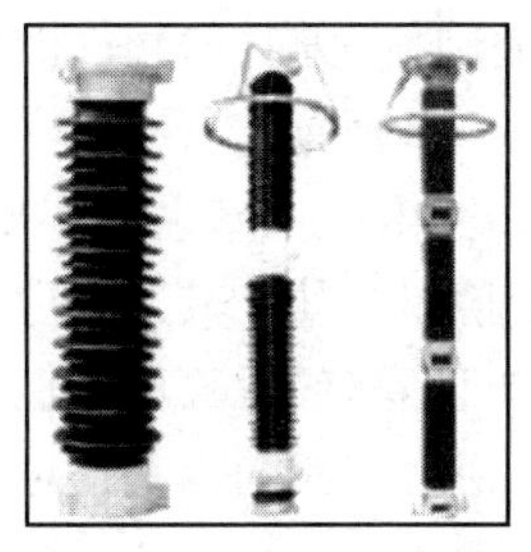
图 4-35　氧化锌避雷器

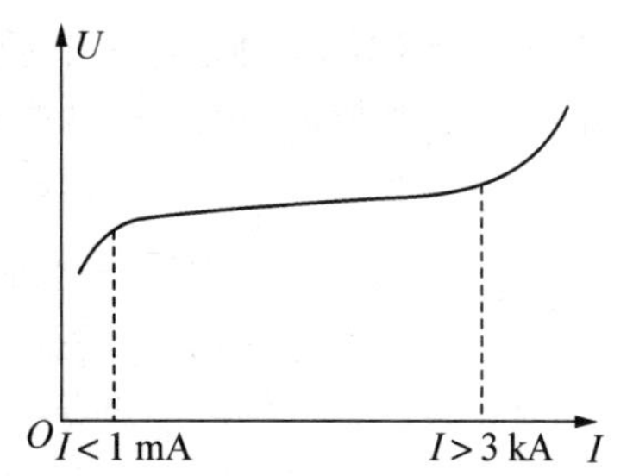

图 4-36　氧化锌避雷器的伏安特性

(2) 氧化锌避雷器的运行巡检项目

① 瓷套无裂纹；复合外套无电蚀痕迹；无异物附着；均压环无错位；高压引线、接电线连接正常。

② 若计数器装设有电流表，应记录当前持续电流值，并与同等运行条件下其他避雷器的持续电流值进行比较，要求无明显差异。

③ 记录计数器的指示数。

④ 应在每年雷雨季节前测试运行中的持续电流。

(3) 氧化锌避雷器反措要求

① 对氧化锌避雷器，必须坚持在运行中按规程要求进行带电试验。当发现异常情况时，应及时查明原因。35 kV 及以上电压等级氧化锌避雷器可用带电测试替代定期停电试验，但对 500 kV 氧化锌避雷器应 3～5 年进行一次停电试验。

② 严格遵守避雷器交流泄漏电流测试周期，雷雨季节前后各测量一次，测试数据应包括全电流及阻性电流。

③ 110 kV 及以上电压等级避雷器应安装交流泄漏电流在线监测表计。对已安装在线监测表计的避雷器，有人值班的变电站每天至少巡视一次，每半月记录一次，并加强数据分析。无人值班变电站可结合设备巡视周期进行巡视并记录，强雷雨天气后应进行特巡。

④ 对氧化锌避雷器，必须坚持在运行中按照规程要求进行带电试验。35 kV～500 kV 电压等级氧化锌避雷器可用带电测试替代定期停电测试。

⑤ 对运行 15 年及以上的避雷器应重点跟踪泄漏电流的变化，停运后应重点检查压力释放板是否有锈蚀或破损。

第六节　SVG 无功补偿装置

一、概述

SVG(Static Var Generator，又称静止同步补偿器)，是柔性交流输电技术的主要设备之一，它代表着现阶段电力系统无功补偿技术新的发展方向和工业应用趋势，是减小风电、光伏等新能源并网对电网稳定性的影响以及保障电网安全可靠运行的有效手段。

SVG 能快速有效调节电网的无功功率，使整个电网负荷的潮流分配更趋合理；可抑制电压波动和闪变，改善电网电能质量，保障电力系统稳定、高效、优质地运行。

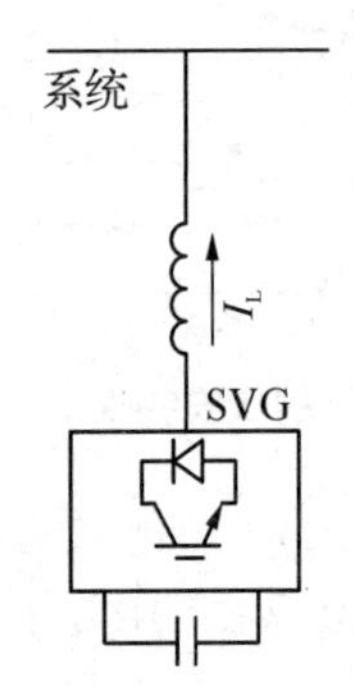

图 4－37　SVG 在系统中安装位置

SVG 是典型的电力电子设备，由三个基本功能模块构成：检测模块、控制运算模块及补偿输出模块。其工作原理是根据外部电流互感器提供的系统电流信息，经运算由控制器给出补偿的驱动信号，最后由电力电子逆变回路输出补偿电流。SVG 在系统中的安装位置如图 4－37 所示。

SVG 静止无功发生器采用可关断电力电子器件(IGBT)组成自换相桥式电路，经过电抗器并联在电网上，适当地调节桥式电路交流侧输出电压的幅值和相位，或者直接控制其交流侧电流，迅速吸收或者发出所需的无功功率，实现快速动态调节无功的目的。作为有源型补偿装置，不仅可以跟踪冲击型负载的冲击电流，而且可以对谐波电流也进行跟踪补偿。

二、SVG 原理

SVG 由电压源型变流器和连接电抗器组成，电压源型变流器可输出幅值、相位、频率均可调的三相交流电压。当不考虑变流器和连接电抗器的损耗时，电压源型变流器通过控制输出电压幅值与系统电压幅值相对大小关系来控制是否输出电流，以及输出感性还是容性的无功电流，最后实现无功补偿。实际运行时，电压源型变流器输出频率与系统同步，且存在有功损耗，因此需要控制输出电压相位和幅值，来连续调节 SVG 输出无功大小和方向。

1. 空载运行模式

SVG 空载运行时(图 4－38)，系统中电流相位和电压相位保持一致，经过 SVG 的电流为零，此时 SVG 不吸收或发出无功。

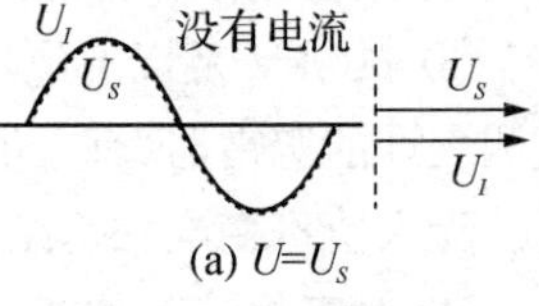

图 4－38　SVG 空载运行

2. 容性运行模式

SVG 容性运行时(图 4－39)，电流相位超前电压相位，$U_I>U_S$，I_L 为超前的电流，其幅值可以通过调节 U_I 来连续控制，从而调节 SVG 发出的无功。

3. 感性运行模式

SVG 感性运行时(图 4－40)，电流相位滞后电压相位，$U_I<U_S$，I_L 为滞后的电流，此时 SVG 吸收的无功可以连续控制。

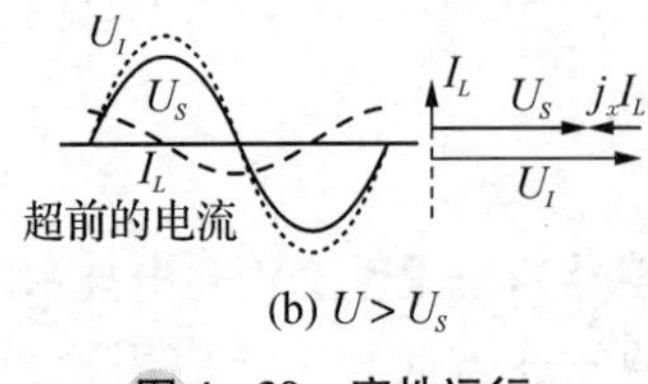

图 4－39　容性运行

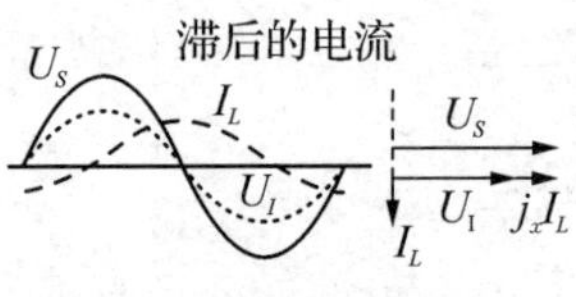

图 4－40　SVG 感性运行

三、SVG 的组成部分

1. 控制部分

控制部分主要由主控制柜、分相控制柜和电流测量组件构成(图 4 - 41)。主控制柜机箱中有电源组件、信号组件、控制 A 组件、控制 B 组件及通信等组件。控制 A 组件负责与上位机的人机界面通信、远程监控通信、模拟量采集和开入信号处理等功能;控制 B 组件完成算法控制。分相控制柜机箱中有脉冲组件和光纤组件等,每相脉冲组件上又挂有多个光纤组件。每相脉冲组件产生的脉冲信号传递到各光纤组件后经光纤发送到各个功率模块。电流测量组件主要用于各相电流信号的采集调理、闭环反馈和过流保护。

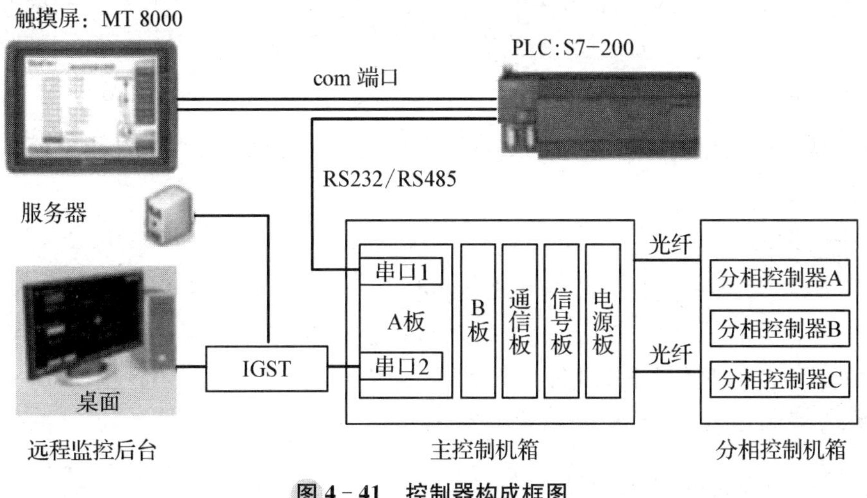

图 4 - 41　控制器构成框图

2. 功率部分

功率部分的主要组件是功率模块。功率模块的电气原理如图 4 - 42 所示。功率模块采用 H 桥结构,功率模块辅助电源由逆变器直流母线提供。

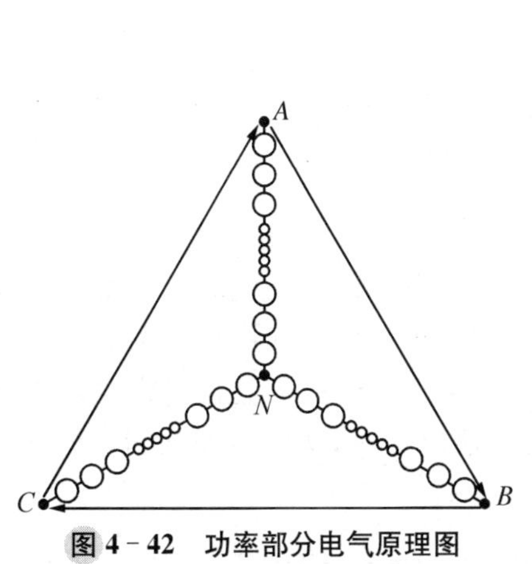

图 4 - 42　功率部分电气原理图

Q_1　Q_3　Q_2　Q_4

交流母排输出

直流电源模块

链节检测,控制及驱动,保护电脑

光纤通讯

图 4 - 43　功率模块(IGBT)电气原理图

电子旁路回路采用 IGBT 器件(图 4-43),动作迅速且可靠性高,保证了功率模块发生故障情况下,控制器可以在极短时间内将故障模块可靠旁路,并保障装置继续运行。功率模块的控制板卡,除硬件保护等内容外,几乎所有的逻辑和通信处理均采用大规模 FPGA 芯片完成,智能化的设计使得硬件设计简单,软件设计灵活,便于后续的功能完善和升级,而且可靠性高,受功率器件工作的干扰小。

模块化的结构设计,使得 SVG 装置紧凑、重量轻,且通用性强,在功率模块发生故障时,只需要更换功率模块,使故障的处理简单化,为恢复生产赢得了宝贵的时间。

3. 启动部分

SVG 启动部分由启动开关、充电电阻、隔离刀闸和接地刀闸、避雷器等几个部分组成。启动方式可为自励启动,即在主开关合闸后,系统电压通过充电电阻对功率模块的直流电容进行充电,当充电电压达到预设值后,控制系统闭合启动开关,将充电电阻旁路。

4. 连接电抗器

SVG 通过连接电抗器与电网连接,同时电抗器还能起到抑制装置输出电流中的较高次谐波成分的作用。

5. 冷却系统

在 SVG 运行过程中,因半导体开关器件本身存在一定的导通压降,SVG 运行时会产生约 1%的有功损耗。例如,对于一台 100 Mvar 容量的 SVG 其额定发热量有 1 000 kW,需要配置一定的冷却散热系统才能避免 SVG 过热损坏。目前,中小容量 SVG 一般采用风冷散热方式,而大容量 SVG 一般采用水冷方式。

四、SVG 的运行控制方式

一般而言,SVG 动态无功补偿装置有四种运行方式,分别为系统无功控制方式、恒无功控制方式、电压无功综合控制方式和负荷补偿控制方式。

1. 系统无功控制方式

该方式用于控制系统侧无功,控制目标为系统侧的无功或功率因数的目标或范围。

2. 恒无功控制方式

该方式用于控制 SVG 输出无功,控制目标为 SVG 装置输出恒定大小的无功。通过这种方式可以测量 SVG 装置跟踪无功的准确性和阶跃响应速度。

3. 电压无功综合控制方式

该方式用于控制系统侧或 PCC 侧电压,适用于风电场等需要将考核点电压稳定在一定水平的场合。SVG 装置通过调节其无功输出,使考核点电压稳定在用户设定电压目标值或设定范围内。当考核点电压低于用户设定的电压参考时,SVG 装置输出容性无功以提升考核点电压;当考核点电压高于该值时,SVG 装置输出感性无功以降低考核点电压。

4. 负荷补偿控制方式

该方式下,SVG 装置通过检测负荷或系统侧电流自动调节装置电流输出,以提高系

统或负荷电流的电能质量。一般有三个配置项可任意选择:补基波无功、补负序和补谐波。补谐波可选择 2～25 次相应谐波次数的补偿功能。

五、SVG 装置的启停操作及维护

1. 装置启机(以某风电场为例)

(1) 启机前请确认启动部分处于工作状态,即上隔离刀闸处于闭合位置,接地刀闸处于断开位置。

(2) 二次控制系统上电,观察控制面板指示灯状态。若就绪灯处于熄灭状态,则按下控制面板的复位按钮,若按下复位按钮后,就绪灯仍处于熄灭状态,则说明装置有故障,无法启机。

(3) 确认就绪灯点亮后,按下启机按钮,就绪灯熄灭,此时装置处于闭锁充电状态,闭锁指示灯应该也处于点亮状态。

(4) 确认装置运行指示灯点亮;启机 20 s 后,观察面板的闭锁指示灯是否熄灭。

(5) 闭锁指示灯熄灭,装置进入并网运行状态。

(6) 装置启机后,在正常运行过程中,仅有运行指示灯亮。

2. 装置停机

(1) 按下停机按钮,运行指示灯熄灭。

(2) 确认闭锁指示灯点亮。

(3) 若要转入检修,则断开启动部分的上隔离刀闸,合上接地刀闸。

3. SVG 装置维护

(1) 初次投运期间的维护工作

初次投运前应检查和清洁装置各个部位的连接件,启动部分输入/输出连接、功率部分全部电源输入/输出连接。

投运 1 周左右,应该用非接触式温度测量仪检查装置内全部导电连接处的温度。当相对环境的温度升高超过 20 ℃时,应在合适的时间安排停机,对导电连接部位、接地线等处的螺钉、螺栓等做紧固处理,满足接触可靠的要求。

(2) 长期运行期间的维护工作

装置运行中应每天巡视装置状态,如果装置内发出异常声响,排风口处没有出风或风量比平时偏小,则应立即停机并更换风扇,当装置出现异味(特别是臭氧味)时,应立即处理。

装置投运后,应每年安排一次计划停机,并打开一个功率模块抽检电容,如果其中任何一个电容出现电解质泄露、安全阀冒出或电容主体发生膨胀时,应立即通知厂家进行处理。

室内应保持清洁,避免灰尘积累。室内需做防鼠害处理,避免小型动物进入装置。注意保持室内温度,当室内温度高于 38 ℃应尽快做降温处理,如加强室内外通风,开启空调等措施。

(3) 长期运行过后停机过程中的维护工作

重新检查所有电气连接的紧固性;用修补漆修补生锈或外露的地方;用吸尘器彻底清洁柜内外,保证装置内无尘;目视检查机架等绝缘件,如果在清洁之后仍然发乌变黑请立即通知厂家处理;检查所有冷却风扇的转动情况,如果出现偏转、转动不稳等现象应更换风扇;在停电状态下,建议用 2 500 V 摇表测量每一个功率模块对地的绝缘电阻,正常情况下应不小于 10 MΩ。

第七节　设备红外测温基本应用与要点

一、设备红外测温的要求

1. 红外测温的一般检测要求

(1) 被检设备是带电运行设备,应尽量避开视线中的封闭遮挡物,如门和盖板等。

(2) 环境温度一般不低于 5 ℃,相对湿度一般不大于 85%;天气以阴天、多云为宜,夜间图像质量为佳;不应在雷、雨、雾、雪等气象条件下进行,检测时风速一般不大于 5 m/s。

(3) 户外晴天要避开阳光直接照射或反射进入仪器镜头,在室内或晚上检测应避开灯光的直射,宜闭灯检测。

(4) 检测电流致热型设备,最好在高峰负荷下进行。否则,一般应在不低于 30%的额定负荷下进行,同时应充分考虑小负荷电流对测试结果的影响。

2. 精确检测要求

除满足一般检测的环境要求外,还满足以下要求:

(1) 风速一般不大于 0.5 m/s。

(2) 设备通电时间不小于 6 h,最好在 24 h 以上。

(3) 检测期间天气为阴天,夜间或晴天日落 2 h 后。

(4) 被检测设备周围应具有均衡的背景辐射,应尽量避开附近热辐射源的干扰,某些设备被检测时还应避开人体热源等的红外辐射。

(5) 避开强电磁场,防止强电磁场影响红外热像仪的正常工作。

3. 红外测温人员要求

红外检测属于设备带电检测,检测人员应具备以下条件:

(1) 熟悉红外诊断技术的基本原理和诊断程序,了解红外热像仪的工作原理、技术参数和性能,掌握热像仪的操作程序和使用方法。

(2) 了解被检测设备的结构特点、工作原理、运行状况和导致设备故障的基本因素。

(3) 熟悉标准,接受过红外热像检测技术培训。

(4) 具有一定的现场工作经验,熟悉并能严格遵守电力生产和工作现场的有关安全管理规定。

二、设备红外测温操作方法

1. 一般检测的操作方法

仪器在开机后需进行内部温度校准,待图像稳定后即可开始工作。

一般先远距离对所有被测设备进行全面扫描，发现有异常后，再有针对性地近距离对异常部位和重点被测设备进行准确检测。仪器的色标温度量程宜设置在环境温度加10～20 K的温升范围。

有伪彩色显示功能的仪器，宜选择彩色显示方式，调节图像使其具有清晰的温度层次显示，并结合数值测温手段，如热点跟踪、区域温度跟踪等手段进行检测。应充分利用仪器的有关功能，如图像平均、自动跟踪等，以达到最佳检测效果。

环境温度发生较大变化时，应对仪器重新进行内部温度校准，校准方法按仪器的说明书进行。作为一般检测，被测设备的辐射率一般取0.9左右。

2. 精确检测的操作方法

检测温升所用的环境温度参照体应尽可能选择与被测设备类似的物体，且最好能在同一方向或同一视场中选择。

在安全距离允许的条件下，红外仪器宜尽量靠近被测设备，使被测设备(或目标)尽量充满整个仪器的视场，以提高仪器对被测设备表面细节的分辨能力及测温准确度，必要时，可使用中、长焦距镜头。线路检测一般需使用中、长焦距镜头。

为了准确测温或方便跟踪，应事先设定几个不同的方向和角度，确定最佳检测位置，并做上标记，以供今后的复测用，提高互比性和工作效率。

正确选择被测设备的辐射率，特别要考虑金属材料表面氧化对选取辐射率的影响。

将大气温度、相对湿度、测量距离等补偿参数输入，进行必要修正，并选择适当的测温范围。

记录被检设备的实际负荷电流、额定电流、运行电压，被检物体温度及环境参照体的温度值。

三、红外测温的判断方法

1. 表面温度判断法

主要适用于电流致热型和电磁效应引起发热的设备。根据测得的设备表面温度值，对照GB/T 11022中高压开关设备和控制设备的各种部件、材料及绝缘介质的温度和温升极限的有关规定，结合环境气候条件、负荷大小进行分析判断。

2. 同类比较判断法

根据同组三相设备、同相设备之间及同类设备之间对应部位的温差进行比较分析。对于电压致热型设备，应结合图像特征判别法进行判断；对于电流致热型设备，应结合相对温差判别法进行判断。

3. 图像特征判断法

主要适用于电压致热型设备。根据同类设备的正常状态和异常状态的热像图，判断设备是否正常。注意应尽量排除各种干扰因素对图像的影响，必要时结合电气试验或化学分析的结果，进行综合判断。

4. 相对温差判断法

主要适用于电流致热型设备。特别是对小负荷电流致热型设备，采用相对温差判断法可降低小负荷缺陷的漏判率。

5. 档案分析判断法

分析同一设备不同时期的温度场分布，找出设备致热参数的变化，判断设备是否正常。

6. 实时分析判断法

在一段时间内使用红外热像仪连续检测某被测设备，观察设备温度随负载、时间等因素变化的方法。

四、红外测温的周期

检测周期应根据电气设备在电力系统中的作用及重要性，并参照设备的电压等级、负荷电流、投运时间、设备状况等决定。

1. 变配电设备的检测周期

正常运行变(配)电设备的检测应遵循检修和预试前普查、高温高负荷等情况下的特殊巡测相结合的原则。一般 220 kV 及以上交(直)流变电站每年不少于两次，其中一次可在大负荷前，另一次可在停电检修及预试前，以便使查出的缺陷在检修中能够得到及时处理，避免重复停电。

对于运行环境差、陈旧或有缺陷的设备，大负荷运行期间、系统运行方式改变或设备负荷突然增加等情况下，需对电气设备增加检测次数。

新建、改扩建或大修后的电气设备，应在投运带负荷后 1 个月内(但至少在 24 h 以后)进行一次检测。并建议对变压器、断路器、套管、避雷器、电压互感器、电流互感器、电缆终端等进行精确检测，对原始数据及图像进行存档。必要时将测试数据及图像存入红外数据库，进行动态管理。有条件的单位可开展 220 kV 及以下设备的精确检测并建立图库。

2. 输电线路的检测周期

输电线路的检测一般在大负荷前进行。对正常运行的 500 kV 以上架空线路和重要的 220 kV 架空线路接续金具，每年宜检测一次；110 kV 线路和其他的 220 kV 线路，可每两年进行一次。

新投产和相关大修后的线路，应在投运带负荷后不超过 1 个月内(但至少 24 h 以后)进行一次检测。对于线路上的瓷绝缘子及合成绝缘子，有条件和经验的也可进行检测。

对正常运行的电缆线路设备，主要是电缆终端，110 kV 及以上电缆每年不少于两次；35 kV 及以下电缆每年至少一次。对重负荷线路，运行环境差时应适当缩短检测周期。重大事件、重大节日、重要负荷以及设备负荷突然增加等特殊情况应增加检测次数。

第五章　直流系统及交流不停电电源(UPS)系统

第一节　直流系统概述

变电站内的直流系统是一个独立的操作电源，为变电站内的控制系统、继电保护装置、测控装置、自动装置、通信系统、事故照明等提供电源。它不受发电设备、厂用电及系统运行方式的影响，并在外部交流电中断的情况下，保证由蓄电池继续提供直流电源，为二次系统的正常运行提供动力。

第二节　直流系统构成

一、直流系统的组成

直流系统主要包括直流电源(充电装置、蓄电池组)、直流母线(合闸母线、控制母线)、直流馈线、监控系统(微机监控装置、绝缘监测装置)组成。并且可以根据具体情况装设放电装置、母线调压装置。

直流系统的结构示意如图 5－1 所示，图中黑线为电缆线，虚线为通信线。交流电通过充电模块整流，给蓄电池组充电，并给直流负荷供电。绝缘监测单元对直流回路的对地绝缘进行监测。监控系统相当于整个直流系统的大脑，通过通信线对各个单元进行监控和管理。

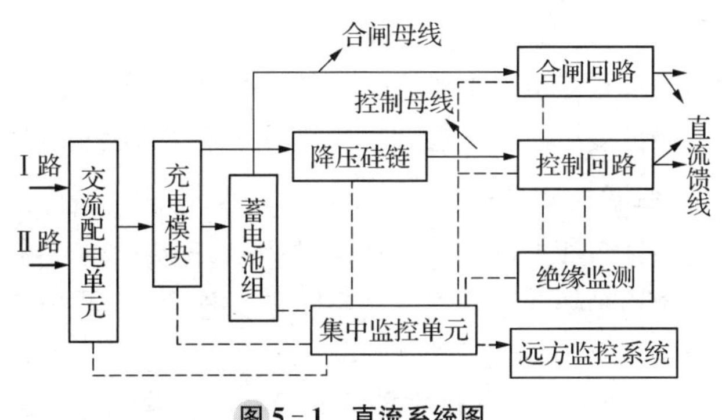

图 5－1　直流系统图

二、直流系统装置功能介绍

充电模块:将交流电整流成直流电,主要实现正常负荷供电及蓄电池的均/浮充电。

蓄电池组:将电能与化学能相互转化,平时处于浮充电备用状态,在交流电失电、事故状态、大电流启动等情况下,蓄电池是负荷的唯一直流电源供给。

蓄电池:能将所获得的电能以化学能的形式贮存并将化学能转变为电能的一种电化学装置。

合闸母线:直流电源屏内供开关操作机构等动力负荷的直流母线。

控制母线:直流电源屏内供保护及自动控制装置、控制信号回路的直流母线(控制母线与合闸母线的区别:控制母线提供持续的较小负荷的直流电源,一般为 220 V;合闸母线提供瞬时较大的电源,平时无负荷电流,合闸时电流较大,会造成母线电压的短时下降,一般为 240 V)。

直流债线:直流债线屏至直流小母线和直流分电屏的直流电源电缆。

降压硅链:串联与合母与控母之间的硅二极管,起到降压作用。

监控单元:对直流系统进行监控管理,包括蓄电池组充电方式的控制,对系统故障异常情况的显示及报警,对设备的遥信、遥测及遥控等。

绝缘监测:直流接地是直流系统最常见的故障。直流一点接地虽不影响系统的正常运行,但如果再有一点发生接地,就可能造成保护的误动拒动。这就需要设置绝缘监测装置,在直流系统对地绝缘降低后,发出报警信号。

三、直流系统的划分

48 V 直流系统主要用于通信、远动装置等。

110 V 直流系统主要用于保护、自动装置、信号、断路器的分合闸控制等专供控制负荷的直流电源系统。

220 V 直流系统专供动力负荷的直流电源系统,控制负荷和动力负荷合并供电的直流电源系统电压可采用 220 V 或 110 V,但采用 220 V 对变电站的事故照明比较有利,接线简单。因照明电压一般采用 220 V,若使用 110 V 直流系统时,需要采用逆变装置或其他办法来解决事故照明的供电问题,较为复杂。

四、直流系统常用接线方式

直流系统电源接线应根据电力工程的规模和电源系统的容量确定。按照各类容量的发电厂和各种电压等级的变电所的要求,直流系统主要有以下几种接线方式。

1. 一组充电机一组蓄电池单母线接线

一套充电机接至直流母线上,所以蓄电池浮充电、均衡充电以及核对性放电都必须通过直流母线进行。当蓄电池要求定期进行核对性充放电或均衡充电而充电电压较高,无法满足直流负荷要求时,不能采用这种接线。

适用于 110 kV 以下小型变电所和发电厂,以及大容量发电厂中某些辅助车间。

2. 二组充电机一组蓄电池单母分段接线

蓄电池经分段开关接至两端母线，二套充电机分别接至两段母线。

分段开关设保护元件，限制故障范围，提高安全可靠性。

适用于 110 kV 以下小型变(配)电所和小容量发电厂，以及大容量发电厂中某些辅助车间。

3. 二组充电机二组蓄电池双母接线

整个系统由二套单电源配置和单母线接线组成，两段母线间设分段隔离开关，正常两套电源各自独立运行，安全可靠性高。

与一组电池配置不同，充电装置采用浮充、均充以及核对性充放电的双向接线，运行灵活性高。

适用于 500 kV 以下的大、中型变电所和大、中型容量发电厂。二洪陆上集控中心及海上升压站直流系统均采用该接线方式。

4. 三组充电机二组蓄电池双母接线

备用充电机采用均充、浮充兼备的接线，运行方式灵活，可靠性高。

正常运行时充电装置与蓄电池在母线并联运行，直流母线电源切换时不停电，提高了直流母线供电的可靠性。

适用于 500 kV 大型变电所和大容量发电厂。500 kV 变电站直流系统，应满足两组蓄电池、两台高频开关电源或三台相控充电装置的配置要求，每组蓄电池和充电装置应分别接于一段直流母线上，第三台充电装置(如果有备用充电装置)可在两段母线之间切换，任一工作充电装置退出运行时，手动投入第三台充电装置。

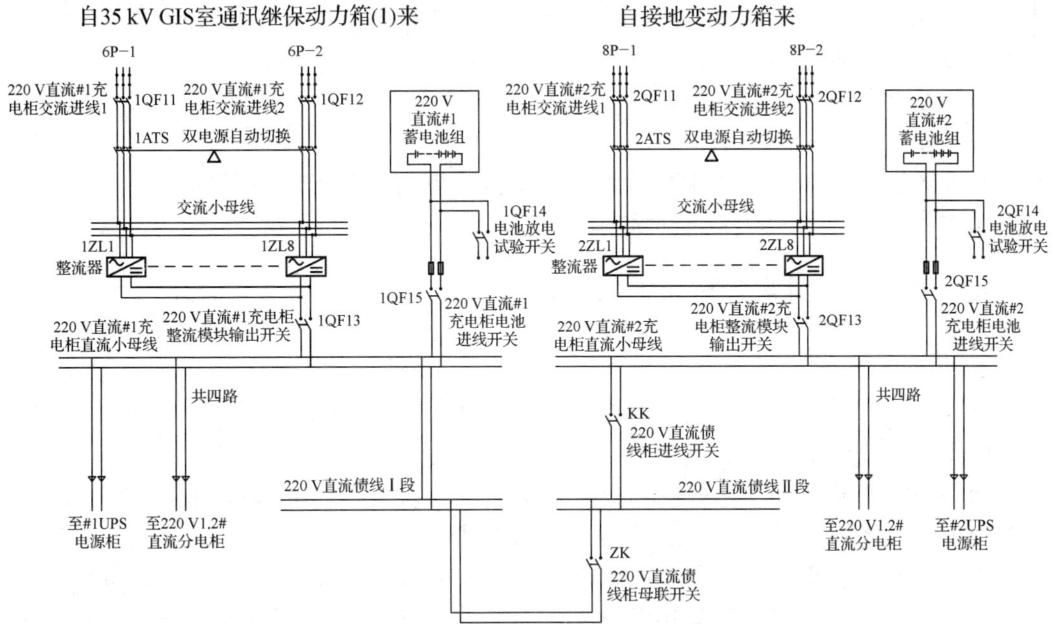

图 5-2　某风电场海上升压站直流系统图

五、常见馈线接线方式

1. 环形供电

在大型直流网络中，环形供电网络操作切换较复杂，寻找接地故障点也较困难；环形供电网络路径较长，电缆压降也较大，因此，变电站直流系统的馈线网络应采用辐射状供电方式，不宜采用环状供电方式。

2. 辐射形供电

辐射电源供电网络是以直流屏上直流母线为中心，直接向各用电负荷供电的一种供电方式。二洪陆上集控中心及海上升压站直流系统均采用辐射电源供电网络。

(1) 采用辐射电源供电方式的优点

① 一个设备或系统由 1～2 条馈线直接供电，当设备检修或调试时，可方便地退出，不致影响其他设备。

② 当直流系统发生接地故障时，便于接地故障点的查找。

③ 电缆的长度较短，压降较小。

(2) 采用辐射电源供电方式的缺点

① 馈线数量增加，电缆总长度增加，可能使直流主屏数增加，投资较大。

② 在负荷较多且分布较集中的地方设置直流分电屏，由直流分电屏向各个负荷分别供电。

六、直流系统的作用

直流系统是给信号及远动设备、保护及自动装置、事故照明、断路器(开关)分合闸操作提供直流电源的电源设备。直流系统是一个独立的电源，在外部交流电中断的情况下，由蓄电池组继续提供直流电源，保障系统设备正常运行。

直流系统的用电负荷极为重要，对供电的可靠性要求很高，直流系统的可靠性是保障变电站安全运行的决定性条件之一。

在系统发生故障，场用电中断的情况下，如果直流电源系统不能可靠地为工作设备提供直流工作电源，将会产生不可估量的损失。

七、直流系统异常分析与处理

1. 直流系统故障

对 220 V 直流系统来说，两极对地电压绝对值差超过 40 V 或绝缘降低到 25 kΩ 以下，应视为直流系统接地。

直流系统如果只有一点接地不会对直流系统造成直接危害，但是必须及时消除故障，否则，如果在直流系统中再有一点接地，就严重危害整个电力系统。

当直流系统正极接地时，将有可能造成断路器的误动。因为一般跳闸线圈(如出口中间继电器线圈和跳闸线圈等)均接电源负极，如果这些直流回路中再发生直流系统接地或绝缘不良时，就会引起保护误动作。

当直流系统负极接地时，如果直流回路中再有一点接地，两点接地可造成跳闸回路或合闸回路短路，从而造成断路器拒绝动作，越级扩大事故。

(1) 直流系统绝缘异常情况常见原因

① 由于下雨天气引起的接地。在大雨天气，雨水飘入未密封严实的户外二次接线盒，使接线桩头和外壳导通，引起接地。

② 在持续的小雨天气，潮湿的空气会使户外电缆破损处或者黑胶布包扎处绝缘降低，从而引发直流接地。

③ SF_6 压力表、液压结构压力表等密封不严，进水发生直流接地。

④ 由挤压磨损引起的接地。当二次线与转动部件(常见为开关的柜门)靠在一起时，二次线绝缘皮容易受到转动部件的磨损，当其磨破时会造成直流接地。

⑤ 由小动物破坏线缆引起的接地。

⑥ 装置内元件引起接地。为抗干扰，装置插件电路设计中通常在正负极和地之间并联抗干扰电容，该电容击穿时引起直流接地。

⑦ 误接线引起接地。在二次接线中，电缆芯的一头接在端子上运行，另一头被误认为是备用芯或者不带电而让其裸露在铁件上，引起接地。在拆除电缆芯时，误认为电缆芯从端子排上解下来就不带电，从而不做任何绝缘包扎，当解下电缆芯对侧还在运行时，本侧电缆芯一旦接触铁件就引发接地。

⑧ 接线松动脱落引起接地。

(2) 直流系统接地故障排除方法

当直流接地时光字信号会发出和警报响，直流母线正极(或负极)对地电压降低，负极(或正极)对地电压上升。由于直流回路数量多、分布广，接地点不好查，相对有效的方法是拉路试探法，即分别对每路空气开关或熔断器拉闸停电，若停电后直流接地现象消失，说明接地点位于本空气开关控制的下级回路中；若现象继续存在，说明下级回路没有接地。通过拉路寻找，可将接地点限定在某个空开控制的直流回路中，再解开电缆芯，将接地点限定在室内或室外部分；再通过拔出插件，可将接地点限定在插件内和插件外。经过层层分解排除，最终可将接地点定位于一段简单回路中，再用摇表对回路中的每根接线摇测绝缘，把接地点进一步限定在几根导线或几颗端子上，通过仔细观察，反复触摸，直到接地点找到。

2. 容易发生接地的部位

(1) 控制电缆线芯细，机械强度小，一旦受到外力作用，极易造成损坏。特别是屏蔽线接地时，若施工时不小心，也会伤到电缆绝缘造成接地。

(2) 室外开关场电缆，其保护铁管中容易积水，时间长了易造成接地；室外开关箱内端子排被雨水浸入，室内端子排因房屋漏雨或做清洁打湿，均能造成接地。

(3) 刀闸机构箱渗水易造成接地；变压器的本体箱接线处，因变压器渗油或防水不严，造成绝缘损坏接地。

(4) 老旧电缆使用年限过长或老化由此造成绝缘降低；断路器的操作线圈，若引线不良或线圈烧毁后绝缘破坏发生接地。

3. 直流系统接地查找注意事项

(1) 防止保护误动。一般的保护装置出于反措的要求一般都有防止直流电源消失保护误动的措施，对重要设备或新投产不久的设备，事先要采取措施，如向调度申请退出保护压板。

(2) 做好事故预想。拉路或取控制保险时，应事先通知值班人员，做好事故预想，以防开关拒动、误动或出现其他异常情况。如取交流低压电机控制保险时，若合闸接触器保持接触不良，则会造成接触器释放。值班人员发现设备跳闸时应立即处理。

(3) 禁止使用灯泡寻找接地点，以防止直流回路短路。

(4) 使用仪表检查接地时，所用仪表的内阻不应小于 2 000 Ω。

(5) 当直流系统发生接地时，禁止在二次回路工作。

(6) 检查直流系统一点接地时，应防止直流回路另一点接地，造成直流短路。

(7) 在寻找和处理直流接地故障时，必须有两人进行。

(8) 在寻找直流接地前，应采取必要措施，防止因直流电源中断而造成保护装置误动作。

八、直流系统巡视检查项目

(1) 检查充电器、蓄电池运行显示正常。

(2) 检查母线电压，充电器电压、电流，蓄电池电压是否正常。

(3) 检查直流主屏、直流分屏各空开、刀闸是否正确投退。

(4) 检查是否有报警信号及其他异常情况。

(5) 检查直流分屏上各直流接地巡检装置显示的直流电压、正极/地、负极/地电压。正极对地电压不超过额定电压的 50%，负极对地电压不超过额定电压的 65%，整组电压与母线额定电压低差不应大于±5%。

九、直流系统的运行操作

1. 直流系统操作的注意事项

(1) 直流系统的任何并列操作，必须在并列点处核对极性正确、电压差正常(一般不超过 2～3 V)后，方可进行并列。

(2) 馈线双电源时，正常情况下，一路工作一路备用。只有在母联合上时才能进行合环、开环、倒负荷操作。

(3) 蓄电池和充电器组必须并列运行，充电器组供给正常的负荷电流和蓄电池的浮充电流，蓄电池作为冲击负荷和事故情况的供给电源。正常情况下，直流母线不允许脱离电池组运行。

(4) 两组联络母线，在一组充电器组故障情况下，应先退出故障充电器组，后合上母联开关，由另一组充电器组带两组母线运行。此种运行方式下，应注意观察负荷、浮充电流及充电器组的运行情况。

(5) 线路保护在失去直流电源后，应申请调度同意退出该保护，电源正常后再申请调度同意投入该保护。

(6) 值班人员在检查、操作、异常及事故处理后应做好汇报和记录。

2. 220 V 直流系统并列、解列及倒换操作

(1) 充电器的并列

① 确保充电器各充电模块正常备用。

② 合上充电器交流电源输入开关。

③ 合上充电器直流输出开关。

④ 确保充电器工作正常,输出电压符合蓄电池浮充电压数值。

(2) 充电器的解列

① 断开充电器直流输出开关。

② 断开充电器交流电源输入开关。

(3) 工作充电器倒换为备用充电器运行

① 确保备用充电器各充电模块正常备用。

② 合上备用充电器交流电源输入开关。

③ 合上备用充电器直流输出开关。

④ 确保备用充电器工作正常,输出电压符合蓄电池浮充电压数值。

⑤ 合上备用充电器与工作蓄电池并列开关。

⑥ 断开工作充电器直流输出开关。

⑦ 断开工作充电器交流电源输入开关。

第三节　蓄电池基础知识

蓄电池组是由一定数量的蓄电池(蓄电池是直流系统的主要设备)串联成组供电且不受系统运行方式影响的一个独立电源。

一、阀控式密封铅酸蓄电池介绍

阀控式铅酸蓄电池是广泛使用的一种铅酸蓄电池,主要特点是电解质吸附于 AGM 隔板中或者变成胶体状态,内部无游离酸;每个单体有一个安全阀,大部分时间处于密封状态,内压过大时开阀排气降压,如图 5-3 所示为阀控式铅酸蓄电池结构。

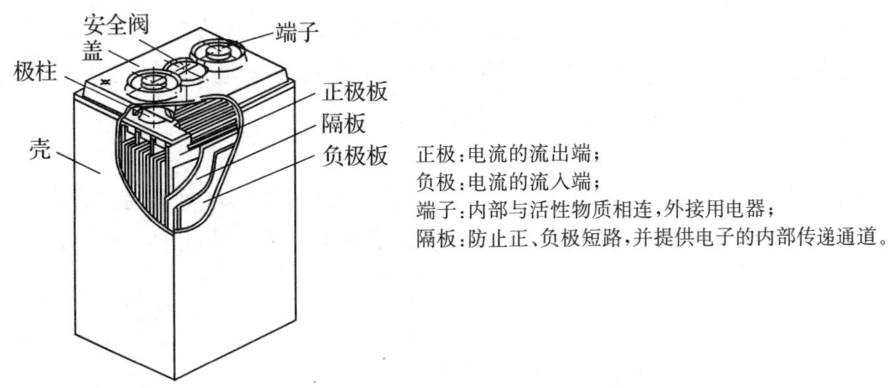

图 5-3　阀控式铅酸蓄电池结构

二、电池术语

① 开路电压：电池不充放电时，电池两极之间的电位差。电池的开路电压依电池正、负极与电解液的材料而异，如果电池正、负极的材料完全一样，那么不管电池体积有多大，几何结构如何变化，其开路电压都是一样的。

② 放电电流：电池在连接用电器或带载，产生的电流。

③ 电池内阻：电流流过电池内部所受到的阻力称之内阻，它包括欧姆内阻和极化内阻。电池的内阻很小，一般用微欧或者毫欧为单位。在一般的测量场合，要求电池的内阻测量精度误差必须控制在±5%以内，所以必须用专用仪器来进行测量。不同类型的电池内阻不同；相同类型的电池，由于内部化学特性的不一致，内阻也不一样。内阻是衡量电池性能的一个重要技术指标。正常情况下，内阻小的电池的大电流放电能力强，内阻大的电池放电能力弱。

④ 放电终止电压：电池放电时，电压下降到电池不宜再继续放电的最低工作电压值。根据不同的电池类型及不同的放电条件，对电池的容量和寿命的要求也不同，因此规定的电池放电的终止电压也不相同。

⑤ 电池容量：电池在放电期间释放出能量，放出能量的大小用容量来标示。电池容量是电池性能的重要性能指标之一，它表示在一定条件下(放电率、温度、终止电压等)电池放出的电量，即电池的容量，通常以安培小时(Ah)为单位。

⑥ 浮充电：将蓄电池和充电装置并联，负荷由充电装置供给，同时以较小的电流向蓄电池充电，使蓄电池处于满充电状态，是一种连续、长时间的恒电压充电方法。补偿蓄电池自放电损失，并能够在电池放电后较快地使蓄电池恢复到接近完全充电状态，又称连续充电。这种充电方式主要用于电话交换站、不间断电源(UPS，Uninterruptible Power Supply)及各种备用电源。浮充就是恒压小电流充电，目的是防止蓄电池自放电，浮充电就是指将充足电的蓄电池组，与充电设备并列运行，浮充电主要由充电设备供给恒定负荷，蓄电池平时不供电，充电设备以不大的电流来补充蓄电池的自放电。本站蓄电池在15～24 ℃条件下，建议浮充电压为 2.27～2.30 V。

⑦ 均充电：为确保蓄电池组中所有单体电池的电压、电解液比重达到均匀一致，而采用恒压充电方式进行的一种延续充电。所谓均衡充电就是均衡电池特性的充电，是指在电池的使用过程中，因为电池的个体差异、温度差异等原因造成电池端电压不平衡，为了避免这种不平衡趋势的恶化，需要提高电池组的充电电压，对电池进行活化充电。均充就是均衡充电，均充电压一般为 2.35～2.40 V(2 V 单体电池提高到 2.35 V 左右)。

一般是在下列情况下蓄电池需要均充：市电停电后电池释放的能量超过总容量15%；全浮充时间超过 3 个月；2 只以上单体电池浮充电压低于 2.18 V；闲置时间超过 3 个月。

第四节　不停电电源(UPS)系统

变电站有一些交流供电的设备在事故情况下也不能停止工作，如监控后台机、五防机、录波器、通信机等，这就必须将这些设备连接到 UPS 上。UPS 正常时由来自场用变的交流电源经整流逆变后供电，一方面保证电压质量更高，另一方面又将 UPS 负荷跟其他交流负荷隔离开来，使得其他交流负荷的故障不会影响到 UPS 负荷的正常运行。当失去交流输入时，由来自蓄电池的直流输入电源经逆变器供电。

一、UPS 结构

UPS 系统如图 5-4 所示。

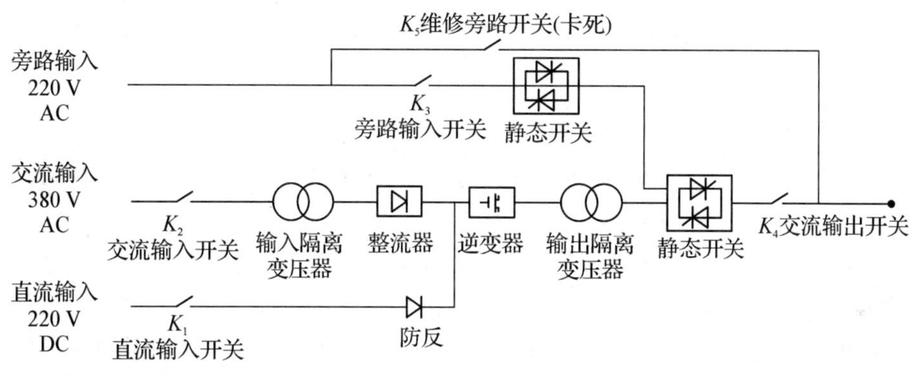

图 5-4　UPS 系统图

二、UPS 各个单元功能简介

1. 隔离变压器

(1) 滤除负载端谐波，提高供电质量。隔离变压器本身具有电感特性，输出隔离变压器可以滤除负载端大量的低次谐波，减少高频干扰，并可以使高次谐波大幅度衰减。采用电源隔离变压器，可以有效地抑制窜入交流电源中的噪声干扰，消除干扰，提高设备的电磁兼容性。

(2) “通交流阻直流”，UPS 故障时保护负载。现代的 UPS 电源，AC/DC 变换部分采用高频设计，提高了 UPS 的输入功率因数(0.98 以上)及输入电压范围，DC/AC 逆变部分高频化减少了输出滤波电感的体积，功率密度大。若无输出隔离变压器，一旦逆变器桥臂的 IGBT 被击穿短路，高直流电压加到负载上，将危及负载的安全。因输出隔离变压器具有“通交流阻直流”的能力，可以解决此类问题，在 UPS 发生故障时能够使负载安全运行。

(3) 增强过载短路保护能力，隔离安全负载。由于其自身的特性，隔离变压器是 UPS 中工作最为稳定的器件。UPS 在正常工作过程中，如果遇到大的短路电流，变压器会产生反向电动势，延缓短路电流对负载以及逆变器的冲击破坏，达到保护负载与 UPS 主机的作用。

2. 整流器

实现市电 AC/DC 的转换功能。由于整流电路把市电输入电流变成脉冲波，输入电流谐波成分大，造成输入功率因数低，因此需要附加奇次谐波滤波器。在三相电路中，增加一个输入隔离变压器，变压器的次级有两个匝数相同的绕组，一个采用三角形接法，另一个采用星型接法，将这两组分别整流，再配以相应的滤波器，构成 12 脉冲整流。为了进一步提高输入功率因数，减小对电网的污染，当前在中小功率的传统双变换 UPS 中，使用高频整流(PFC)电路，可将输入功率因数提高到 0.99。

3. 逆变器

完成 DC/AC 的转换功能，向输出端提供高质量电源，无论由市电供电或转由电池供电，逆变器都在线工作。在市电逆变和电池逆变这两种工作状态相互转换时，输出电压切换时间为零。

4. 静态开关

UPS 的保护设备和供电转换器件，它一方面保护 UPS 和负载，另一方面作为市电旁路供电和逆变器供电的转换器件。当 UPS 输出过载时，为了保护逆变器，通过静态开关将输出由逆变器切换到市电；当逆变器出现故障时，为了保证负载不断电，通过静态开关将输出切换到市电。小型 UPS 一般采用快速继电器作为静态开关，大中型 UPS 则采用一对反向并联的快速可控硅作为静态开关。静态开关为智能型大功率无触点开关，转换时间在 2～3 ms。

三、工作原理

电力系统 UPS 的设计依据是高可靠、零间断，系统有四种不同运行模式：正常模式、直流模式、静态旁路模式、检修旁路模式。

交流输入经过输入变压器和整流电路后与直流输入并联，在线逆变后经过输出隔离变压器给重要负载供电，平常工作时整流器输出端的直流电压略高于直流输入端的电压。因此，平常工作时并不消耗蓄电池的电力，一旦交流断电，直流电力自动给逆变器供电，交流输出仍保持不间断。同样，万一直流断电，在交流电网有电时也不影响交流输出，因此实现了零间断的切换。另外，万一逆变器故障或过载，该电源也将自动切换到旁路电源上供电，旁路电源可由电网供电。旁路供电回路除了具有静态开关切换电路外，为保证维修时不间断供电，还增设了手动维修旁路开关。

1. 正常模式

市电通过整流器给逆变器供直流电。逆变器重新产生一个与输入市电频率相位相同的正弦交流电输出给负载设备，工作原理如图 5－5 所示。

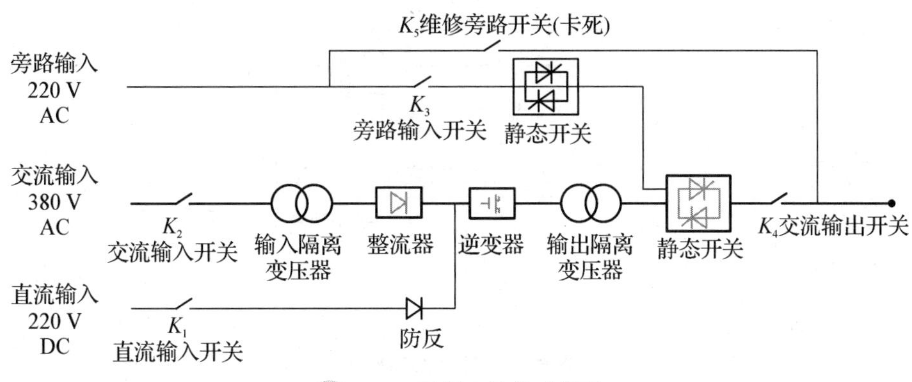

图 5-5　正常工作模式原理

2. 直流模式

在市电故障的情况下,系统利用直流屏蓄电池组的储备能量,继续产生交流电力,确保不间断输出,在输出端看不出有任何的中断或变化。在市电故障情况下,逆变器将会在电池耗尽时停止输出,这时 UPS 不能再提供电源了。逆变器电池供电的备用时间取决于电池容量和负载的大小,当市电重新恢复时,逆变器再次通过整流器供电,工作原理如图 5-6 所示。

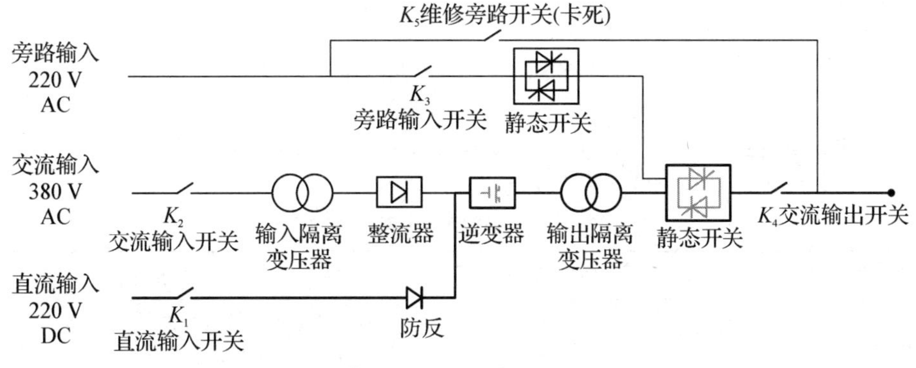

图 5-6　直流模式原理

3. 静态旁路模式

如果逆变器无法输出所需功率(由于过载、过热等原因),旁路静态开关将会自动接通,负载由旁路提供电压。若逆变器是由于过载引起的动作,UPS 需关机才能复位。若逆变器是由于过热引起的动作,UPS 将在温度低于报警点时跳回正常输出,工作原理如图 5-7 所示。

4. 检修旁路模式

当 UPS 要进行维修而且负载供电又不能中断时,可以先切断逆变器,将负载切至自动旁路,然后激活维修旁路开关,再将整流器和旁路开关切断。交流电源经由维护旁路开关继续供应交流电给负载,此时维护人员可以安全地对 UPS 进行维护,工作原理如图 5-8 所示。

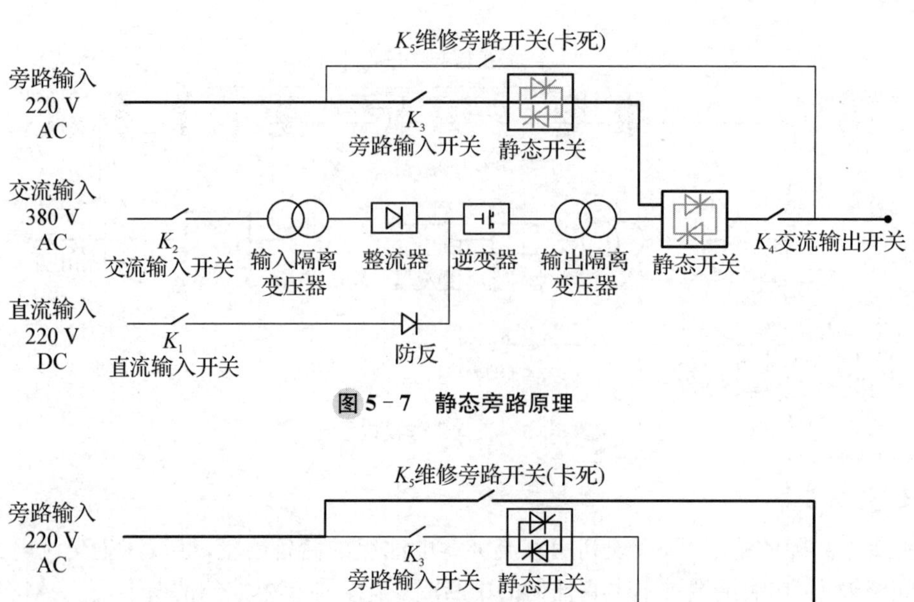

图 5－7　静态旁路原理

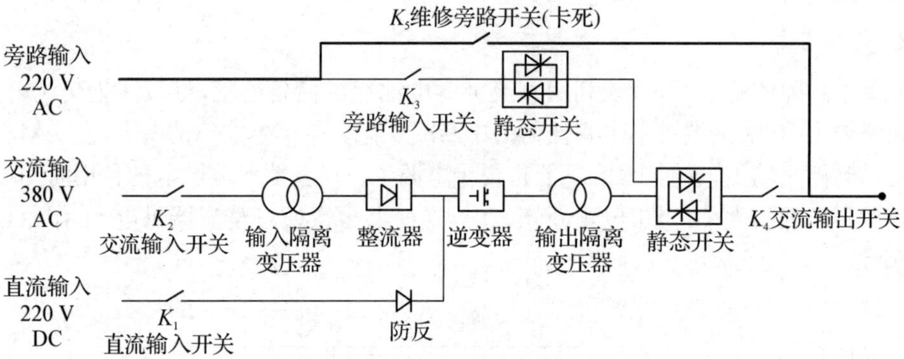

图 5－8　检修旁路原理

四、故障排除

表 5－1　故障原因及解决办法

故　障	原　因	解决办法
UPS 故障	UPS 输出短路	关闭 UPS，确认负载没有故障。重新开机，如果失败，与厂家联系。
输入电压异常	市电电压或频率超出 UPS 的输入范围	此时 UPS 工作于电池，确保市电处于 UPS 允许的输入电压或者频率范围内。
市电状态异常	电池电压太低	检查 UPS 电池部分，若电池损坏更换
	UPS 内部充电器故障	与厂家联系
电池低压告警	电池容量低，UPS 将自动关机	保存数据并关闭应用程序
市电正常，报交流输入异常	交流输入开关置于"OFF"状态	将交流输入开关置于"ON"状态
UPS 不能启动	未连接市电和电池	连接好 UPS 电池和市电
	内部故障	与厂家联系
输出过载灯亮，蜂鸣器鸣响	UPS 过载	检查负载水平，并移去非关键性设备

第六章　继电保护及自动装置系统

电力系统中的变压器、母线、输电线路和用电设备通常处于正常运行状态，但由于雷击、内部过电压或运行人员误操作等原因会造成电力系统故障或异常运行状态。故障和异常运行状态都可能发展成系统中的事故。为提高供电可靠性，必须配置合适的继电保护装置，一旦出现异常必须及时发现，发生故障时可有选择性的快速切除故障。

第一节　继电保护概述

继电保护是继电保护原理与继电保护装置的统称，是对电力系统中发生的故障或异常情况进行检测，从而发出报警信号，或直接将故障部分切除、隔离的一种重要措施。

继电保护装置是一种能反映电力系统中电气元件发生短路故障或异常状态，动作于跳闸或发出信号的一种自动装置。

一、继电保护的任务和基本要求

1. 继电保护的任务

(1) 自动、迅速、有选择性地将故障元件从电力系统中切除，使故障元件免于继续遭到破坏，保证其他无故障部分迅速恢复正常运行。

(2) 反映电气元件的不正常运行状态，并根据运行维护的条件(如有无经常值班人员)而动作于信号，以便值班人员及时处理，或由装置自动进行调整，或将那些继续运行就会引起损坏或发展成为事故的电气设备予以切除。此时一般不要求保护迅速动作，而是根据对电力系统及其元件的危害程度规定一定的延时，以免短暂的运行波动造成不必要的动作和干扰而引起的误动。

(3) 继电保护装置还可以与电力系统中的其他自动化装置配合，在条件允许时，采取预定措施，缩短事故停电时间，尽快恢复供电，从而提高电力系统运行的可靠性。

2. 继电保护的基本要求

继电保护装置(特别是动作于跳闸的保护装置)应满足以下四项基本要求：

(1) 选择性：保护装置动作时，仅将故障元件从电力线系统中切除，使停电的范围尽量小，保证电力系统中无故障的部分仍然能继续工作。

(2) 速动性：快速地切除故障可以提高电力系统并联运行的稳定性，减少用户在电压降低情况下工作的时间，以及缩小故障元件的损坏程度。因此，在发生故障时，应力求保护装置迅速动作切除故障。

(3) 灵敏性：指在保护区内发生故障时，保护装置反应故障的能力，通常用灵敏度来衡量。

(4) 可靠性：指发生了属于它该动作的故障，它能可靠动作，即不发生拒绝动作(简称拒动)；而不该动作时，能可靠不动，即不发生错误动作(简称误动)。

二、继电保护的类型

继电保护分为传统继电保护和微机保护，两者最大的区别在于微机保护不仅有实现继电保护功能的硬件电路，而且还有保护管理功能的软件程序。而传统继电保护只有硬件电路，其中包含了大量的继电器。现代微机保护相当于通过单片机技术把这些相关的继电器的功能拼在一起，但其基本逻辑保护原理不变。

保护继电器按其动作功能可分为测量继电器和辅助继电器两类。测量继电器是用来反映电力系统和电力系统中各元件的运行状态的继电器，如电流继电器、电压继电器、阻抗继电器、功率方向继电器等。辅助继电器是用来完成逻辑功能的继电器，如时间继电器、中间继电器和信号继电器等。

1. 按保护对象分

继电保护装置按保护对象可分为线路保护、发电机保护、变压器保护、电动机保护、母线保护等。

2. 按保护原理分

继电保护装置按保护原理可分为电流保护、电压保护、距离保护、差动保护、方向保护、零序保护等。

3. 按故障类型分

继电保护装置按故障类型可分为相间短路保护、接地故障保护、匝间短路保护、断线保护、失步保护、失磁保护及过激磁保护等。

4. 按保护作用分

电力系统中的电力设备，都应装设反映短路故障和不正常运行状态的保护装置，根据保护装置作用的不同，保护装置可分为主保护、后备保护和辅助保护。电力系统中的每一个被保护元件都应该设置主保护和后备保护，必要时可再增加辅助保护。

(1) 主保护：反映整个被保护对象的故障，并以最短的时间有选择性地切除故障的保护。

(2) 后备保护：当主保护或断路器拒动时，用来切除故障的保护。后备保护又可分为近后备保护和远后备保护两种方式。

① 近后备保护：主保护拒动时，由本保护对象的另一套保护实现后备；当断路器拒绝动作时，可由该元件的保护或由断路器失灵保护断开同一变电站中的所有电源侧断路器，借以切除故障。

② 远后备保护：主保护或断路器拒动时，由相邻元件或线路的保护实现后备。

(3) 辅助保护:为补充主保护或后备保护的不足而增设的比较简单的保护。

三、继电保护装置的组成

模拟量采集部分:采集电流、电压。

开入部分:接入断路器位置、手车位置、接地刀位置、非电量信号、外部闭锁信号等。

开出部分:继电器出口,作用于跳闸、遥信等。

电源部分:装置电源、控制回路电源,分为DC220V、AC220V、DC110V、DC48V。

通信部分:以太网通信、RS485通信、CAN总线等,现在基本以以太网通信为主。

卫星对时:微机保护监控装置与对时装置进行对时。

四、保护压板

1. 硬压板

硬压板是安装在保护屏上的一种连片,解开连片即为保护退出,它的闭合与打开代表着投退。硬压板一般分为功能压板和出口压板,功能压板是一种保护功能的选择控制方式,它的投退影响该保护装置内某种保护功能的实现,功能压板颜色按规定选用黄色;出口压板的投退影响保护动作后跳闸出口的实现,跳闸压板颜色按规定选用红色。

投入保护压板前必须用高内阻电压表测量两端电位,特别是跳闸出口压板及与其他运行设备相关的压板。当出口压板两端都有电位,且压板下端为正电位、上端为负电位,此时若将压板投入,将造成开关跳闸。只有出口压板两端无异极性电压后,方可投入压板。若出口压板两端均无电位,则应检查相关开关是否已跳开或控制电源消失。

2. 控制字

控制字是保护装置内参数设定内容,属于保护定值设置。分别用"1"和"0"表示其"投"与"退"功能,若投入,则控制字设置为"1";若退出,则控制字设置为"0"。

3. 软压板

软压板严格意义上也属于控制字的范畴,但其主要作用是与保护屏上的硬压板配合使用,对应的硬压板投入该保护装置内则软压板也应投入,即代表该项保护功能已投入,将动作于出口。

软压板与硬压板组成"与"的关系来决定保护功能的投、退,只有两种压板都投入且控制字整定为投入时,保护功能才起作用,任一项退出,保护功能将退出。

因此,保护软压板一般设置在投入状态,运行人员只需操作硬压板,正常运行方式下所有保护功能压板按定值整定要求投、退,所有出口压板均投入。当一套保护装置的主保护和后备保护共用跳闸出口时,退出这套保护装置中的某些保护时只能退其功能压板,而不能退出口压板,否则该套保护装置中的其他保护将失去作用。

4. 保护压板异常情况处理

(1) 投入保护压板后,保护信息或保护报文显示不正确,运行指示灯不亮,异常告警灯闪亮等。

处理方法:停止操作,汇报调度,退出该保护的所有出口压板,断电重启,正常后可以继续操作。如果不正常,应通知继保人员处理故障。

(2) 测量压板两端时有异极性电压。

处理方法:停止操作,退出保护,排除故障。

第二节　控制回路

控制回路由控制开关与控制对象(如断路器、隔离开关)的传递机构、执行(或操作)机构组成。其作用是对一次设备进行"合""分"操作。

一、控制回路的基本功能

1. 能进行手动跳合闸和由保护和自动装置的跳合闸。
2. 具有防止断路器多次重复动作的防跳回路。
3. 能反映断路器位置状态。
4. 能监视下次操作时对应跳合闸回路的完好性。
5. 有完善的跳、合闸闭锁回路。

二、典型的控制回路

根据控制回路的几点基本要求,分为六个步骤搭建基本的控制回路,并了解每个部分的作用。

1. 跳闸与合闸回路

首先,能够完成保护装置的跳合闸是控制回路最基本的功能。这个功能的实现很简单,回路如图 6-1 所示。

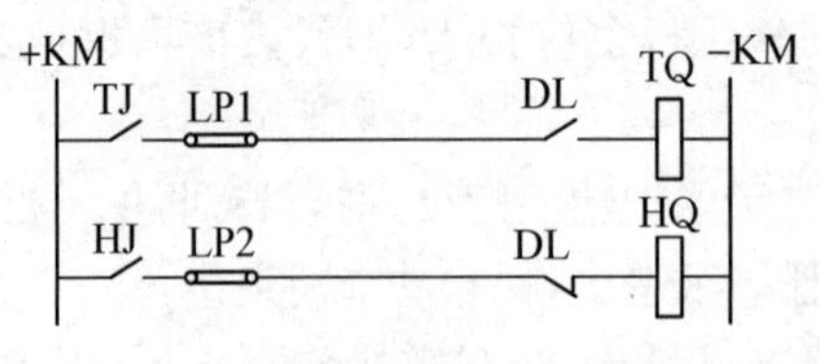

+KM、-KM:直流正、负电源;
TJ:保护装置跳闸出口接点;
HJ:重合闸装置合闸出口接点;
LP1:保护装置跳闸出口压板;
LP2:重合闸出口压板;
DL:断路器辅助接点;
TQ:跳闸线圈;
HQ:合闸线圈。

图 6-1　跳闸与合闸控制回路图

假定断路器在合闸状态,断路器辅助接点 DL 常开接点闭合。当保护装置发跳闸命令,TJ 闭合时,正电源→TJ→LP1→DL→TQ→负电源构成回路。跳闸线圈 TQ 得电,断路器跳闸,合闸过程同理。

分闸到位后,DL 常开接点断开跳闸回路。DL 常闭接点闭合,为下一次操作对应的合闸回路做好准备。

2. 跳合闸保持回路

为了防止 TJ 先于 DL 辅助接点断开(如开关拒动等情况),增加了"跳闸自保持回路"。该回路可以起到保护出口接点 TJ 以及可靠跳闸的作用。增加的部分用粗线(——)标记,*R* 在 0.1 Ω 左右。当分闸电流流过 TBJ 时,TBJ 动作,TBJ1 闭合自保持,直到 DL 断开分闸电流。这时无论 TJ 是否先于 DL 断开,都不会影响断路器分闸,也不会烧坏 TJ。

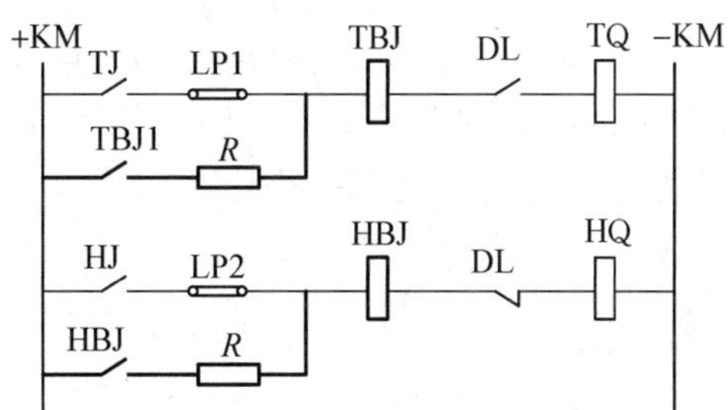

TBJ:跳闸保持继电器;HBJ:合闸保持继电器。

图 6-2　跳合闸保持控制回路图

3. 防跳回路

TBJ 有时也称"防跳继电器"。所谓的防跳,并不是"防止跳闸",而是"防止跳跃"。当合闸于故障线路时,保护会发跳令将线路跳开。如果此时 HJ 接点发生粘连,断路器就会在短时间内反复跳、合,这就是"跳跃现象"。(断路器跳闸时间为 30～60 ms,合闸时间为 60～90 ms,一个跳合周期只需要 150 ms,很容易在短时间内完成几个周期的跳—合—跳的循环)跳跃现象轻则对系统造成多次冲击,严重时可能使断路器爆炸。所以"防跳"回路是必不可少的。图 6-3 中增加了防跳回路的部分,用虚线(----)标记。

TBJ 是一个双线圈继电器,由串接与跳闸回路的电流启动线圈 TBJ 和接于防跳回路的电压自保持线圈 TBJV 组成。在跳闸过程中,当有分闸电流流过 TBJ 时,防跳回路中的 TBJ2 闭合,电压自保持线圈启动,TBJV2 闭合,TBJV1 断开。

如果在保护跳闸期间,HJ 发生粘连,HJ→LP2→TBJV2→TBJV 这条回路接通,TBJV 电压自保持,使得 TBJV1 始终断开,合闸回路始终处于断开状态,将断路器保持在跳闸状态。

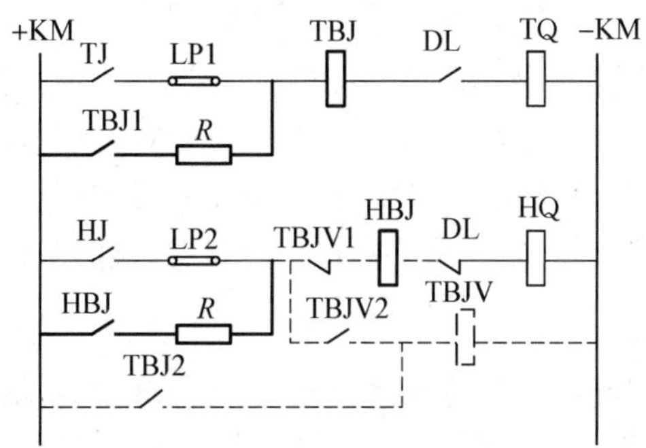

TBJ:防跳继电器电流启动线圈;TBJV:防跳继电器电压自保持线圈。

图 6-3　防跳控制回路图

如果跳闸期间没有合令存在，则在断路器完成分闸后，跳闸回路被 DL 常开接点断开，TBJ 电流线圈失电，此时由于 HJ 是断开的，不能形成 TBJV 电压自保持复归。TBJV1 重新闭合，合闸回路完好，不影响下次的跳合闸。

需要注意接于跳闸回路的 TBJ 电流线圈，要求其在分闸时造成的压降要小，规程规定不能大于控制电源额定电压的 5%。TBJ 电流线圈的额定动作电流不能大于分闸电流的 50%，保证 TBJ 在跳闸过程中可靠动作。

断路器操作箱中设置了防跳回路，它一般是由电压型继电器完成防跳功能的。但操作箱中的防跳回路与断路器中的防跳回路一般不能同时使用，以免产生寄生回路。根据最新反措要求，应采用断路器自身防跳回路，不采用操作箱的防跳回路。

4. 断路器位置监视回路

控制回路应该能够反映断路器位置状态以及跳合闸回路的完整性，所以在回路中增加了 TWJ、HWJ 来监视跳闸回路、合闸回路的完整性，图 6-4 中用加粗虚线(——)表示。

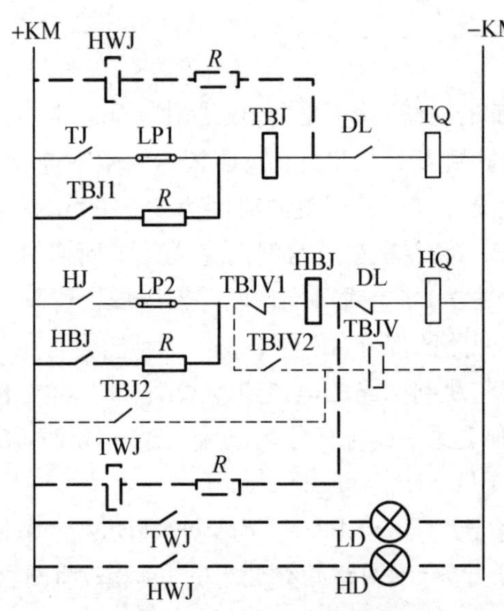

图 6-4　断路器位置监视回路图

TWJ 和 HWJ 的常闭接点串联来发出“控制回路断线”的信号。回路完好时，TWJ 和 HWJ 必然有一个启动。当控制回路异常时，TWJ 和 HWJ 均失电，报“控制回路断线”。

同时用 TWJ 的常开接点接绿灯，HWJ 的常开接点接红灯。绿灯亮，表示断路器在分闸状态，合闸回路完好；红灯亮，表示断路器在合闸状态，跳闸回路完好。

5. 手分/手合回路

除了保护装置跳合闸外，控制回路还需要具备遥分遥合、就地分合的功能。其基本原理类似，就不赘述了。增加的部分图 6-5 中用点虚线(┈┈)表示。

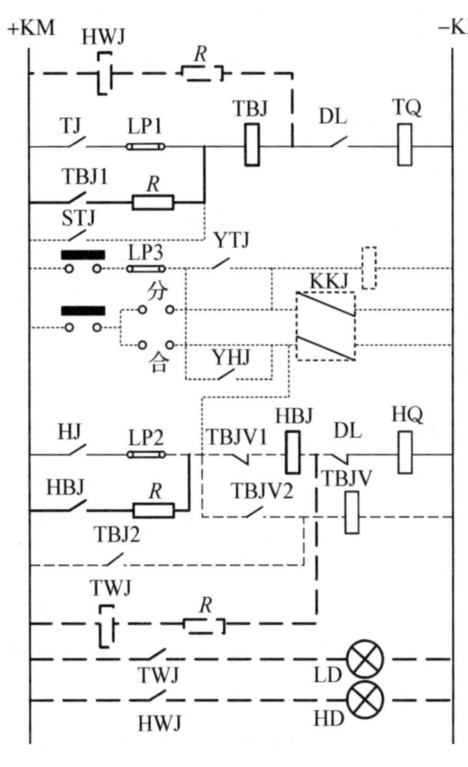

STJ：手跳继电器；
KKJ：合后继电器；
YTJ：遥跳继电器；
YHJ：遥合继电器。

图 6－5　手分/手合控制回路图

图中的 KKJ 是一只双位置继电器。它一个线圈得电后即使该动作电压小时，继电器还是保持在原来状态，直到另外一个线圈得电才能使继电器转换到另外一种状态。比如手分/遥分使 KKJ＝0，只有手合/遥合后才能使 KKJ＝1。

KKJ 的作用是判断是正常的分合闸操作，还是故障时保护装置的跳合闸动作。当为正常的分合闸操作时，KKJ 应变位；当为保护动作跳合闸时，KKJ 应不变位。KKJ 的常开接点提供给“事故总”信号以及重合闸装置使用。

6. 控制回路的闭锁

为保证断路器工作的安全，控制回路往往采取多种闭锁措施，当条件不满足时，禁止断路器的操作。常见的闭锁回路一般有三种：

(1) 断路器的操作系统异常时对分、合闸回路进行闭锁。当液压/气压操作机构压力过高或过低、弹轮操作机构弹轮未储能、SF_6 断路器的 SF_6 压力低等时，将使串接在跳、合闸回路中的常闭接点断开，不允许断路器分合。

(2) 不同电源需要并列的场合，断路器控制回路要增加同期闭锁回路。

(3) 防止误操作的防误闭锁回路，在不具备操作条件时将控制回路断开。

在 220 kV 及以上系统中，通常采用分相操作的控制回路。分相操作控制回路看似复杂，其实原理是相同的。220 kV 及以上系统操作控制回路有双组跳闸线圈，第一组与合闸线圈共用一组电源，第二组跳闸线圈单独使用一组电源，两组直流电源相互独立。另外，每组跳闸回路都有三相不一致保护。

第三节　变压器保护

变压器是连续运行的静止设备，运行比较可靠，故障机会较少。但由于绝大部分变压器安装在户外，并且受到运行时承受负荷的影响以及电力系统短路故障的影响，在运行过程中不可避免地出现各类故障和异常情况。

一、变压器的常见故障和异常

内部故障指的是箱壳内部发生的故障，有绕组的相间短路故障、单相绕组的匝间短路故障、绕组与铁芯间的短路故障、绕组的断线故障等。

外部故障指的是变压器外部引出线间的各种相间短路故障、引出线绝缘套管闪络通过箱壳发生的单相接地故障。

变压器发生故障的危害很大。特别是发生内部故障时，短路电流所产生的高温电弧不仅会烧坏变压器绕组的绝缘和铁芯，而且会使变压器油受热分解产生大量气体，引起变压器外壳变形甚至爆炸。因此变压器故障时必须将其切除。

变压器的异常情况主要有过负荷、油面降低、外部短路引起的过电流，运行中的变压器油温过高、绕组温度过高、变压器压力过高以及冷却系统故障等。当变压器处于异常运行状态时，应给出告警信号。

二、变压器保护的配置

短路故障的主保护：主要有纵差保护、重瓦斯保护等。

短路故障的后备保护：主要有复合电压闭锁过流保护、零序（方向）过流保护、低阻抗保护等。

异常运行保护：主要有过负荷保护、过励磁保护、轻瓦斯保护、中性点间隙保护、温度、油位及冷却系统故障保护等。

三、非电量保护

利用变压器的油、气、温度等非电气量构成的变压器保护称为非电量保护，主要有瓦斯保护、压力保护、温度保护、油位保护及冷却器全停保护。非电量保护根据现场需要动作于跳闸或发信。

1. 瓦斯保护

当变压器内部发生故障时，由于短路电流和短路点电弧的作用，变压器内部会产生大量气体，同时变压器油流速度加快，利用气体和油流来实现的保护称为瓦斯保护。其原理图见图 6-6。

轻瓦斯保护：当变压器内部发生轻微故障或异常时，故障点局部过热，引起部分油膨

胀，油内气体形成气泡进入气体继电器，轻瓦斯保护动作发出轻瓦斯信号。

重瓦斯保护：当变压器油箱内发生严重故障时，故障电流较大，电弧使变压器油大量分解，产生大量气体和油流，冲击挡板使重瓦斯继电器动作，发出重瓦斯信号并出口跳闸，切除变压器。

重瓦斯保护是油箱内部故障的主保护，能反映变压器内部的各种故障。当变压器发生少数匝间短路，虽然故障电流很大，但在差动保护中产生的差流可能并不大，差动保护可能拒动。因此对于变压器内部故障，需要依靠重瓦斯保护切除故障。

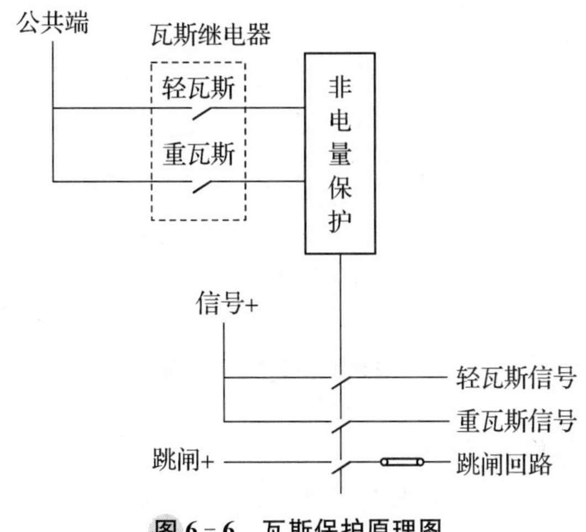

图 6-6　瓦斯保护原理图

2. 压力保护

压力保护也是变压器油箱内部故障的主保护，含压力释放和压力突变保护，用于反映变压器油的压力。

3. 温度保护及油位保护

当温度升高达到报警值时，温度保护（含变压器油温度保护和变压器绕组温度保护）发出告警信号。

当变压器漏油或由于其他原因使得油位降低时，油位保护动作，发出告警信号。

4. 冷却器全停保护

当运行中的变压器冷却器全停时，变压器温度会升高，若不及时处理，可能会导致变压器绕组绝缘损坏。因此在变压器运行中冷却器全停时，该保护发出告警信号并经长延时切除变压器。

四、变压器差动保护

变压器差动保护是变压器电气量的主保护，其保护范围是各侧电流互感器所包围的部分。在这范围内发生绕组相间短路、匝间短路等故障时，差动保护均要动作。变压器差动保护的重点是差动保护的计算，下面就对差动保护计算做深入探讨。

1. 变压器接线组别定义

变压器联结组别的表示方法是：大写字母表示一次侧的接线方式，如“Y”表示一次侧为星形带中性线的接线；小写字母表示二次侧的接线方式，如“d”表示二次侧为三角形接线。数字采用时钟表示法，用来表示一、二次侧线电流的相位关系，一次侧线电流相量作为分针，固定指在时钟12点钟的位置，二次侧的线电流相量作为时针，如“11”表示变压器二次侧的线电流 I_{LA} 相位超前一次侧线电流 I_{HA} 相位30°，即在11点钟位置，高低压侧电流间的相位关系如图6-7所示。

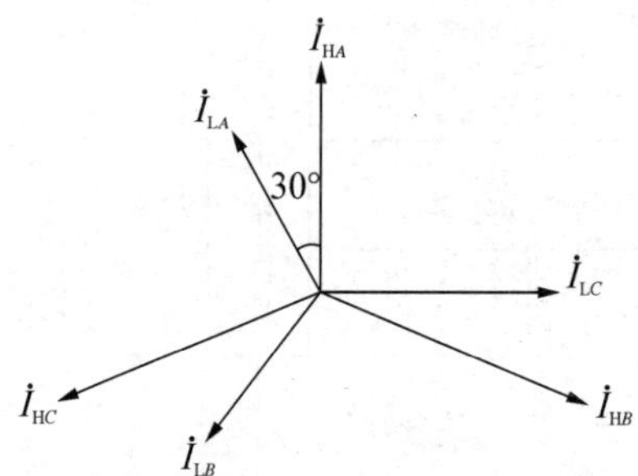

图6-7　高低压侧电流间的相位关系

2. 变压器接线组别电流电压关系

以常见Yd11接线方式的变压器为例进行说明，了解该接线方式下高低压侧电压电流的关系。Yd11高压绕组和低压绕组的连接关系如图6-8所示：

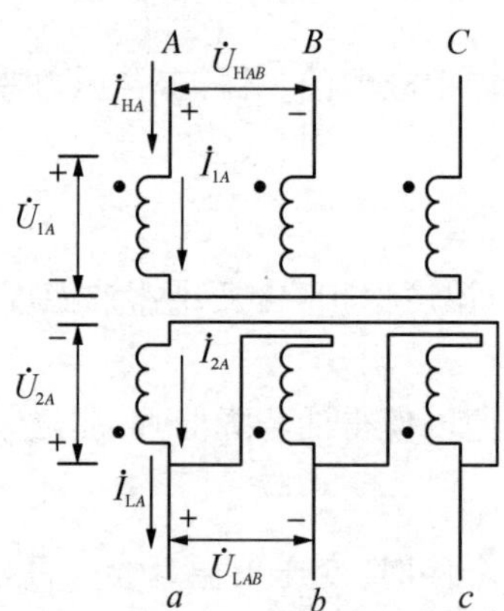

图6-8　Yd11高压绕组和低压绕组连接关系图

变压器铭牌上的额定电压为线电压，故变压器变比为：

$$n=\frac{|\dot{U}_{HAB}|}{|\dot{U}_{LAB}|}=\frac{|\dot{U}_{1A}-\dot{U}_{1B}|}{|\dot{U}_{2B}|}=\frac{\sqrt{3}\ |\dot{U}_{1A}|}{|\dot{U}_{2A}|}=\frac{\sqrt{3}\ |\dot{I}_{2A}|}{|\dot{I}_{1A}|}$$

$$\dot{I}_{2A}=\frac{n}{\sqrt{3}}\dot{I}_{1A}\quad \dot{I}_{2B}=\frac{n}{\sqrt{3}}\dot{I}_{1B}\quad \dot{I}_{2C}=\frac{n}{\sqrt{3}}\dot{I}_{1C}$$

又由图 6-7 可知：

$$\dot{I}_{HA}=\dot{I}_{1A}\quad \dot{I}_{HB}=\dot{I}_{1B}\quad \dot{I}_{HC}=\dot{I}_{1C}$$
$$\dot{I}_{LA}=\dot{I}_{2A}-\dot{I}_{2B}\quad \dot{I}_{LB}=\dot{I}_{2B}-\dot{I}_{2C}\quad \dot{I}_{LC}=\dot{I}_{2C}-\dot{I}_{2A}$$

代入有：

$$\begin{cases}\dot{I}_{LA}=\dot{I}_{2A}-\dot{I}_{2B}=\dfrac{n}{\sqrt{3}}(\dot{I}_{HA}-\dot{I}_{HB})\\ \dot{I}_{LB}=\dfrac{n}{\sqrt{3}}(\dot{I}_{HB}-\dot{I}_{HC})\\ \dot{I}_{LC}=\dfrac{n}{\sqrt{3}}(\dot{I}_{HC}-\dot{I}_{HA})\end{cases}\tag{6-1}$$

式 6-1 为已知高压侧一次线电流，求低压侧一次线电流的计算公式。

从式 6-1 继续推导，可以写出已知低压侧一次电流，求高压侧一次电流的计算公式：

$$\begin{cases}\dot{I}_{HA}=\dfrac{1}{\sqrt{3}n}(\dot{I}_{LA}-\dot{I}_{LC})\\ \dot{I}_{HB}=\dfrac{1}{\sqrt{3}n}(\dot{I}_{LB}-\dot{I}_{LA})\\ \dot{I}_{HC}=\dfrac{1}{\sqrt{3}n}(\dot{I}_{LC}-\dot{I}_{LB})\end{cases}\tag{6-2}$$

根据式 6-2，将 I_{HA} 固定在 12 点方向位置，画出高压侧一次电流和低压侧一次电流间的相位关系，I_{LA} 在 11 点位置，故该接线方式变压器接线组别为 Yd11。

变压器高压侧绕组和低压侧绕组的接线方式决定了高压侧一次电压电流与低压侧一次电压电流间的对应关系。

当然，在判断变压器接线组别时并不需要经过这样复杂的计算。只需要根据高低压侧电流的计算公式，画出高低压侧电流的相位关系即可识别变压器接线组别。

继电保护装置在进行差流计算时使用的是二次电流，因此需要经过电流互感器将一次电流转换为供保护使用的二次电流。

3. CT 的极性

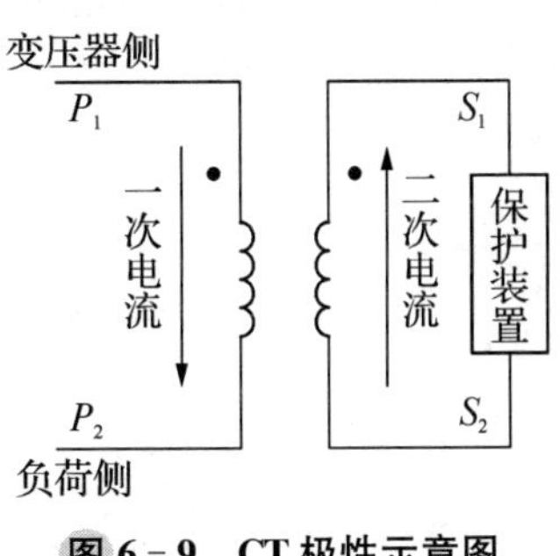

图 6-9　CT 极性示意图

想要了解 CT 接线的极性问题，就需要搞清楚几个名词：极性端、同名端、减极性。

极性端一般用“*”标记，在图 6-9 中，一次侧 P_1 为极性端，P_2 为非极性端，一般设计 P_1 装于母线侧（或变压器侧），P_2 装于负荷侧。二次侧 S_1 为极性端，S_2 为非极性端。P_1 和 S_1（P_2 和 S_2）互为同名端。

至于减极性，只需要简单的记住：若 CT 采用减极性，则对于一次绕组电流从极性端流入,对于二次绕组电流从极性端流出。如果将 CT 二次回路断开,将保护装置直接串联在一次回路中,流过装置的电流方向与 CT 减极性标注的二次电流方向相同,所以减极性标注对于判断二次电流的流向非常直观。

4. 变压器两侧 CT 的接线方式

现在的微机型保护中,相位校正都在软件中实现,所以变压器两侧 CT 均使用 Y 接线。以图 6-10 所示的 Yd11 变压器两侧 CT 的接线方式为例。

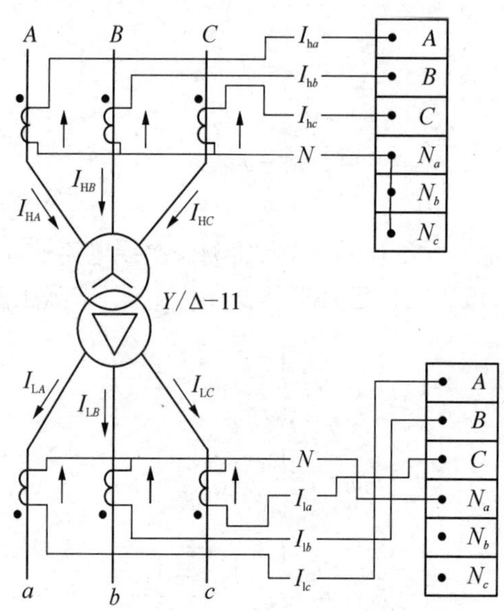

图 6-10　Yd11 变压器两侧 CT 接线图

如图 6-10 所示的 CT 接线形式,其高压侧及低压侧电流互感器二次绕组中,靠近变压器侧的端子连在一起,称为封 CT 的变压器侧。如果是靠近母线侧的二次绕组端子连在一起,则称为封 CT 的母线侧。

设高压侧电流互感器变比为 n_{H},低压侧电流互感器变比为 n_{L}。分析流入保护装置的二次电流($I_{ha}, I_{hb}, I_{hc}, I_{la}, I_{lb}, I_{lc}$)与变压器一次电流($I_{Ha}, I_{Hb}, I_{Hc}, I_{La}, I_{Lb}, I_{Lc}$)的对应关系。从图 6-10 中可以看出高压侧二次电流从极性端流出,流入保护装置。低压侧二次电流从保护装置流出,从极性端流入 CT 二次绕组。若程序设定二次电流的方向以流入保护装置的(A, B, C)端为正方向,则有:

$$\begin{cases}\dot{I}_{ha}=\dot{I}_{HA}/n_{\mathrm{H}}\\ \dot{I}_{hb}=\dot{I}_{HB}/n_{\mathrm{H}}\\ \dot{I}_{hc}=\dot{I}_{HC}/n_{\mathrm{H}}\end{cases}\qquad \begin{cases}\dot{I}_{la}=\dot{I}_{LA}/n_{\mathrm{L}}\\ \dot{I}_{lb}=\dot{I}_{LB}/n_{\mathrm{L}}\\ \dot{I}_{lc}=\dot{I}_{LC}/n_{\mathrm{L}}\end{cases}\tag{6-3}$$

低压侧二次电流与一次电流反向,做出相量图如图 6-11 所示。

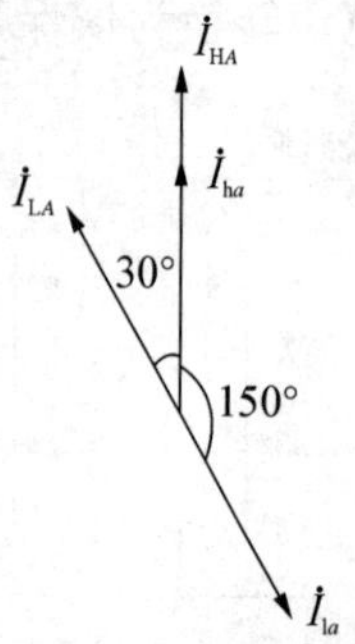

故当主变高压侧 CT 与低压侧 CT 同时封变压器侧时,高压侧二次电流超前低压侧二次电流 150°。

图 6-11　低压侧二次电流与一次电流相量图

同样也可以推导出，当高压侧CT和低压侧CT同时封母线侧时，高压侧二次电流与一次电流方向相同，也为高压侧二次电流超前低压侧二次电流150°。

所以，电流互感器的二次绕组接线方式决定了一次侧电流与进入保护装置的二次侧电流的对应关系。

对于变压器差动电流计算而言，保护装置外部的接线部分，了解完变压器的接线组别和CT接线即可。已经可以成功地采集到变压器两侧电流，并从CT二次侧通过电缆接入保护屏的端子排，流入了差动保护装置。装置外部的工作已经结束，剩下的工作将由微机保护中的软件计算来完成。

5. 装置差流计算

差动保护就是要保证在正常运行或外部故障时流入差动继电器的电流为零。为了实现这个目的，装置差流计算应有三个环节：幅值校正、相位校正，以及扣除进入差动回路的零序电流分量。

（1）幅值校正

由于主变高压侧和低压侧一次电流的不同和互感器选型的差别，在正常运行和外部故障时，流入保护装置的二次侧电流大小并不完全相等，这会给差流计算带来不便。所以在变压器纵差保护中，采用“作用等效”的概念，即两个不相等的电流（对差动元件）产生的作用相同。很多书上都是引入一个平衡系数来解释这个问题。其实简单来说，就是把高、低压侧的二次电流从有名值，都换算成以该侧二次额定电流为基准值的标准值。假设正常工作时，变压器高低侧都运行在额定工况下，即使两侧二次电流大小不同，但各侧二次额定电流为基准值，经过换算后的标准值都是1，这样就可以很方便地计算出差流为0。

I_{ha}、I_{la}为进入装置的高、低压侧二次电流。设高压侧二次额定电流为I_{nh}，低压侧二次额定电流为I_{nl}。则经过标么化后得到的高压侧二次电流和低压侧二次电流所对应电流量相位关系并不发生变化。

$$\begin{cases}\dot{I}'_{Ya}=\dot{I}_{ha}/I_{nh}\\ \dot{I}'_{Yb}=\dot{I}_{hb}/I_{nh}\\ \dot{I}'_{Yc}=\dot{I}_{hc}/I_{nh}\end{cases}\qquad \begin{cases}\dot{I}'_{\Delta a}=\dot{I}_{la}/I_{nh}\\ \dot{I}'_{\Delta b}=\dot{I}_{lb}/I_{nh}\\ \dot{I}'_{\Delta c}=\dot{I}_{lc}/I_{nh}\end{cases}\tag{6-4}$$

（2）相位校正

如果直接用这两个电流，即使采取了幅值校正，也仍然会产生很大的不平衡电流，所以需要对其进行相位校正。校正方式分为两种：

① 以d侧为基准，Y侧进行移相

d侧A相电流超前Y侧A相电流30°。这是由于d侧A相绕组首段接到了B相绕组尾端，A相流出的电流成了AB相绕组电流之差。因此要使Y侧相位变得和d侧相同，只要做相同的处理即可。但做差会使所得A相电流放大$\sqrt{3}$倍，所以A、B相相减之后要除以$\sqrt{3}$。表达式如下：

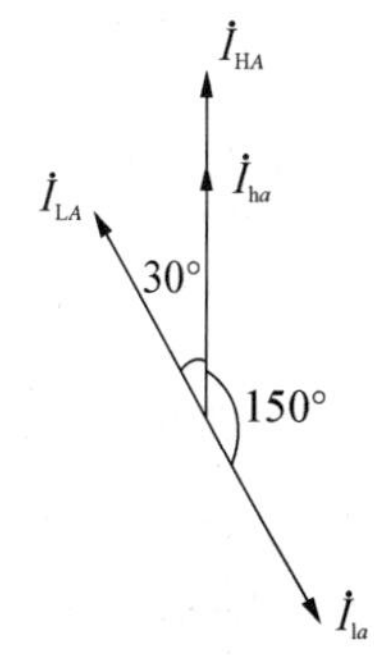

图6-12　高、低压侧二次电流相量图

$$\begin{cases}\dot{I}''_{Ya}=(\dot{I}'_{Ya}-\dot{I}'_{Yb})/\sqrt{3}\\ \dot{I}''_{Yb}=(\dot{I}'_{Yb}-\dot{I}'_{Yc})/\sqrt{3}\\ \dot{I}''_{Yc}=(\dot{I}'_{Yc}-\dot{I}'_{Ya})/\sqrt{3}\end{cases}\qquad\begin{cases}\dot{I}''_{\Delta a}=\dot{I}'_{\Delta a}\\ \dot{I}''_{\Delta b}=\dot{I}'_{\Delta b}\\ \dot{I}''_{\Delta c}=\dot{I}'_{\Delta c}\end{cases}\tag{6-5}$$

校正前、后相位关系如图 6-13 所示：

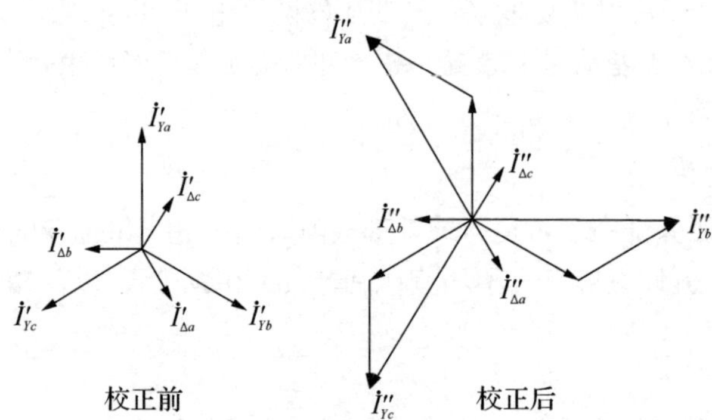

图 6-13　d-Y 电流校正前后相量图

② 以 Y 侧为基准，d 侧进行移相

要使 d 侧电流转为 Y 侧电流方向，需要使相位顺时针转 30°。方法和上面完全一样，这里就不再赘述了。下面是表达式和相位关系：

$$\begin{cases}\dot{I}''_{Ya}=\dot{I}'_{Ya}\\ \dot{I}''_{Yb}=\dot{I}'_{Yb}\\ \dot{I}''_{Yc}=\dot{I}'_{Yc}\end{cases}\qquad\begin{cases}\dot{I}''_{\Delta a}=(\dot{I}'_{\Delta a}-\dot{I}'_{\Delta b})/\sqrt{3}\\ \dot{I}''_{\Delta b}=(\dot{I}'_{\Delta b}-\dot{I}'_{\Delta a})/\sqrt{3}\\ \dot{I}''_{\Delta c}=(\dot{I}'_{\Delta c}-\dot{I}'_{\Delta b})/\sqrt{3}\end{cases}\tag{6-6}$$

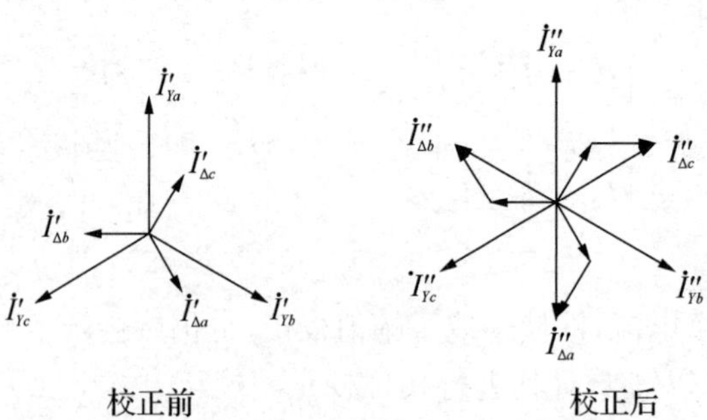

图 6-14　Y-d 电流校正前后相量图

由图可以看出，经过校正后，高压侧二次电流 I_{MYa} 和低压侧二次电流 $I_{M\Delta a}$ 相位恰好相差 180°，只要幅值相同，两个量相加，构成的差动电流就为 0。

(3) 消除零序电流

对于 Y-d 接线而且高压侧中性点接地的变压器，当高压侧线路上发生接地故障时(对变压器纵差保护而言是区外故障)，高压侧有零序电流流过，低压侧绕组中虽然也有零序电流，但由于绕组为三角形接线，零序电流在三角形中形成环流，低压侧引出电流中没

有零序电流。这就导致参与差动计算的两侧电流中，一侧含有零序电流，一侧没有零序电流，不能平衡。如果不消除零序电流，在高压侧线路发生接地故障时，变压器纵差保护将会误动作，所以要采取相应措施消除零序电流，使零序电流不能进入差动元件。

对于 d 侧移相的保护装置，在软件计算中将进入装置的 Y 侧二次电流（进行幅值校正前）每相都减去一个零序电流 $I_0 = I_{ha} + I_{hb} + I_{hc}$。这样在 Y 侧系统发生接地故障时，就不会有零序电流进入差动元件了。

对于 Y 侧移相的保护装置，观察相位校正的表达式发现，经过相位校正进入差动元件的 Y 侧电流已经是两相之差，这就相当于滤去了零序电流，所以不需要采取额外的措施消除零序电流。

6. 差动速断保护

当变压器内部、变压器引出线或变压器套管发生故障 CT 饱和时，CT 二次电流中含有大量的谐波分量，这就很可能会由于二次谐波制动导致差动保护闭锁或延缓动作，从而严重损坏变压器。为了解决这个问题，通常会设置差动速断保护。

差动速断元件，实际上是纵差保护的高定值差动元件。与一般差动元件不同的是，它反映的是差流的有效值。不管差流的波形如何、含有谐波分量的大小如何，只要差流有效值超过了差动速断的整定值（通常比差动保护整定值要高），将立即动作切除变压器，不经过励磁涌流等判据的闭锁。

7. 差动保护

（1）比率差动保护

比率差动保护的动作特性图如图 6 - 15 所示，其中：I_d 为差动电流；I_{res} 为制动电流；I_{d0} 为差动门槛；K_{r1} 为一段差动制动系数（一般固定取 0.5）；K_{r2} 为二段差动制动系数（一般固定取 0.8）；$K_1 I_e$ 为一段差动拐点（一般固定取 0.5）；$K_2 I_e$ 为二段差动拐点（一般固定取 5.0）。由图6 - 15 可知，动作特性曲线上方为差动动作区，下方为制动区，其制动系数和差动拐点值具体参照厂家说明书。

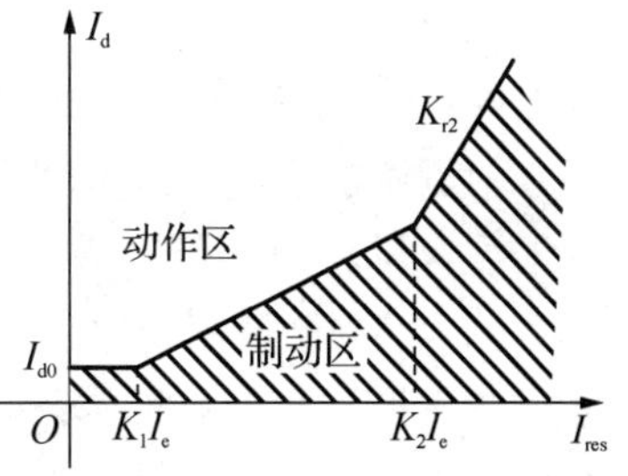

图 6 - 15　比率差动保护特性图

差动保护动作方程如下：

$$
\begin{cases}
I_d > I_{d0}, \quad I_{res} < k_1 I_e \\
I_d > k_{r1} \times (I_{res} - k_1 I_e) + I_{d0}, \quad k_1 I_e \leqslant I_{res} < k_2 I_e \\
I_d > k_{r2} \times (I_{res} - k_2 I_e) + k_{r1} \times (k_2 I_e - k_1 I_e) + I_{d0}, \quad k_2 I_e \leqslant I_{res}
\end{cases}
\tag{6-7}
$$

其中：

$$
I_{res} = \frac{1}{2}(|\dot{I}_1| + |\dot{I}_2| + \cdots + |\dot{I}_m|)
$$

$$
I_d = |\dot{I}_1 + \dot{I}_2 + \cdots + \dot{I}_m|
$$

$\dot{I}_{1\cdots m}$ 分别为变压器各侧电流。

(2) 零序分量差动保护

零差比率制动特性如图 6－16 所示。零序比率差动保护的动作方程如下：

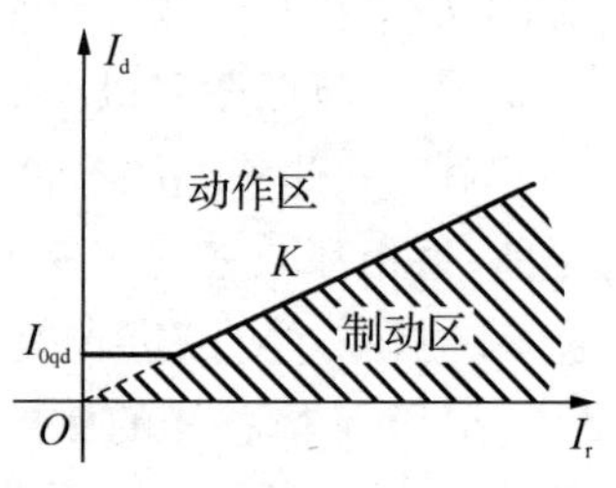

图 6－16　零差比率制动特性图

$$\begin{cases} I_{0d} > I_{0d0} \\ I_{0d} > k_{0bl} \times I_{0r} \end{cases} \quad (6-8)$$

其中：

$$I_{0d} = |\dot{I}_{10} + \dot{I}_{20} + \cdots + \dot{I}_{i0}|$$
$$I_{0r} = |\dot{I}_{10}| + |\dot{I}_{20}| + \cdots + |\dot{I}_{i0}|$$

I_{0d}为零序差动电流；I_{0r}为零序制动电流；I_{0d0}为差动门槛，k_{0bl}为差动比率，默认值$I_{0d0}=0.5$，$k_{0bl}=0.5$。零差各侧零序电流通过装置自产得到，这样可避免各侧零序 CT 极性校验问题。

8. 抑制励磁涌流造成差动保护误动

(1) 变压器的励磁涌流

空投变压器时产生的励磁电流称作励磁涌流。励磁涌流的大小与变压器的结构、合闸角、容量、合闸前剩磁等因素有关。测量表明：空投变压器时由于铁芯饱和励磁涌流很大，通常为额定电流的 2～6 倍，最大可达 8 倍以上。由于励磁涌流只在充电侧流入变压器，因此会在差动回路中产生很大的差流，导致差动保护误动作。

励磁涌流具有以下特点：涌流数值很大，含有明显的非周期分量；波形呈尖顶状，且是间断的；含有明显的高次谐波分量，尤其二次谐波分量最为明显；励磁涌流是衰减的。

根据励磁涌流的以上特点，为防止励磁涌流造成变压器差动保护误动，工程中利用二次谐波含量高、波形不对称、波形间断角大这三种原理来实现差动保护的闭锁。

(2) 二次谐波制动原理

二次谐波制动的实质：利用差流中的二次谐波分量，来判断差流是故障电流还是励磁涌流。当二次谐波分量与基波分量的百分比大于某一数值(通常为 15%)时，判断差流是因励磁涌流引起的，从而闭锁差动保护。

因此二次谐波制动比越大，允许基波中包含的二次谐波电流越多，制动效果也就越差。

(3) 利用波形识别判别励磁涌流

内部故障时，差流基本上是工频正弦波，而励磁涌流时，有大量的谐波分量存在，波形发生畸变，间断，不对称。利用算法识别出这种畸变，即可判别出励磁涌流。当三相中某一相被判别为励磁涌流，只闭锁该相比率差动元件。

对于谐波判别和波形识别判别，装置中还综合了故障波形与单侧涌流、对称性涌流的各自特点，采用了相应的算法和判据，保证装置能够准确区分励磁涌流和故障波形，并保证故障时能够快速动作，空投时能够正确闭锁。

9. CT 饱和

为防止区外故障 CT 饱和造成差动误动作，保护装置利用差动电流和制动电流是否

同步出现来判断区内外故障。即差动电流晚于制动电流出现，则判为区外故障CT饱和，从而闭锁差动保护。

区外故障伴随CT饱和闭锁差动，又由于每个周波都会存在线性转变区，利用差流波形间断特性，就能很好地区分是区内还是区外故障。发生区外故障转区内故障时，可利用线性区特性进行解除闭锁，从而保证保护装置的快速跳闸。

五、阻抗保护

当电流、电压保护不能满足灵敏度要求或根据电网保护间配合的需要，变压器的相间故障后备保护可采用阻抗保护，阻抗保护一般作为安装侧系统的后备保护。阻抗保护通常用于330 kV～750 kV的大型变压器，并作为变压器引线、母线相间故障的后备保护。考虑到海上升压站无人值守的设计理念，为了提高主变的灵敏度，现已将阻抗保护作为主变重要的后备保护之一。

接入保护装置的CT正极性端在母线侧，定值中的指向均以此接入极性为基准。电压电流均取自本侧的PT和CT，采用相位比较原理，保护阻抗特性为偏移圆。

当PT断线时，相间阻抗保护退出。若PT断线后电压恢复正常，相间阻抗保护也随之恢复正常。

相间阻抗保护的启动元件采用相间电流突变量启动和负序电流启动，启动元件启动后开放500 ms，期间若阻抗元件动作则保持。但接地阻抗保护的启动元件采用相间电流工频变化量启动和负序电流启动，启动元件启动后开放500 ms，期间若接地阻抗元件动作则保持。

相间阻抗、接地阻抗保护按时限分别判断是否经振荡闭锁，当保护整定动作时间大于1.5 s时，则该时限不经振荡闭锁，否则经振荡闭锁。

六、复合电压闭锁(方向)过流

复压闭锁(方向)过流保护是大、中型变压器相间短路故障的后备保护，适用于升压变压器、系统联络变压器及过流保护不能满足灵敏度要求的降压变压器(如图6-18)。利用负序电压和低电压构成的复合电压能够反映保护范围内的各种故障，降低了过电流保护的整定值，提高了灵敏度。复合电压闭锁(方向)过流保护，由复合电压元件、过流元件、方向元件、时间元件构成。

1. 复合电压元件

复合电压指相间低电压或负序过电压。高(中)压侧复压元件由各侧电压经“或门”构成；低压侧复压元件取本侧(或本分支)电压。

PT断线或PT退出对复合电压过流保护的影响如下：

本侧PT断线后，该侧退出方向元件。高、中压侧复压闭锁过流保护，受其他侧复压元件控制。低压侧PT断线后，本侧(或本分支)复压闭锁过流保护不经复压元件控制。

本侧PT退出时，该侧退出方向元件。高、中压侧复压闭锁过流保护，受其他侧复压元件控制。低压侧PT退出后，本侧(或本分支)复压闭锁过流保护不经本侧复压元件控制。

对于经多侧复压元件闭锁的高(中)压侧复压闭锁过流保护,各侧全部 PT 断线或全部 PT 退出,则变为纯过流保护。复合电压元件逻辑图如图 6-18 所示。

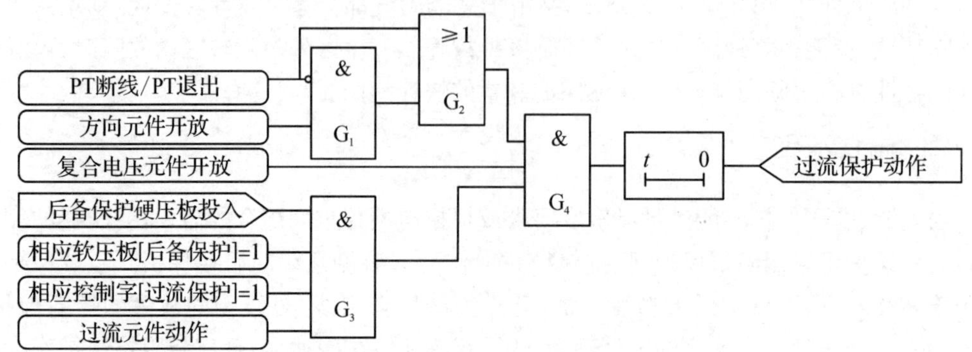

图 6-17　复合电压闭锁过流保护逻辑图

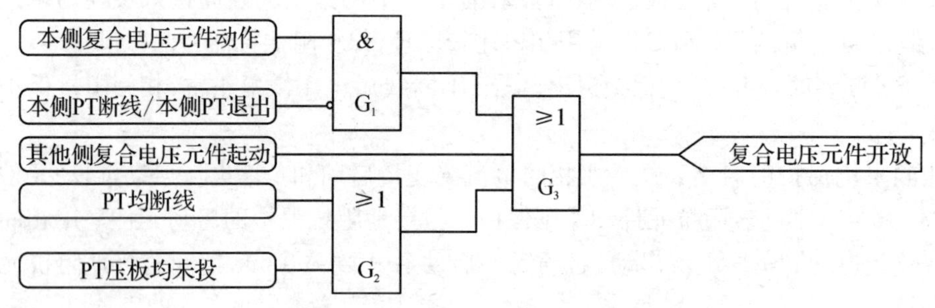

图 6-18　复合电压元件逻辑图

2. 方向闭锁元件

方向元件采用正序电压,并带有记忆,近处三相短路时方向元件无死区。接线方式为 0°接线方式。灵敏角 45°固定不变,可以选择指向变压器或母线。

方向元件的动作特性图如图 6-19 所示,阴影侧为动作区。

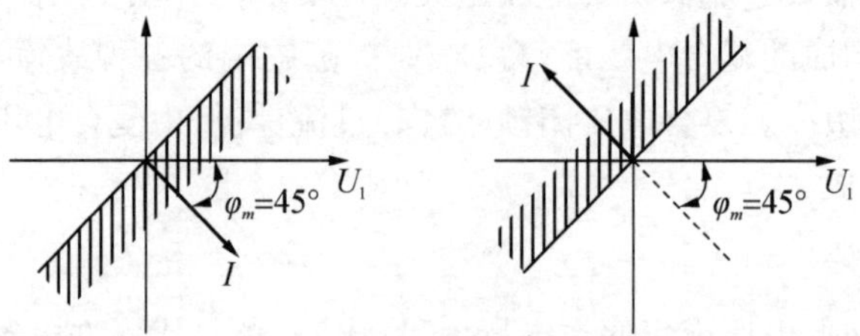

相过流方向元件指向(左图:指向变压器;右图:指向母线)

图 6-19　方向元件的动作特性图

七、零序(方向)过流

零序过流保护,主要作为变压器中性点直接接地系统中接地故障的后备保护。零序(方向)过流保护由零序电压元件、零序电流元件、零序方向元件、时间元件构成。

1. 零序方向元件

方向元件所用零序电压固定为自产零序电压，电流固定为自产零序电流，灵敏角 75° 固定不变。可以选择指向变压器或母线。方向元件的动作特性如图 6－20 所示。

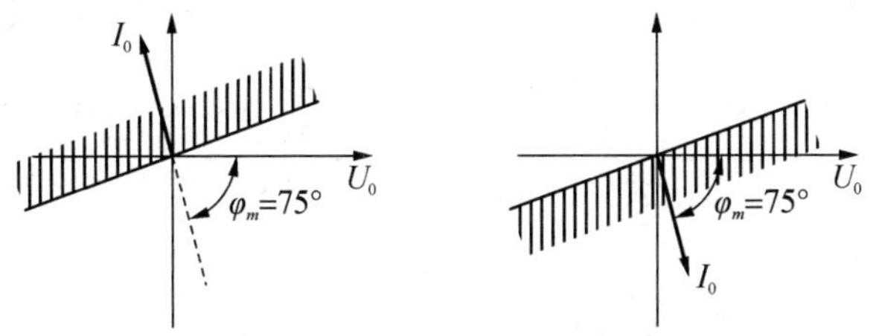

零序过流方向元件指向(左图:指向变压器;右图:指向母线)。

图 6－20　方向元件的动作特性图

当本侧 PT 断线时，退出方向元件，变成零序过流保护；当本侧 PT 退出时，退出方向元件，变成零序过流保护。

2. 零序电流、电压元件

零序电流由输入的三相电流自产，零序电压由输入的三相电压自产。

零序(方向)过流保护逻辑图如图 6－21 所示。

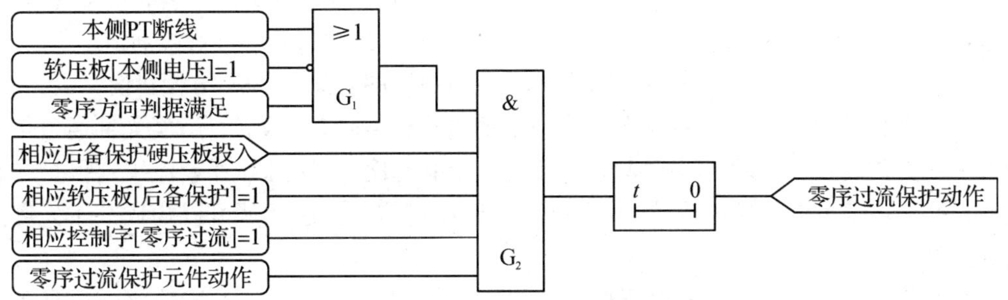

图 6－21　零序(方向)过流保护逻辑图

第四节　线路保护

线路的主保护要求能够快速、有选择性地切除被保护设备和线路上的故障。常用的线路保护功能有：纵联光差保护、距离保护、零序保护、工频变化量保护等，纵联光差保护是 220 kV 以上线路重要的主保护。

一、纵联保护

“纵联”就是“纵向联系”。纵联保护就是将线路一侧的电气信息传到另一侧去，实现线路两侧的纵向联系，对两侧电气量同时进行比较、联合工作的一种保护。其原理如图6－22所示。

纵联保护的优点:可以无延时地切除被保护线路上(MN 之间)任意点的故障,具有绝对的选择性。缺点:信息交流需要通信通道,且不能作为相邻线路的后备保护。

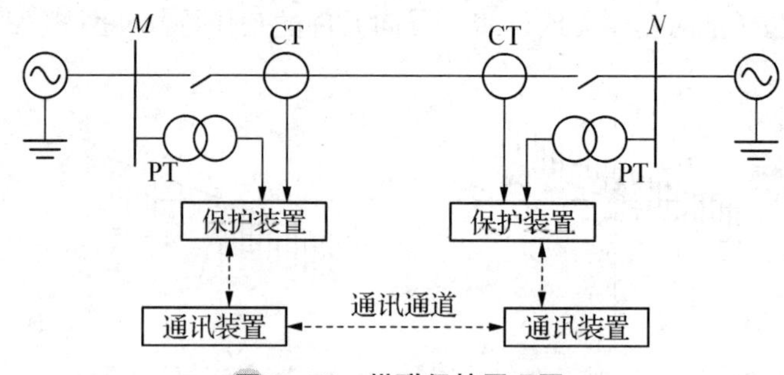

图 6-22 纵联保护原理图

二、通讯通道

纵联保护既然是反映两端电气量变化的保护,线路两端要交换电气量信息,那么就涉及通信的问题。通信需要有通道,使用的通道类型有:复用通道、电力载波通道、光纤通道等,目前使用较多的是光纤通道。

光纤通道是将电气量信号转化为光信号,以光纤为媒介传播的通道。用光纤通道做成的纵联保护称为光纤保护。光纤通道是现在发展最快的一种通道类型。它有很多优势,如通道容量大,本身有选相功能,可以构成分相式保护;输电线路故障不会影响通道工作;光信号传输不受电磁干扰;光缆和架空地线结合在一起,可以同时铺设完毕,方便建设。

光差保护的主要原理是将输电线路两端的电流信号转换成光信号,经光纤通道传送到对侧。保护装置收到后再转换成电信号与本端电流比较,通过计算差流决定保护是否动作。光纤不仅可以传送电流信号,也可以传送逻辑信号。这样就可以构成基于光纤通道的光纤纵联方向保护。

光纤通道通常用光功率计检测保护装置发出(TX)、接收(RX)的光功率电平是否满足要求,以确定光纤通道是否良好。通常 TX 在 −16 dB 左右,RX 在 −40 dB 左右,具体根据线路长度判断。若不满足要求,应检查光纤端口是否连接良好,光纤头是否清洁。

三、光纤差动保护

1. 基本原理

如图 6-23 所示,规定以母线流向被保护线路为正方向。流过两端保护的电流为 I_M、I_N。以两端电流相量和作为差动继电器动作电流 I_d,以两端电流相量差作为制动电流 I_r。

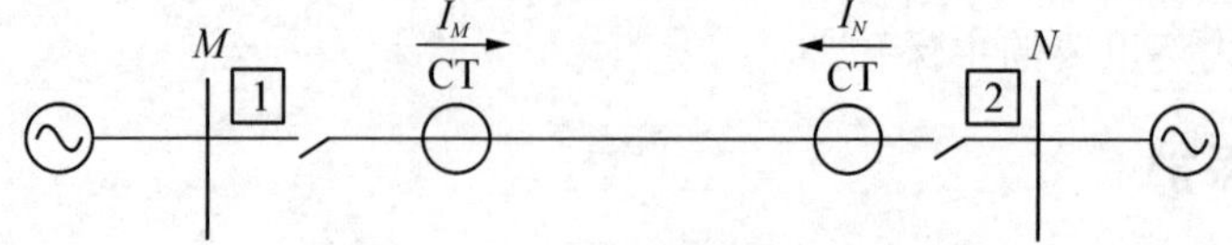

图 6-23 光纤差动保护原理图

$$\begin{cases} I_{d}=|\ I_{M}+I_{N}\ | & \text{动作电流} \\ I_{r}=|\ I_{M}-I_{N}\ | & \text{制作电流} \end{cases} \tag{6-9}$$

差动继电器的动作特性一般如图 6-24 所示，阴影区域为非动作区，非阴影区域为动作区。这种动作特性称作比率制动特性，动作逻辑的数学表达式如下：

$$\text{动作区}\begin{cases} I_{d}>I_{qd} \\ I_{r}>K_{r}I_{r} \quad K_{r}=I_{d}/I_{r} \end{cases} \tag{6-10}$$

式中：I_{qd}为启动电流值；k_{r} 为制动系数。

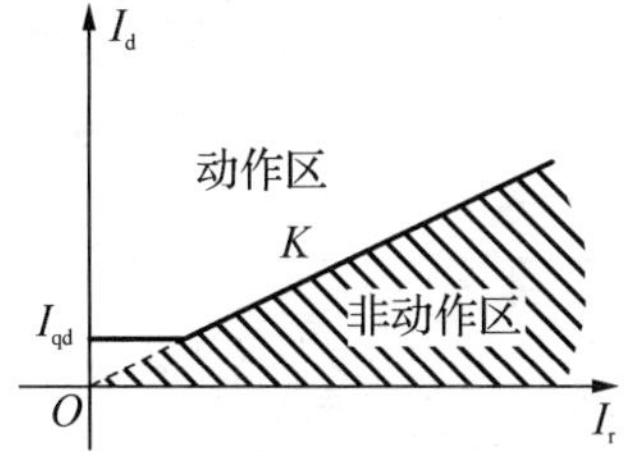

图 6-24　差动继电器的动作特性图

当线路内部短路时(如图 6-25)，动作电流等于短路电流 I_{k}；很大；制动电流较小，甚至为零。因此工作点落在动作区内，差动继电器动作。

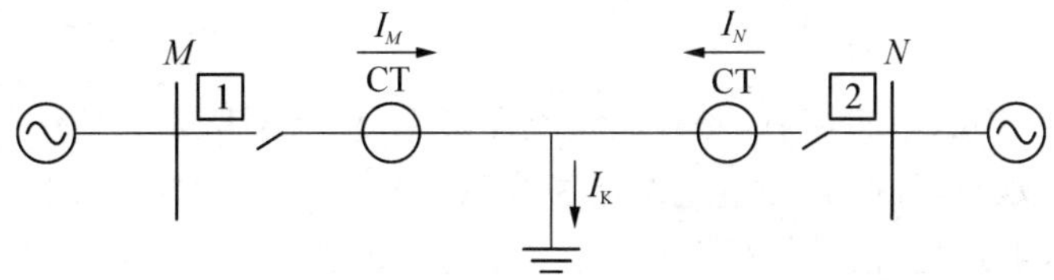

图 6-25　线路区内故障原理图

$$\begin{cases} I_{d}=|\ I_{M}+I_{N}\ |=I_{K} & \text{动作电流} \\ I_{r}=|\ I_{M}-I_{N}\ | & \text{制动电流} \end{cases} \tag{6-11}$$

当线路外部短路时(如图 6-26)，流过本线路的电流是穿越性短路电流，因此动作电流为零，制动电流是两倍的穿越电流。制动电流很大，不满足上面的方程，落在非动作区，差动继电器不动作。

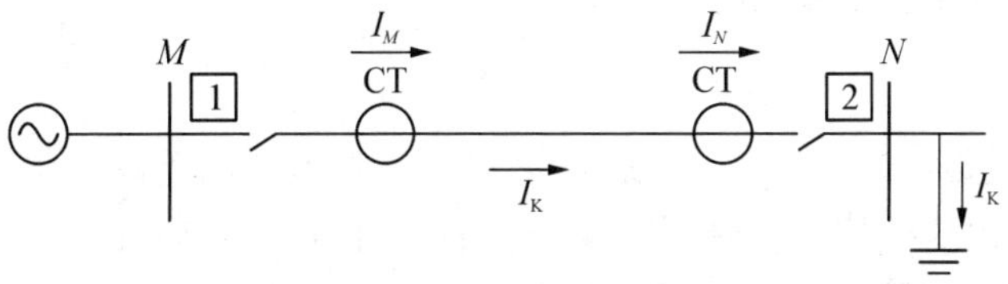

图 6-26　线路区外故障原理图

$$\begin{cases} I_{d}=|\ I_{M}+I_{N}\ |=0 & \text{动作电流} \\ I_{r}=|\ I_{M}-I_{N}\ |=2I_{K} & \text{制动电流} \end{cases} \tag{6-12}$$

因此，差动继电器只会在内部故障时动作。

2. 产生不平衡电流的因素

线路外部短路故障时，差动动作电流为零。但是实际上在外部故障或正常运行时，动作电流往往并不等于零，把这种差流称为不平衡电流。产生不平衡电流的原因有很多，主要有以下几种。

(1) 线路电容电流的影响

本线路的电容电流是从线路内部流出的电流，它同样可以构成差动继电器的动作电流(如图 6-27)。在线路正常运行时，制动电流为穿越性的负荷电流。在空载或轻载时，负荷电流较小，很可能满足差动继电器的动作条件，造成差动保护误动。

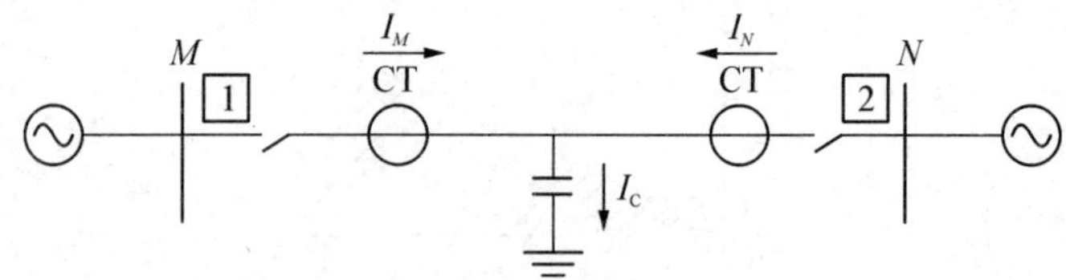

图 6-27　线路电容电流示意图

除了工频分量电容电流之外，在外部故障或线路空充时，还会有大于 50 Hz 的高频分量电容电流。所以电容电流的瞬时值可能会很大，动作电流也很大，很容易造成保护误动。解决电容电流的影响是线路纵差保护要解决的最重要课题。目前采取的主要防范措施有：

① 提高启动电流 I_{qd}的定值，躲开电容电流影响，但会使保护灵敏度降低。

② 加一个短延时，等高频分量电容电流衰减，但降低保护的快速性。

③ 对电容电流进行补偿。

(2) CT 变比误差及暂态特性不一致

理论上，两端 CT 的变比应该完全相同。但在现实中，由于制造工艺的差别，难免会存在误差。而且 CT 在短路暂态过程中，饱和程度也存在差异。因此变比不会完全相同，从而产生不平衡电流。一般从制动系数的整定上考虑这一因素影响。

(3) 采样时间不一致

线路纵差保护和母差、变压器差动保护不同，线路两端电流的采样是由两套装置分别完成的。如果两端装置不在同一时刻采样的话，得到的两端电流的瞬时值不相等，相量和也就不为零，从而产生不平衡电流。

3. CT 断线的问题

正常运行的线路，如果一侧 CT 断线，那么差动继电器的差动电流 I_d 和制动电流 I_r 就都等于 CT 未断线端测得的负荷电流，$I_d=I_r$。由于 k_r 通常小于 1，启动电流 I_{qd}的值又比较小，因此将很容易造成差动保护误动作。

为了防止 CT 断线造成差动保护误动，最基本的方法就是在差动保护中设置启动元件，并通过通道两端相互传输其启动信号。只有两侧启动元件都启动，差动保护才能出口跳闸。

启动元件主要包含 4 个部分：电流变化量启动元件、零序过流启动元件、相过流启动

元件、电压辅助启动元件。只要其中一个元件动作，就认为启动元件启动。

对于CT断线侧，CT断线后电流变化量启动元件、零序过流启动元件都有可能动作，启动元件启动；而CT未断线侧，电流电压基本没有变化，所以启动元件不会启动。这样就避免了CT断线造成的误动作。

4. 母线、失灵保护启动“远跳”的问题

光纤纵联差动电流保护也涉及和母线、失灵保护的配合问题。由于纵差保护相对端发送的是允许信号，所以涉及“远跳”的问题。

如图6-28所示，两侧均有电源，假设故障发生在断路器与CT之间，比如K点。K点在M端母线保护范围内，故母线保护动作跳开M端母线上所有开关，包括开关1。但是开关跳开后，故障点仍然没有切除。对于MN线路的纵差保护而言是外部故障，纵差保护仍然不能动作。N端开关只能由后备保护带延时切除。

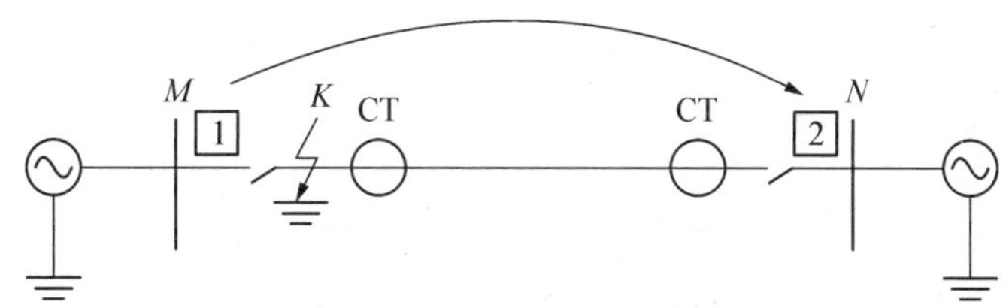

图6-28 “远跳”原理示意图

为了保证N端能快速切除故障，可将M端母线保护的动作接点接在纵差保护装置的“远跳”端子上，母线保护动作后，立即向N端发送“远跳”信号。N端接收到该信号后发三相跳闸命令，并闭锁重合闸。即使真的故障点在M端母线上，停信跳开N侧开关也没有什么不良后果。

四、距离保护

距离保护是反映故障点至保护安装处的距离，并根据距离的远近确定动作时间的一种保护。故障点距保护安装处越近，保护的动作时间就越短，反之就越长，从而保证动作的选择性。测量故障点至保护安装处的距离，实际上就是用阻抗继电器测量故障点至保护安装处的阻抗。因此，距离保护也叫阻抗保护。

1. 距离保护的原理

保护安装处母线电压与线路电流之比称为测量阻抗。

$$Z_m = U_m / I_m = Z_1 l \tag{6-13}$$

式中：Z_1为线路单位长度的正序阻抗；l为保护安装处到故障点的距离；U_m为保护安装处测量电压；I_m为保护安装处测量电流。

故障时，Z_m反映了保护安装处至故障点的阻抗。将此测量阻抗与整定阻抗Z_{set}进行比较，当$Z_m < Z_{set}$时，故障点在保护范围内，保护动作；当$Z_m > Z_{set}$时，故障点在保护范围外，保护不动作。

测量阻抗只与故障点到保护安装处的距离成正比，基本不受运行方式的影响。所以距离保护的范围基本不随运行方式变化而变化。目前广泛采用的是三段式阶梯形距离保护。

为保证选择性，距离Ⅰ段保护范围为被保护线路全长的80%～85%，瞬时动作。距离Ⅱ段的保护范围为被保护线路的全长及下一段线路的30%～40%，动作时限要与下一线路的距离Ⅰ段动作时限配合。距离三段为后备保护，其保护范围较长，一般包括本线路及下一线路全长，动作时限与下一线路距离Ⅱ段相配合。如图6-29所示。

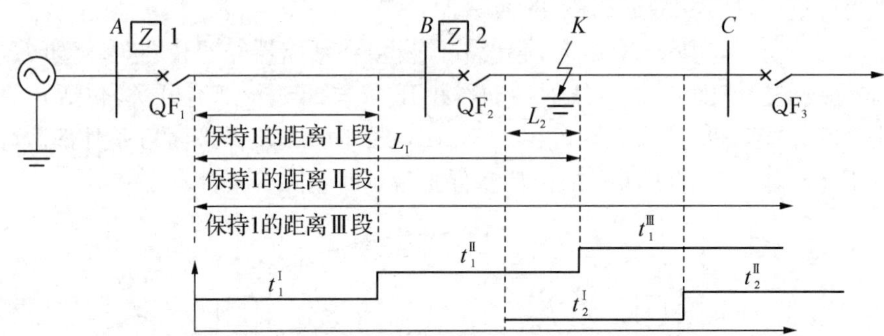

图6-29　距离保护配置图

当K点发生短路故障时，从保护2安装处到K点的距离为L_2，保护2将以t_2'的时限动作；从保护1安装处到K点的距离为L_1，保护1将以t_2''的时间动作，$t_2''>t_2'$，保护2将动作跳闸，切除故障。所以离故障点近的保护总是先动作，从而保证了在复杂网络中动作的选择性。

2. 保护安装处电压计算公式

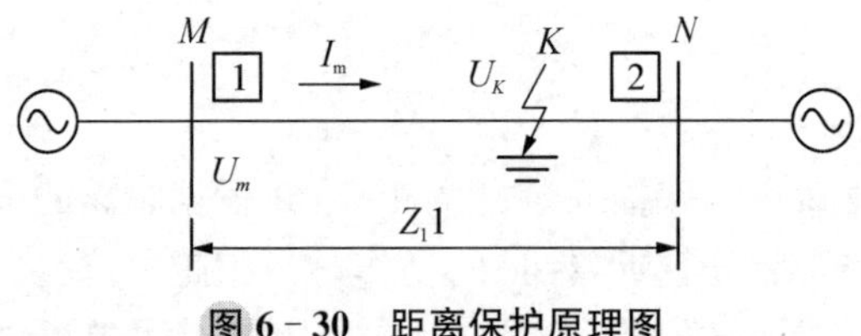

图6-30　距离保护原理图

如图6-30所示，线路上K点发生短路时，保护安装处的某相的相电压应该是该相故障点电压与该相线路压降之和。如果假设线路的正序阻抗Z_1等于负序阻抗Z_2，则保护安装处相电压的计算公式为：

$$\dot{U}_{\varphi}=\dot{U}_K+Z_1(\dot{I}_{\varphi}+k_3\dot{I}_0),\ k=(Z_0-Z_1)/3Z_1 \tag{6-14}$$

式中：$\dot{U}_{\varphi}$为保护安装处电压；$\dot{I}_{\varphi}$为保护安装处电流；$\dot{U}_K$为故障点该相电压；k为零序补偿系数；Z_0为线路零序阻抗；Z_1为线路正序阻抗。

保护安装处的相间电压可以认为是保护安装处的两个相电压之差。根据相电压的计算公式，保护安装处相间电压的计算公式为：

$$\dot{U}_{\varphi\varphi}=\dot{U}_{K\varphi\varphi}+Z_1\dot{I}_{\varphi\varphi} \tag{6-15}$$

式中：$\dot{U}_{\varphi\varphi}$为保护安装相电压相量差；$\dot{I}_{\varphi\varphi}$为相电流相量差；$\dot{U}_{K\varphi\varphi}$为故障点相电压相量差。

这两个公式都适用于在任何短路故障类型下，对故障相或非故障相的相电压、相间电压的计算。

3. 汲出电流和助增电流的影响

(1) 助增电流的影响

当保护安装处与故障点之间有分支电源时，如图6－31所示，分支电源将向故障点K送短路电流I_{CB}，使流过故障线路的电流$I_{BK}=I_{AB}+I_{CB}$，大于实际流过保护1的电流I_{AB}，所以I_{CB}称作助增电流。

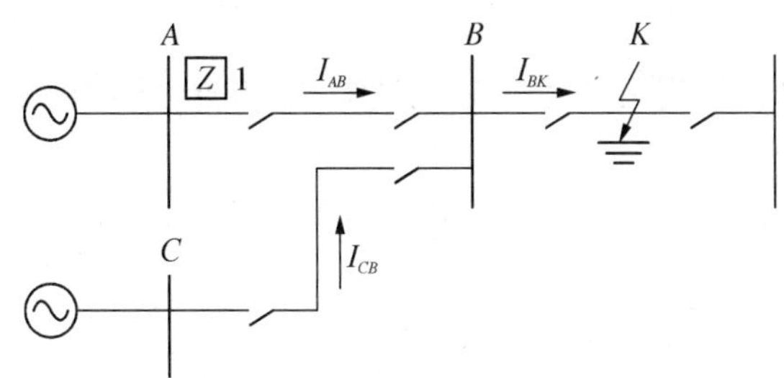

图6－31　助增电流示意图

由于助增电流的存在，使保护1的距离Ⅱ段测量到的电流偏小，测量阻抗增大，保护范围缩小。这就降低了保护灵敏性，但并不影响与下一线路距离Ⅰ段配合的选择性。

为了减小助增电流对保护1距离Ⅱ段的影响，在整定计算时，可以在Ⅱ段引入一个大于1的分值系数，适当增大距离Ⅱ段的动作阻抗，抵消助增电流带来的影响。

(2) 波出电流的影响

如图6－32所示，若保护安装处与短路点间连接的不是分支电压，而是负荷，那么当K点发生短路，由A侧电压供给的短路电流I_{AB}在母线B处分为两路，其中I_{BK2}直接送至短路点，I_{BK1}经非故障线路送至短路点。这样，流过故障线路的电流$I_{BK2}=I_{AB}-I_{BK1}$，小于流过保护1的电流I_{AB}，故I_{BK1}称作波出电流。

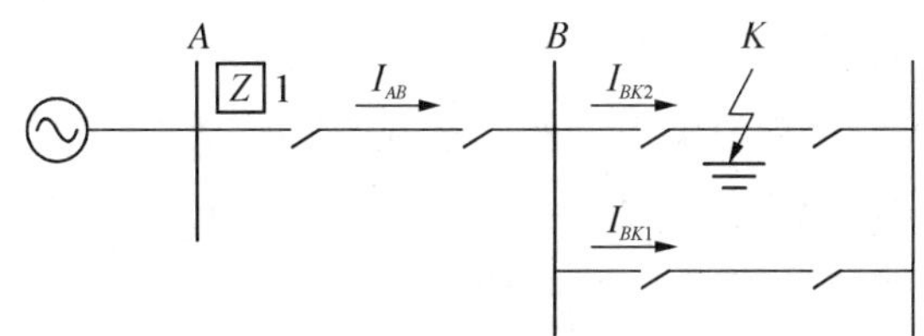

图6－32　波出电流示意图

与助增电流正相反，波出电流使保护1的距离Ⅱ段测量到的电流偏大，测量阻抗减小，保护范围扩大。这可能导致保护无选择性动作。

为了减小波出电流对保护1距离Ⅱ段的影响，在整定计算时，可以在Ⅱ段引入一个小于1的分支系数，抵消波出电流带来的影响。

4. 振荡闭锁原理

并联运行的电力系统或发电厂之间因短路切除太慢或遭受较大冲击而出现功率较大范围周期性变化的现象，称为电力系统振荡。

电力系统振荡时，在一段时间内，振荡电流很大，而保护安装处母线电压却很小，这样会造成测量阻抗落在动作范围内(持续大约半个振荡周期)。因此，通常对动作时限较短的距离Ⅰ、Ⅱ段装设振荡闭锁回路，以防止距离保护在系统振荡时误动作。而对距离Ⅲ段因动作时限较长，可以不考虑振荡影响。

电力系统振荡和短路的主要区别：

振荡时，电流和各点电压幅值均呈现周期性变化；而短路后，短路电流和各点电压幅值不变。

振荡时，电流和电压的变化速度较慢；而短路时，电流突然增大，电压也突然降低，变化速度很快。

振荡时，三相完全对称，系统中无负序分量；而短路时，会长时间或瞬时出现负序分量。

振荡时，电压、电流的相位关系是变化的；而短路后，电流和电压间的相位关系不变。

根据以上区别，振荡闭锁可以分为两种，一种是利用负序分量的出现与否来实现，另一种是利用电流、电压的变化速度不同来实现。

例如，当系统发生振荡时，由于测量阻抗逐渐减小，因此Ⅲ段先启动，Ⅱ段再启动，最后Ⅰ段启动。而当保护范围内部故障时，测量阻抗突然减小，因此Ⅲ、Ⅱ、Ⅰ段将同时启动。根据以上区别，可构成振荡闭锁回路，基本原理是：当Ⅰ、Ⅱ和Ⅲ段同时启动时，允许Ⅰ、Ⅱ段动作与跳闸；而当Ⅲ段先启动，经延时后，Ⅱ、Ⅰ段才启动时，则把Ⅰ、Ⅱ段闭锁，不允许它们动作于跳闸。

5. 过渡电阻的影响

之前分析的各种短路都是按金属性短路考虑的。实际上，在短路点往往存在着过渡电阻 R_{cr}。对于相间故障，过渡电阻是故障电流从一相至另一相的各部分电阻总和，其中主要是电弧电阻；对于接地短路，过渡电阻主要是杆塔接地电阻。过渡电阻的存在通常使得测量阻抗增大，保护范围缩小，使保护灵敏性降低。

6. 电压回路断线的影响

二次电压回路断线将使阻抗继电器的测量电压为 0，造成测量阻抗 $Z_K=0$ 的假象，使阻抗继电器误动作。为避免这种误动作，考虑二次电压回路断线闭锁的问题。当电压回路发生断线失压时，将距离保护闭锁，不动作。

五、零序电流保护

110 kV 及以上电压等级的电网均为中性点直接接地电网。统计表明，在中性点直接接地电网中，接地故障占总故障次数的 90%左右。中性点直接接地电网发生接地短路时，将出现零序电流和零序电压。利用这些特征电气量可构成保护接地短路故障的零序电流保护。

带方向和不带方向的零序电流保护是简单而有效的接地保护方式。它主要由零序电流滤过器、电流继电器、零序方向继电器及与重合闸配合的逻辑电路组成。

1. 零序电流 $3I_0$ 和零序电压 $3U_0$ 的取得

(1) $3I_0$ 的取得

外接 $3I_0$ 是通过零序电流滤过器获得的。如图 6-33 所示，将三相电流互感器极性相同的二次端子连接在一起，就组成了零序电流滤过器，流入继电器的电流为：$3I_0 = I_a + I_b + I_c$。

自产 $3I_0$ 是在软件中得到的，微机保护将输入的三相电流在软件中相加就可以得到。

但是无论使用哪种方法取得 $3I_0$，当电流回路断线时，都有可能造成保护误动作。

(2) $3U_0$ 的取得

自产 $3U_0$ 也是在软件中将输入的三相电压相加得到，即：$3U_0 = U_a + U_b + U_c$。

外接 $3U_0$ 是从 PT 开口三角处取得。如图 6-34 所示，三角形开口输出电压就是三相电压之和，也即 $3U_0$。由于平时没有零序电压，取外接零序电压时，回路接线错误与断线不易发现。所以微机保护均采用了自产 $3U_0$ 方式，尽量避免接入 PT 开口三角电压。

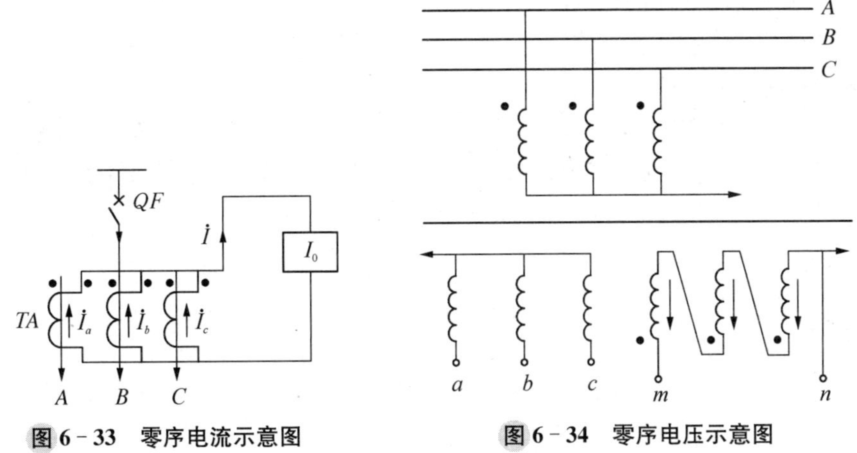

图 6-33 零序电流示意图

图 6-34 零序电压示意图

2. 零序方向电流保护

由故障分析可知，在零序网络中，只在故障点存在零序分量电源。故障点零序电压最高，离故障点越远零序电压越低，零序电流由故障点流向中性点。

正方向发生接地故障，保护安装在 M 侧，K 点为接地故障点。序网图如图 6-35 所示，可得：

$$U_0 = -I_0 \cdot Z_{M0} \tag{6-16}$$

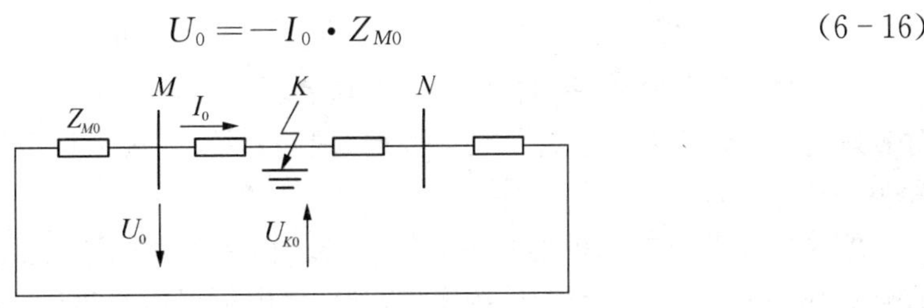

图 6-35 正方向接地序网图

可见，零序电压与零序电流间的角度只和保护安装处“背后”一侧的零序阻抗角（一般取 70°）有关，所以零序电压滞后零序电流 110°。

反方向发生接地故障，根据零序序网图，同理可得：

$$U_0 = I_0 \cdot (Z_{MN0} + Z_{N0}) \tag{6-17}$$

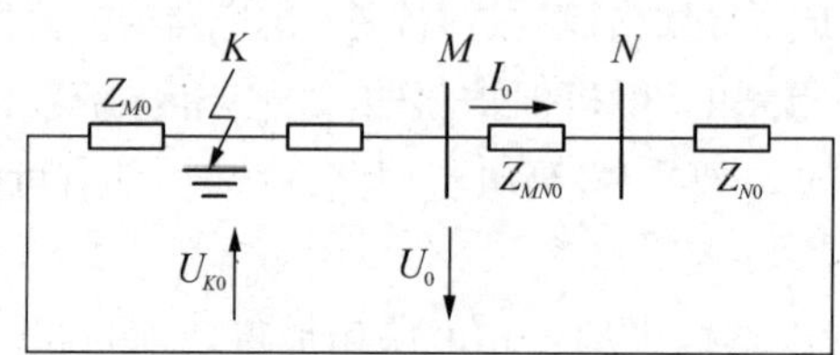

图 6-36　反方向接地序网图

可见，反方向故障时，零序电压超前零序电流 70°，超前的角度是保护安装处正方向等值零序阻抗角。

由此可见，正、反方向接地故障时，零序电压与零序电流间的角度关系正好相反，即相差 180°，可以用以区分正、反方向接地故障。零序功率方向继电器也就是基于这个原理，构成了零序方向电流保护。

如图 6-37 所示，将 I_0 固定在 0°，那么当 U_0 为 −110°时，零序功率方向继电器将工作在最灵敏的区域，这个角度也称为最大灵敏角。在最大灵敏角两边扩展不大于 90°的范围内，都是反映正、反向接地故障的零序功率继电器的动作区。

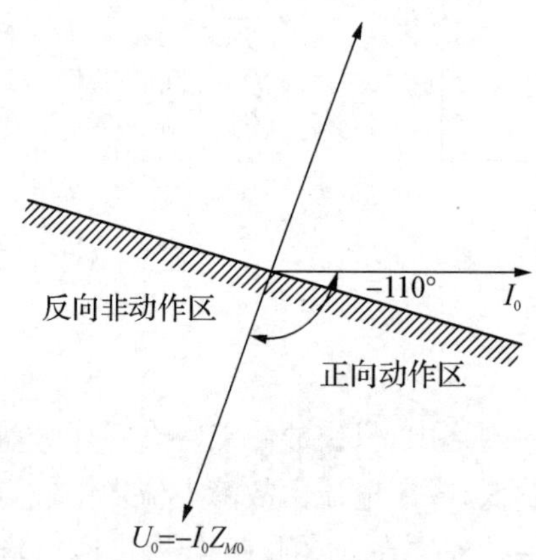

图 6-37　零序动作示意图

3. 零序电流保护

零序电流保护通常采用三段式。三段式零序电流保护由零序电流速断Ⅰ段、限时零序速断Ⅱ段、零序过电流Ⅲ段组成，按照“国网六统一”要求已取消零序电流速断，由接地距离保护Ⅰ段替代。

零序电流Ⅱ段能保护本线路全长，以较短时间实现切除接地故障。零序过电流Ⅲ段保护可作为相邻元件故障的后备保护，其一次电流定值不超过 300 A，应按照躲过最大不平衡电流来整定。

4. 零序保护对变压器中性点接地方式的要求

变压器中性点接地运行方式的安排，应尽量保持变电所零序阻抗基本不变。遇到变压器检修等原因，使变电所的零序阻抗有较大变化的特殊运行方式时，根据当时实际情况临时处理。

变电所只有一台变压器，则中性点应直接接地，计算正常保护定值时，可只考虑变压器中性点接地的正常运行方式。当变压器检修时，可做特殊方式处理，如改定值或按规定停用、启用有关保护。

变电所有两台及以上变压器时，应只将一台变压器中性点直接接地运行，当该变压器停运时，将另一台中性点不接地变压器改为直接接地。如果由于某些原因，变电所正常必须有两台变压器中性点直接接地运行，当其中一台中性点直接接地变压器停运时，若有第三台变压器则将第三台变压器改为中性点直接接地运行。否则，按特殊方式处理。

双母线运行的变电所有三台及以上变压器时，应按两台变压器中性点直接接地方式运行，并把它们分别接于不同的母线上，当其中一台中性点直接接地变压器停运时，将另一台中性点不接地变压器直接接地。若不能保持不同母线上各有一个接地点时，作为特殊运行方式处理。

六、自动重合闸

在电力系统线路故障中，大多数都是“瞬时性”故障，如雷击、碰线、鸟害等引起的故障，在线路被保护迅速断开后，电弧即行熄灭。对这类瞬时性故障，待去游离结束后，如果把断开的断路器再合上，就能恢复正常的供电。此外，还有少量的“永久性故障”，如倒杆、断线、击穿等。这时即使再合上断路器，由于故障依然存在，线路还会再次被保护断开。

由于线路故障的以上性质，电力系统中广泛采用了自动重合闸装置，当断路器跳闸以后，能自动将断路器重新合闸。

1. 重合闸的分类

按重合闸方式可分为：三相重合闸、单相重合闸、综合重合闸。

三相一次重合闸：

线路上发生任何故障，保护三跳三重。如果重合成功，线路继续运行；如果重合于永久性故障，保护再次三跳不重合。

单相一次重合闸：

线路发生单相接地故障，保护跳开故障相，重合。如果重合成功，线路继续运行；如果重合于永久性故障，保护三跳不重合。如果线路上发生相间故障，保护三跳不重合。

综合重合闸：

顾名思义，综合重合闸就是综合了三重和单重两种方式。对线路单相接地故障，按单重方式处理；对线路相间故障，按三重方式处理。

2. 检无压和检同期重合闸

检无压：当 MN 线路上发生短路，两侧三相跳闸后，线路上三相电压为零，所以 M 侧检查到线路无压满足条件。经延时发重合闸命令。

检同期：M 侧重合闸后，N 侧检查到母线和线路均有电压，且母线与线路的同名相电压相交叉在定值允许范围内。这时 N 侧合闸满足同期条件，经延时发重合闸指令。使用检同期需要同时向装置提供母线电压和线路电压。

对于发电厂的送出线路，电厂侧通常固定为检同期或停用重合闸。这是为了避免发电机受到再次冲击。

断路器在正常运行情况下，由于误碰跳闸机构、出口继电器意外闭合等情况，可能造成断路器误跳闸，也就是所谓的“偷跳”。对于使用检无压 M 侧的断路器，如果发生了偷跳，对侧断路器仍闭合，线路上仍有电压。因此检无压的 M 侧就不能实现重合。为了使其能对“偷跳”用重合闸来纠正，通常都是在检无压的一侧也同时投入检同期功能。

3. 重合闸装置的组成元件

通常高压输电线路自动重合闸装置主要由启动元件、延时元件、一次合闸脉冲和执行元件等组成。

重合闸启动元件：当断路器由保护动作跳闸或其他非手动原因跳闸后，启动重合闸，使延时元件动作。一般使用断路器控制状态与断路器位置不对应启动、保护启动两种方式。

延时元件：启动元件发令后，延时元件开始计时。这个延时就是重合闸时间，可以在装置中整定。

合闸脉冲：当延时时间到，马上发出一次可以合闸脉冲命令，并开始计时，准备重合闸的整组复归。在复归时间里，即使再有重合闸延时元件发出的命令，也不可以发出第二个合闸脉冲。这样就保证了在一次跳闸后，有足够的时间合上(对瞬时故障)和再次跳开(对永久故障)断路器，而不会出现多次重合。

执行元件：将重合闸动作信号送至合闸回路和信号回路，使断路器重新合闸并发出信号。

4. 重合闸的启动方式

自动重合闸装置有两种启动方式：断路器状态与断路器位置不对应启动方式、保护启动方式。

(1) 断路器状态与断路器位置不对应启动方式

如果自动重合闸装置中，控制开关在合闸状态，KKJ＝1，说明原先断路器是处于合闸状态。若此时跳闸位置继电器 TWJ＝1，由于手动分闸会使 KKJ＝0，所以一定是保护跳闸或者是断路器“偷跳”。此时应该启动重合闸，所以 KKJ 和 TWJ 位置不对应启动重合闸的方式称为“位置不对应启动方式”。

发生“偷跳”时保护没有发出跳闸命令，如果不用位置不对应启动方式，就没法用重合闸进行补救，所以位置不对应启动方式是所有重合闸都必须具备的基本启动方式。其缺点是 TWJ 异常或发生粘连等情况下，该方式将失效，所以通常会增加检查线路对应相无流的条件进一步确认，以提高可靠性。

图 6－38 所示为重合闸回路的示意图，位置不对应启动方式重合闸动作过程如下：

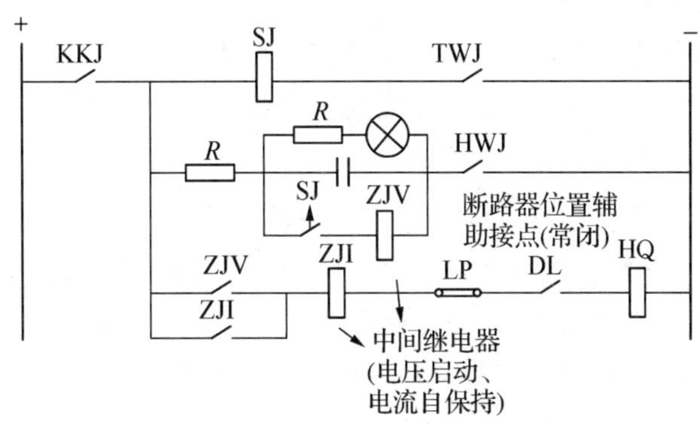

图 6-38　重合闸回路的示意图

① 当控制把手处于合后位置(KKJ＝1)，且断路器处于合位(HWJ＝1)时，自动重合装置充电，充电完成后充电灯点亮，重合闸准备就绪。

② 此时若断路器跳闸，HWJ＝0，TWJ＝1，KKJ＝1，时间继电器 SJ 动作，经一定延时后，SJ 接点闭合，中间继电器 ZJV 电压启动。

③ ZJV 接点闭合，ZJI 电流自保持，合闸回路导通，合圈 HQ 得电，重合断路器。

(2) 保护启动方式

现场运行的自动重合闸大多数是由保护动作发出跳闸命令后，才需要重合闸。因此自动重合闸也应支持保护跳令启动方式：保护装置发出单相/三相跳令且对应单相/三相线路无电流，此时启动重合闸。

保护启动方式可以有效纠正保护误动作引起的误跳闸，但是不能纠正断路器本身的"偷跳"。所以保护启动方式作为断路器位置不对应方式的补充。

位置不对应启动方式和保护启动方式在自动化重合闸装置一般都具备，可以同时投入，相互补充。

5. 自动重合闸的充电条件

重合闸充电的主要目的是为了实现一次重合闸以及闭锁重合闸的需要。装置重合闸充电灯亮后，重合闸才可以使用。

当手动合闸或者自动重合闸后，如果一切正常，重合闸开始"充电"。大约 15～20 s 后才能"充满电"。当重合闸装置发合闸脉冲前，先要检查一下是否"充满电"，只有"充满电"才发合闸脉冲。重合闸装置发出合闸脉冲后，马上把"电放掉"。如果断路器重合成功，又重新开始充电。如果重合于永久性故障线路，保护马上再次将断路器跳开。此时如果要再次重合闸，检查发现充电时间远远小于 10～15 s，没有"充满电"，所以也就不允许二次重合闸。而为了在手动跳闸以及闭锁重合闸时，也会把"电放掉"，使装置不重合。

自动重合闸充电条件如下：

(1) 重合闸处于正常投入状态。

(2) 三相断路器都在合闸状态，断路器的 TWJ 都未动作。

(3) 断路器液压或气压正常。

(4) 没有外部闭锁重合闸的输入。如没有手动跳闸、手动合闸、没有母线保护动作输

入、没有其他保护闭锁重合闸输入等。

(5) 没有PT断线或失压信号。因为当采用综重或三重方式时，在三相跳闸后使用检无压或检同期重合闸，需要用到线路和母线电压。如果PT断线或失压，将影响重合闸正常动作，所以此时应闭锁重合闸。

6. 重合闸的闭锁条件

(1) 保护装置定值控制字包含闭锁重合闸的条件。如距离Ⅲ段、零序Ⅲ段永跳等。

(2) 手动合闸于故障线路上时，闭锁重合闸。此时故障为瞬时性故障的概率极小。

(3) 线路保护单跳或三跳失败后，直接永跳闭锁重合闸。因为此时可能是断路器本身有故障，需要停电检修。

(4) 采用单重方式时，如果保护三跳则闭锁重合闸。

(5) 当双重化的两套保护都投入重合闸时，为了避免两套重合闸装置出现两次重合的情况，一套装置的重合闸在发现另一套装置重合闸已将断路器合上后，立即放电并闭锁本装置的重合闸。

(6) 重合闸在满足充电条件10～20 s后充电完成，一般取15 s，在充电未完成的情况下试图重合，此时将闭锁重合闸。

(7) 重合闸装置检测到由外部闭锁重合闸的开入时(如母线保护动作、手分手合等)，应立即放电，闭锁重合闸。

7. 重合闸后加速

所谓后加速就是当线路第一次故障时，保护有选择性动作，然后进行重合。如果重合于永久性故障，在断路器合闸后，则不带时限，加速瞬时切除故障。

如图6-39所示，图中各处的多段式保护均按照其整定配合的时限动作，所以第一次跳闸是有选择性的，如K点短路，若3#保护或断路器拒动，则由1#保护的Ⅱ段或Ⅲ段延时动作。随后1#断路器重合，如果是永久性故障，那么1#保护再次跳闸时就没必要再等延时，所以设置了后加速功能，重合后瞬时切除故障。

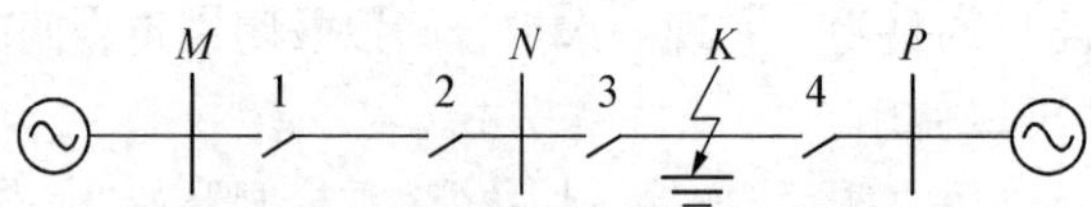

图6-39　重合闸后加速示意图

第五节　母线保护

与其他主设备保护相比，母线保护的要求更为苛刻。当变电站母线发生故障时，如不及时切除故障，将会损坏众多电力设备，破坏系统的稳定性，甚至导致电力系统瓦解。如果母线保护拒动，也会造成大面积的停电。因此，设置动作可靠、性能良好的母线保护，使之能迅速有选择地切除故障是非常必要的。

常见的母线故障有：绝缘子对地闪络、雷击、运行人员误操作、母线电压和电流互感器故障等。

在大型发电厂及变电站的母线保护装置中，通常配置有母线差动保护、母联充电保护、母联失灵保护、母联死区保护、母联过流保护、母联非全相保护、断路器失灵保护等。其中，最为主要的是母差保护。

一、母差保护的原理

和线路差动保护相同，母线差动保护的基本原理也是基于基尔霍夫定律：在母线正常运行及外部故障时，各线路流入母线的电流和流出母线的电流相等，各线路的电流相量和等于零；当母线上发生故障时，各线路电流均流向故障点，其相量和（差动电流）不再等于零，满足一定条件后，保护动作出口跳开相应开关。

母线差动保护，由 A、B、C 三相分相差动元件构成。每相差动元件由小差差动元件及大差差动元件构成。大差元件用于判断是否为母线故障，小差元件用于选择出故障具体在哪一条母线。

为了提高保护的可靠性，在保护中还设置有启动元件、复合电压闭锁元件、CT 回路断线闭锁元件等。

二、差动保护的动作方程

首先规定 CT 的正极性端在母线侧，一次电流参考方向由线路流向母线为正方向。

差动电流：指所有母线上连接元件电流和的绝对值。

制动电流：指所有母线上连接元件电流的绝对值之和。

以如图 6－40 所示双母接线方式的大差为例，差动电流和制动电流为：

$$\begin{cases} I_d = |I_1 + I_2 + I_3 + I_4| & \text{差动电流} \\ I_r = |I_1| + |I_2| + |I_3| + |I_4| & \text{制动电流} \end{cases} \tag{6-18}$$

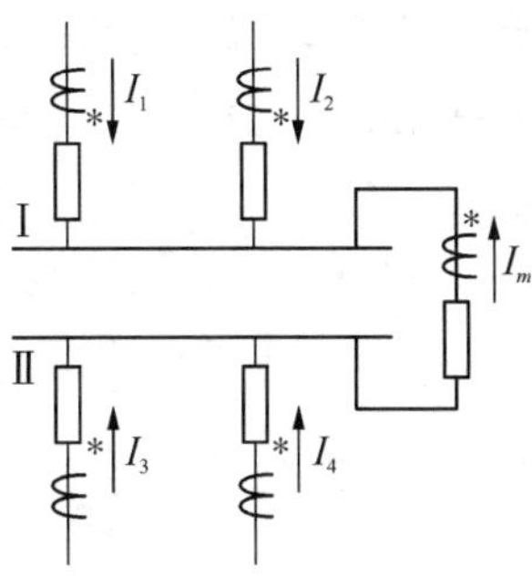

图 6－40　母线保护原理图

差动继电器的动作特性一般如图 6－41 所示，这种动作特性称作比率制动特性。动作逻辑的数学表达式也在图 6－41 中给出。此动作方程适用于南瑞继保 PCS915 及许继电气 WMH800A 母线保护装置。

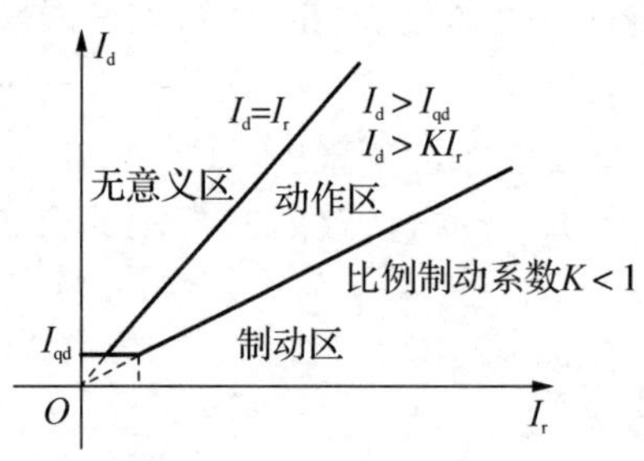

图 6-41　比率制动特性图

除此之外，还有一种复式比率制动特性，动作特性如图 6-42 所示。此动作方程适用于长园深瑞 BP-2C 母线保护装置。

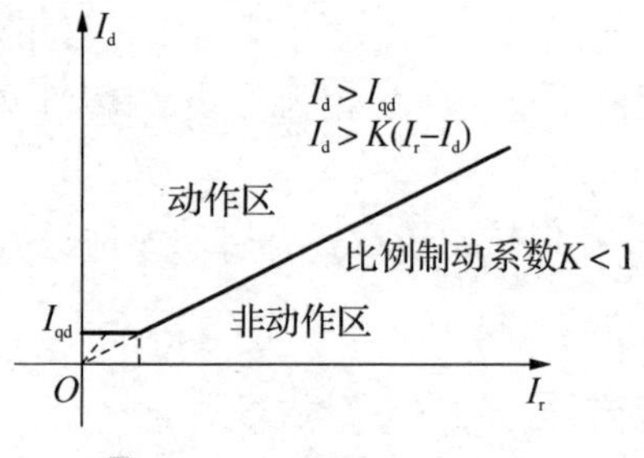

图 6-42　比率制动特性图

复式比率制动能够更明确地区分区内和区外故障。因为引入了复合制动电流(I_r-I_d)，一方面在外部故障时，I_r 随着短路电流的增大而增大，$I_r \gg I_d$ 能有效地防止差动保护误动。另一方面在内部故障时，$(I_r-I_d)\sim 0$ 保护无制动量，使差动保护能不带制动量灵敏动作。这样既有区外故障时保护的高可靠性，又有区内故障时保护的灵敏性。

三、大差和小差

接入大差元件的电流为Ⅰ母、Ⅱ母所有支路(母联除外)的电流，目的是为了判断故障是否为母线区内故障；接入小差元件的电流为接入该段母线的所有支路的电流，目的是为了判断故障具体发生在哪一条母线上。

以双母接线图 6-43 为例，规定母联 CT 正极性端在Ⅰ母侧，但长园深瑞规定母联 CT 正极性端在Ⅱ母侧为例外。大差小差的差动电流和制动电流公式如下：

$$\text{大差：}\begin{cases} I_d = |I_1+I_2+I_3+I_4| \\ I_r = |I_1|+|I_2|+|I_3|+|I_4| \end{cases} \tag{6-19}$$

$$\text{Ⅰ 母小差：}\begin{cases} I_d = |I_1+I_2+I_m| \\ I_r = |I_1|+|I_2|+|I_m| \end{cases} \tag{6-20}$$

$$\text{Ⅱ 母小差：}\begin{cases} I_d = |I_3+I_4+I_m| \\ I_r = |I_3|+|I_4|+|I_m| \end{cases} \tag{6-21}$$

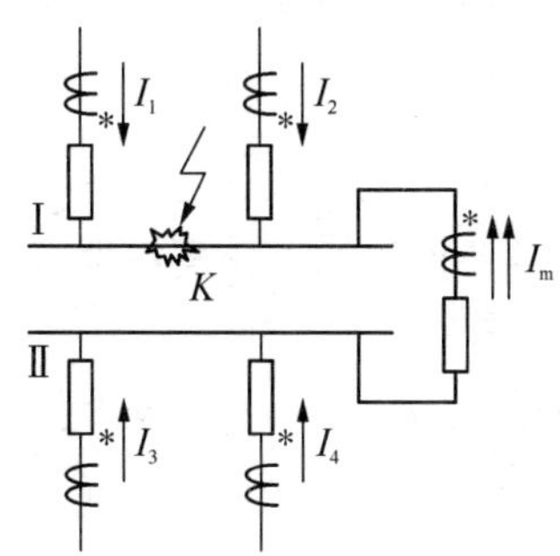

图 6-43　母差保护原理图

当Ⅰ母发生故障时，可以看出对于大差元件 $I_d=I_r$，因此大差元件动作，确定母线发生区内故障；其次，Ⅱ母小差元件 $I_d=0$，Ⅰ母小差元件 $I_d=I_r$，因此判断故障发生在Ⅰ母。大差、小差元件同时动作，母差保护差动继电器才动作。

四、比率制动系数的高值和低值

1. 母联开关的分合对大差元件的影响

当母联开关合上，母线并列运行时，大差元件和小差元件的动作情况同上文的分析。当母联开关断开，母线分列运行时，如图 6-44 所示：

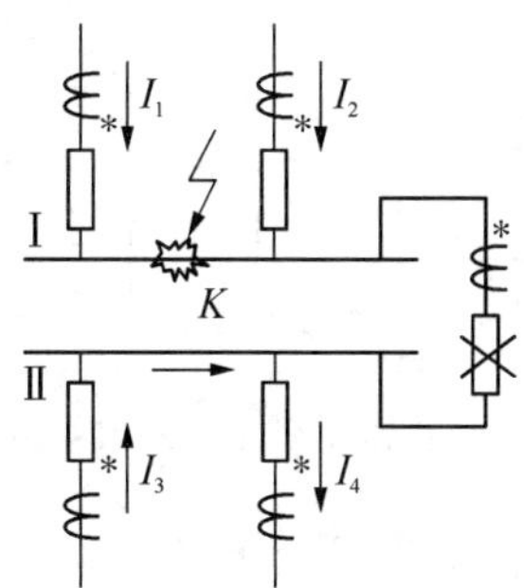

图 6-44　母线分列运行原理图

对于Ⅰ母而言，大差、小差元件的差动电流和制动电流分别为：

$$大差：\begin{cases} I_d=|I_1+I_2| \\ I_r=|I_1|+|I_2|+|I_3|+|I_4| \end{cases} \tag{6-22}$$

$$Ⅰ母小差：\begin{cases} I_d=|I_1+I_2| \\ I_r=|I_1|+|I_2| \end{cases} \tag{6-23}$$

$$Ⅱ母小差：\begin{cases} I_d=0 \\ I_r=|I_3|+|I_4| \end{cases} \tag{6-24}$$

可以看出，Ⅰ母小差 $I_d=I_r$ 不变，而大差 $I_d<I_r$，显然大差灵敏度大大降低。尤其当Ⅰ母连接小系统，短路电流较小，Ⅱ母连接大系统，负荷电流较大的时候，I_d 有可能比 I_r

小很多，以至于大差元件落在不动作区。这样虽然Ⅰ母小差元件正常动作，但是大差元件不动作，差动继电器拒动。

2. 高值和低值

为了保证母线分列运行时，母差保护的动作灵敏性，可以采取以下措施。

(1) 解除大差元件

当母联开关退出运行时，通过辅助接点解除大差元件，只要小差元件就可以触发差动继电器动作。但这样降低了母差保护的可靠性。

(2) 设置高值、低值

大差元件的比率制动系数设置一个高值和一个低值。当母线并列运行时，大差元件的比率制动系数使用高值；当母线分列运行时，自动降低大差元件的比率制动系数，采用低值以避免大差元件拒动。目前通常采用的也是这种措施，高值一般设为 0.5～0.6，低值设为 0.3。

五、复压闭锁元件

母差保护极其重要，母差保护误动后，会误跳大量线路，造成灾难性的后果。所以为了防止保护出口继电器由于振动或人员误碰等原因误动作，通常采用复压闭锁元件。复压闭锁元件开放条件如图 6－45 所示。

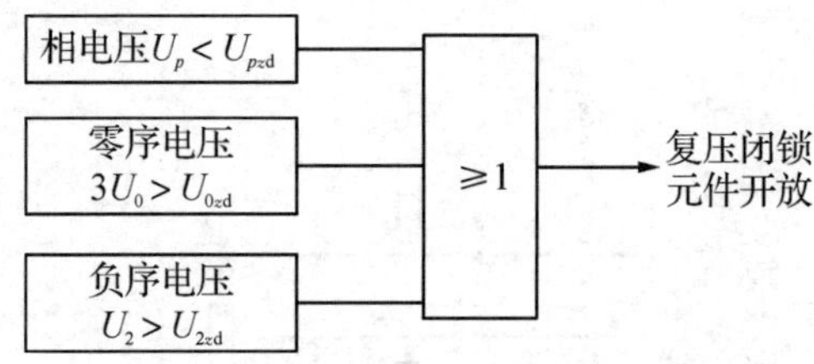

图 6－45　复压闭锁元件开放条件逻辑图

复合电压闭锁元件的接点串接于差动继电器的出口回路中。现在微机型母线保护通常采用软件闭锁方式。差动继电器动作后，只有复压闭锁元件也动作，母差保护才能出口去跳相应开关。逻辑如图 6－46 所示。

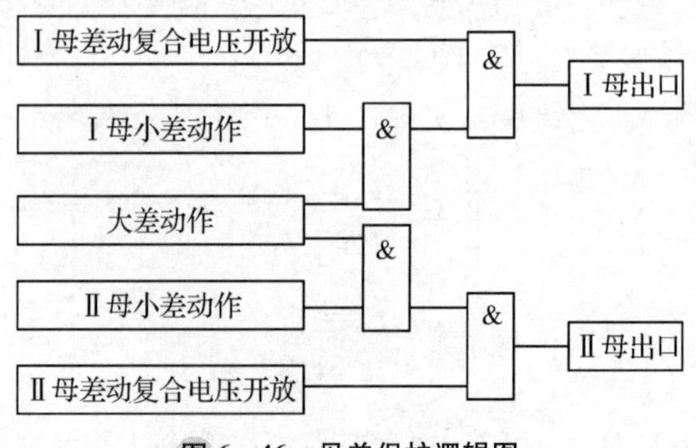

图 6－46　母差保护逻辑图

一般在母线保护中，母线差动保护、断路器失灵保护、母联死区保护、母联失灵保护都要经过复合电压闭锁，但母联充电保护和母联过流保护不经复合电压闭锁。

六、CT 断线闭锁

为了防止母差保护误动，母线保护中应设置有 CT 断线闭锁元件。当母差用 CT 断线时，立即将母差保护闭锁。对 CT 断线闭锁元件的要求如下：

1. 延时发出报警信号。对于母差保护，母线连接支路众多，制动电流为所有支路电流绝对值之和。所以某一支路的一相 CT 二次回路断线，一般不会导致保护误动作。因此应经一定延时发出报警信号，并将母差保护闭锁。

2. 分相设置闭锁元件。一相 CT 断线则闭锁该相差动保护，以减少母线上又发生故障时差动保护误动的概率。

3. 母联/分段断路器 CT 断线，不应闭锁母差保护。但此时应切换到单母线方式，发生区内故障时不再进行母线选择。

七、运行方式识别

双母线上各连接元件在系统运行中需要经常在两条母线上切换，因此正确识别母线运行方式直接影响到母线保护动作的正确性。

保护装置引入隔离开关辅助触点判别母线运行方式，同时对隔离开关辅助触点进行自检，作为小差电流计算及出口跳闸的依据。当某支路有电流而无隔离开关位置信号时，发出报警信号。

有的装置设有母线模拟盘。当隔离开关位置发生异常时保护发出报警信号，通知运行人员检修。在运行人员检修期间，可以通过模拟盘用强制开关指定相应的隔离开关位置状态，保证母差保护在此期间的正常运行。

八、断路器失灵保护

线路发生故障时，若该线路断路器失灵，则需要有母线保护跳开该线路所在母线上的所有断路器。断路器失灵保护由四部分构成：启动回路、失灵判别元件、动作延时元件、复压闭锁元件。

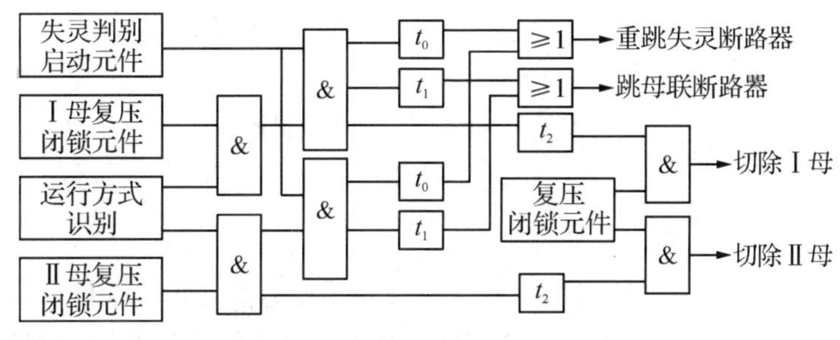

图 6-47　断路器失灵保护逻辑图

断路器失灵保护应用于连接到母线上的所有支路。当母线所连的某断路器失灵时，

由该线路或元件的失灵启动装置提供一个失灵启动接点给母线保护装置。母线保护装置检测到该线路或元件失灵启动接点闭合后，启动断路器失灵保护。

断路器失灵保护动作后，无延时再次跳断路器。装置一般默认以延时 0.2～0.3 s 跳母联，再经另一较长延时 0.5 s 跳开与失灵断路器连接在同一母线上的其他断路器。断路器失灵保护动作后，应闭锁相关母线上线路的重合闸。

母线保护变压器间隔设置有“主变解除复压闭锁开入”，各变压器按间隔分别接入。若“解除复压闭锁开入”保持 10 s 动作不返回，装置发“解除复压闭锁长启动”告警信号，同时退出该解除电压闭锁开入功能。

九、母线保护与其他保护的配合

由于母线保护关联到母线上的所有出线元件，因此，在设计母线保护时，应考虑与其他保护的配合问题。

母线保护动作后，为防止线路断路器对故障母线进行重合，应闭锁线路重合闸。

母线保护动作后，对于线路纵差保护，应发远跳命令去切除对侧断路器。

在母线保护动作后，应立即启动失灵保护。这是为了在母线发生故障时母联断路器失灵，或故障点发生在死区时，失灵保护能迅速可靠的切除故障。

主变非电量保护不应启动母线失灵保护，因为非电量保护动作后不能快速自动返回，容易造成失灵保护误动。

十、母联过流保护

母联过流保护是线路投运时，代替线路保护的临时保护。

当流过母联断路器三相电流中的任一相或零序电流大于整定值时，经整定延时跳开母联断路器。母联过流保护不经复压元件闭锁。保护动作的逻辑如图 6-48 所示：

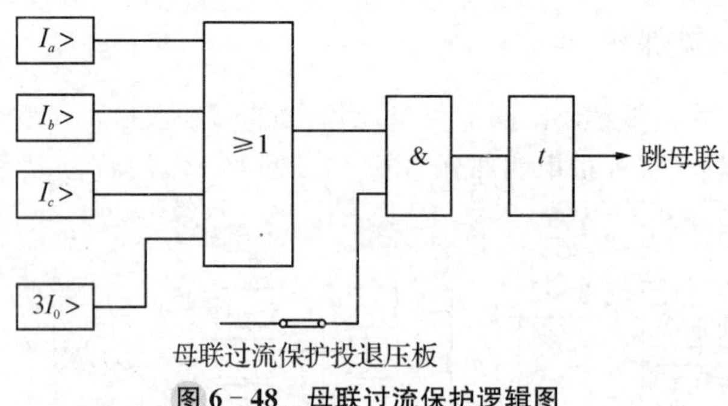

图 6-48　母联过流保护逻辑图

十一、母联充电保护

母联充电保护也是临时性保护，只有在母线安装投运前或母线检修后再投入前，利用母联断路器对母线充电时短时投入。当投运母线有故障时，跳开母联断路器，切除故障。

充电保护投入后，母联断路器任一相电流大于充电电流整定值，经整定延时跳开母联断路器。充电保护也不经复压元件闭锁。逻辑如图 6-49 所示：

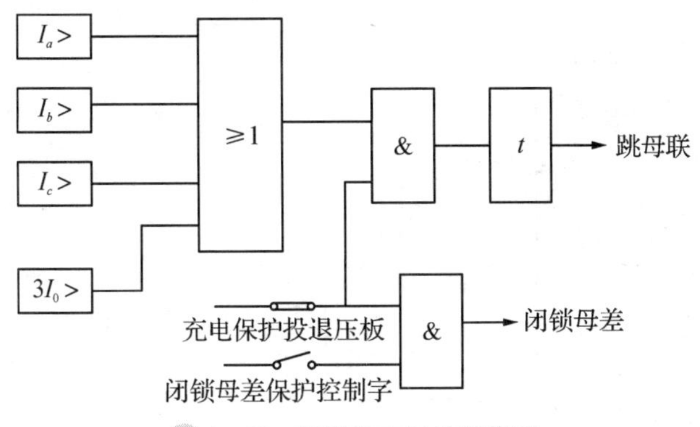

图 6－49 母联充电保护逻辑图

充电保护投入期间，为了防止母联失灵误动，避免被充电母线故障时扩大停电范围，可根据控制字决定是否闭锁母差保护。

十二、母联死区保护

在各种母差保护中，存在一个共同的问题，就是死区问题。

如图 6－50 所示，在母联合位时，当故障发生在母联断路器与母联 CT 之间时，故障电流由Ⅱ母流向Ⅰ母，Ⅰ母小差有差流，判断为Ⅰ母故障，母差保护动作跳开Ⅰ母及母联。此时故障仍然存在，Ⅱ母小差无差流，从而形成了母差保护的死区，无法切除故障。

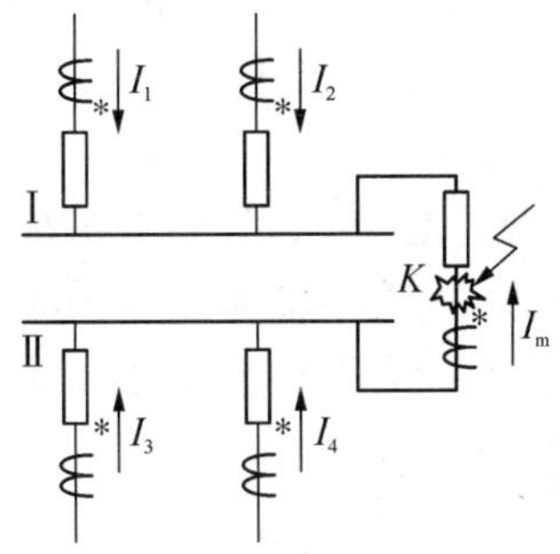

图 6－50 母联死区保护原理图

为了快速切除死区内的故障，因此母线保护中设置了死区保护，逻辑如图 6－51 所示。可以看出，当Ⅰ母(或Ⅱ母)母差动作后，母联断路器被跳开，但故障未切除，母联 CT 仍有电流，死区保护动作，经延时跳Ⅱ母(或Ⅰ母)上连接的各断路器。

正常运行时，母联断路器分列压板投入且母联断路器位置为跳位时，装置判定母联断路器处于分列状态，经死区延时后封母联断路器 CT，其电流不计入小差回路。母联断路器分列压板退出或母联断路器位置为合位时，装置判定该母联断路器处于并列状态，母联断路器 CT 电流计入小差回路。

对于双母双分段主接线，分段断路器的分列状态任何情况下均取“分列压板”和分段断路器位置为跳位的“与”逻辑。

在分列运行状态下，若母联断路器有电流且大于 0.04 In，时间持续超过 2 秒，装置解除母联断路器的分列状态，其 CT 恢复接入，电流计入小差回路。

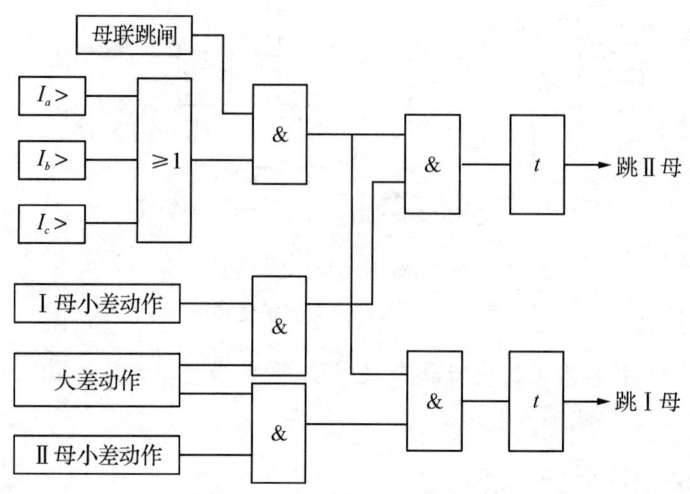

图 6 - 51　母联死区保护逻辑图

十三、母联失灵保护

母线保护或其他有关保护动作，母联断路器出口继电器触点闭合，但母联 CT 二次仍有电流，即判为母联断路器失灵，启动母联失灵保护。母联失灵保护动作后，需要经过两条母线的复压闭锁元件。若复压闭锁元件开放，经短延时 0.2～0.3 s 切除两条母线上所有连接元件。

上面说的母线保护，通常指的是母差保护、充电保护或母联过流保护启动母联失灵保护。

其他有关保护通常包括线路保护、变压器保护、发电机保护等，可以根据"投外部启动母联失灵"控制字来决定是否通过外部保护启动母联失灵保护。母联失灵保护逻辑如图 6 - 52 所示。

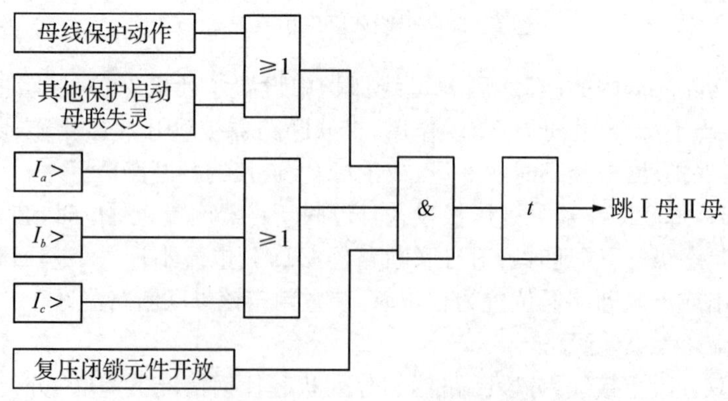

图 6 - 52　母联失灵保护逻辑图

第六节　故障录波器

一、故障录波器的概念

故障录波器是电力系统发生故障及振荡时能自动记录的一种装置，它可以记录因短路故障、系统振荡、频率崩溃、电压崩溃等大扰动引起的系统电流、电压及其电气量，如有功、无功以及系统频率的全过程变化现象。

二、故障录波器的功能

故障录波器是当系统发生故障及振荡时，迅速自动启动录波，直接记录下故障录波器安装处的系统故障电气量的一种自动装置。其作用主要有：

1. 为正确分析事故原因、研究防止对策提供原始资料。通过记录的故障过程波形图，可以反映故障电流、电压大小，反映断路器的分、合闸时间和重合闸是否成功等情况。可以分析故障原因，研究防范措施，减少故障发生。

2. 帮助查找故障点。利用录取的电流、电压波形，可以推算出一次电流、电压数值，由此计算出故障点位置，缩小巡线范围，对迅速恢复供电具有重要作用。

3. 分析评价继电保护及自动装置、高压断路器的动作情况，及时发现设备缺陷，以便消除隐患。

4. 了解电力系统情况，迅速处理事故。从故障录波图的电气量变化曲线，可以清楚地了解电力系统的运行情况，并判断事故原因，为及时、正确处理事故提供依据，减少事故停电时间。

5. 实测系统参数，研究系统振荡。故障录波可以实测某些难以用普通试验方法得到的参数，为系统的有关计算提供可靠数据。当电力系统发生振荡时故障录波器可提供从振荡发生到结束全过程的数据，可分析振荡周期、振荡中心、振荡电流和电压等问题，可提供防范振荡的对策和改进继电保护和自动装置的依据。

三、故障录波器的原理

用来记录电力系统中电气量和非电气量的自动记录装置，通过记录和监视系统中模拟量和事件量来对系统中发生的故障和异常等事件生成故障波形储存，通过分析软件的处理对波形进行分析和计算，从而对故障性质、故障发生点的距离、故障的严重程度进行准确判断。

由电压互感器、电流互感器提供的电流经 A/D 转换器，将模拟信号变为数字量，再送入计算机，由 CPU 处理后存入存储器，进行检测计算，探测故障。断路器位置及保护动作情况经开关量输入接口变成电信号，再经隔离之后，成组进入 CPU 处理储存。在正常情况下，CPU 采集到电流电压突变量，或过电流、过电压、零序电流、开关状态变化等信号时，启动故障录波。由于数据采集是连续的，故可将故障前一定时段的数据和故障后的全部数据采集送入RAM。然后存入磁盘，由离线分析程序显示出波形曲线图、一次/二次录波值等。

四、故障录波器的主要参数

1. 采样速率

采样速率的高低决定了录波器对高次谐波的记录能力，在系统发生故障之初，故障波形的高次谐波非常严重，因此，为了较真实地记录故障的暂态过程，录波器要有较高的采样速率。电力行业标准规定，故障录波器的采样速率应达到5 kHz。但高的采样速率，要使用较多的存储空间，同时在进行数据传输时，要花费更长的时间，这很不利于故障后的快速分析故障。

2. 最大故障电流记录能力

该指标用来保证在系统最大短路电流下能够完整地记录故障过程，不发生削波，同时在极小电流时又要能用一定的精度。该指标有时还影响到录波器启动定值的灵敏度。

3. 录波记录时间

故障录波器被触发后，将根据事先设定的录波时间采集数据、存储数据。这几个时段有：

(1) 故障前记录时间：这部分录波数据主要是用来进行故障定位计算时使用。

(2) 触发时段：这部分录波数据记录的是故障发生的前期过程，含有较多的暂态分量，故障后进行故障定位和其他电气量计算使用的主要是这部分数据。

(3) 故障后时段：这个时段主要记录系统在故障结束后系统的情况，这段数据主要关心的是变化过程。

4. 录波数据采样

模拟量采样及记录方式按图6－53执行。

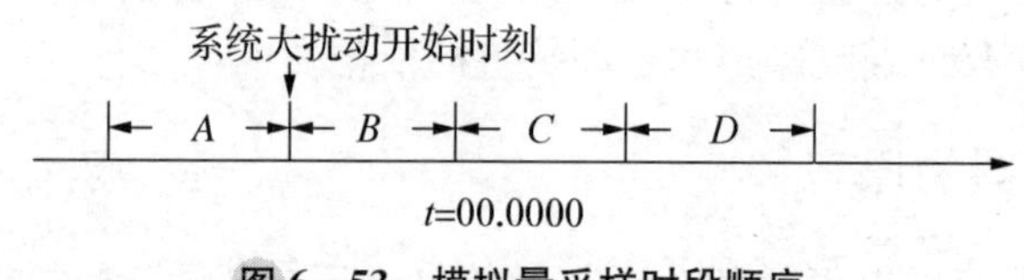

图6－53　模拟量采样时段顺序

A时段：系统大扰动开始前的状态数据，记录时间为40～100 ms可调。采样频率10 kHz、5 kHz、2 kHz、1 kHz，可自行选择设置。B时段：系统大扰动后初期的状态数据，记录时间200～2 000 ms，可自行选择设置，采样频率同A段。C时段：系统大扰动后中期的状态数据，记录时间1.0～10 s，可自行选择设置。数据输出速率1 kHz、0.5 kHz、0.25 kHz，可自行选择设置。D时段：系统动态过程数据，不定时间长录波，录波时间最长为30 min，数据输出速率50 Hz、10 Hz、1 Hz，可自行选择设置。

五、正确阅读分析故障录波

故障录波是继电保护事故处理的眼线，是建立事故分析处理整体思路的重要信息。在外围硬件设备、二次回路无明显故障痕迹的情况下，如何从录波图上去寻找事故分析的突破口，非常关键。这要求分析者有一定的系统故障分析理论水平及相当的现场经验。

需要说明的是，对于纸质故障录波图的数值量阅读只能通过人眼目测，所得数据只能作为定性分析所用，一般不做定量分析的深层次计算所用。需要定量分析的场合，可借助专门的录波分析软件从录波图的电子文档中提取精确数值。

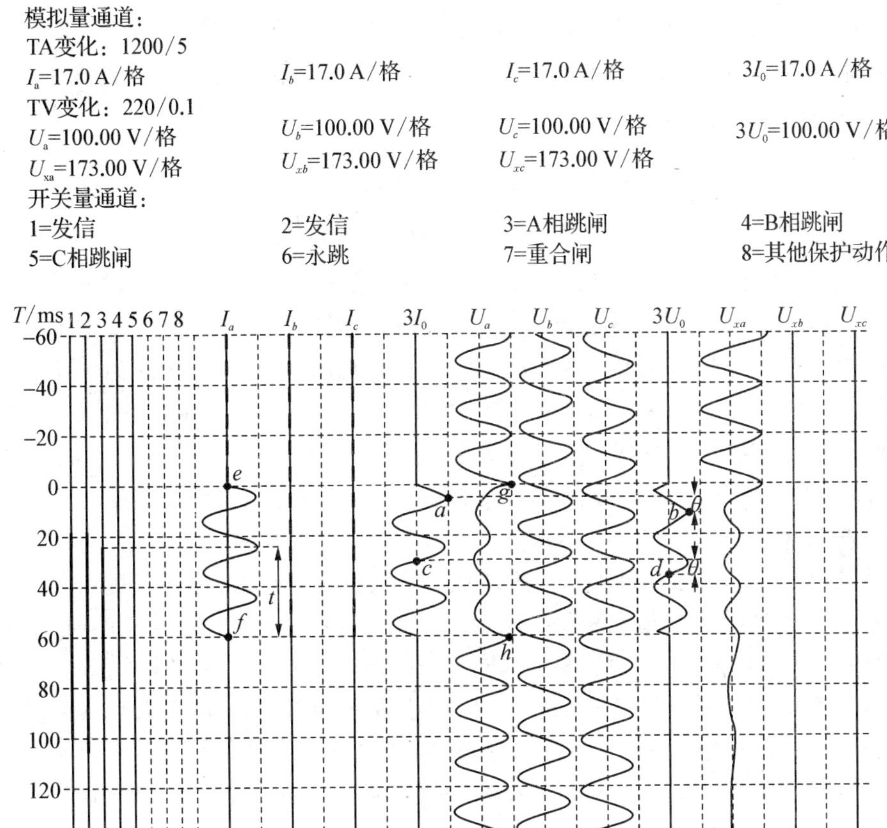

图 6-54　故障波形图

从图 6-54 中可看出，以 0 ms 为故障发生的起始时刻，−60～0 ms 为故障前正常状态，此时三相电压幅值正常，三相电流幅值略有起伏，为较小的负荷电流。在 0 ms 时刻开始发生了 A 相的单相接地故障，A 相电流由较小的负荷电流突变成故障电流，图 6-54 中 e—f 段电流波形。A 相相电压幅值下降，图 6-54 中 g—h 段电压波形。同时出现 $3I_0$ 电流与 $3U_0$ 电压（注：图中的 $3I_0$ 电流与 $3U_0$ 电压均为保护自产）。

A 相故障电流 I_A 的幅值阅读。从图 6-54 中可以看出 e—f 段电流波形峰值处约占 0.9 格，所以其幅值估算如下：

A 相故障时 U_a 残压幅值阅读。从图 6－54 中可以看出，g—h 段电压波形峰值处约占 0.3 格，所以其幅值计算如下：

$$二次有效值：=(0.3\times 100)/\sqrt{2}=21.2\ \text{V}$$
$$一次有效值：=21.2\times 220/0.1=46.64\ \text{kV}$$

零序电流 $3I_0$ 的幅值阅读。从图 6－54 中可以看出零序电流 $3I_0$ 的波形中峰值点 a 约占 0.9 格，其幅值估算如下：

$$二次有效值：=(0.9\times 17.0)/\sqrt{2}=10.82\ \text{A}$$
$$一次有效值：=10.82\times 1\ 200/5=2\ 596.8\ \text{A}$$

零序电压 $3U_0$ 的幅值阅读。从图 6－54 中可以看出零序电压 $3U_0$ 的波形中峰值点 b 约占 0.7 格，其幅值估算如下：

$$二次有效值：=(0.7\times 100)/\sqrt{2}=49.5\ \text{V}$$
$$一次有效值：=49.5\times 220/0.1=108.9\ \text{kV}$$

零序电流 $3I_0$ 与零序电压 $3U_0$ 相位关系阅读。在图 6－54 中可以通过加辅助线来帮助阅读，一般利用两波形的特殊点进行比较，譬如波形的峰值点、过零点。图 6－54 中 a 点与 b 点的比较是利用峰值点，c 点和 d 点的比较是利用过零点，其中 θ 为零序电流超前零序电压的角度。这里可观察两峰值点或两过零点之间的角度差值，如图 6－54 中两峰值点或两过零点之间的角度为 0.25 个周波多一点，一个周波为 360°，因此 0.25 个周波多一点，估计的角度在 100°～110°。如果外部接线正确，从零序电流超前零序电压 110°这一点看，这是一个典型的正方向接地故障。

这里需要注意的问题是过零点与峰值点的方向问题，波形的过零点有正向过零点和负向过零点，峰值点有正峰值点和负峰值点。因此在选择过零点或峰值点的时候，要注意两个波形的两个对应点的一致性，要选择同方向的最近的两个点进行比较。

具体方法：先确定被比较的两个波形中一个波形的过零点（或峰值点），然后通过该点做垂直于时间轴的辅助线去交另一个波形，在辅助线与另一波形交点的前后找同方向的最近的过零点（或峰值点），如果该点所在的时间刻度比辅助线所在的时间刻度小，则所得的 θ 为后一波形超前前一波形的相位角；如果该点所在的时间刻度比辅助线所在的时间刻度大，则所得的 θ 为前一波形超前后一波形的相位角；如果该点正好在辅助线上，则两个波形同相位。

动作时间的阅读。从图 6－54 中可看出，A 相故障电流持续的时间约为 60 ms，时间的阅读可以通过波形图中时间轴的刻度获得，也可以通过波形本身的周波数来计算获得，譬如 A 相的故障电流的波形持续了约 3 个周波，按每周波 20 ms 计算，因此故障电流持续了约 60 ms。这种利用波形本身的周波数来估算时间的方法是录波图阅读中常用的方法。

从图 6－54 中可看出，在 A 相故障发生后约 1.25 个周波时保护 A 相出口（图 6－54 中 3 通道的粗黑线），从这里可以知道主保护的动作时间约为 25 ms，从主保护动作到故障

电流消失约为 1.75 个周波，从这里可以知道断路器的开断时间约为 35 ms。以上两个数据与保护及开关的动作特性基本符合。

六、典型故障波形的分析

1. 单相接地短路故障

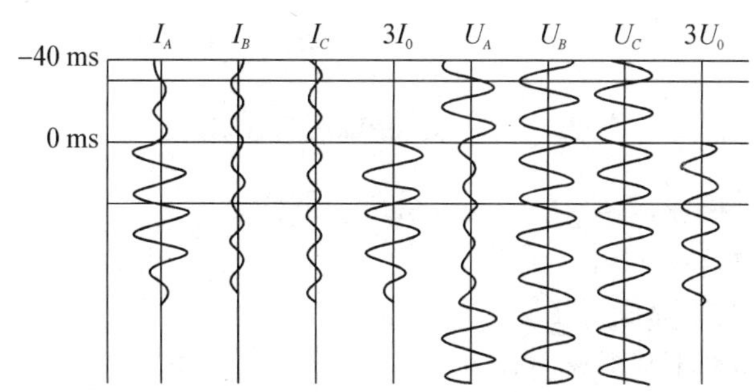

图 6－55　单相接地短路故障波形图

分析单相接地短路故障录波图(图 6－55)得出以下特点：

(1) 一相电流增大，一相电压降低；出现零序电流、零序电压。

(2) 电流增大、电压降低为相同相别。

(3) 零序电流相位与故障电流同向，零序电压与故障相电压反向。

根据以上分析，判断为单相接地故障，故障相为接地电流明显增大的那一相。

2. 两相接地短路故障

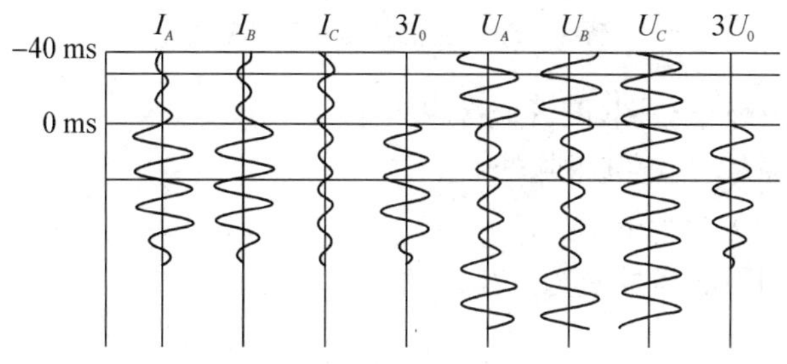

图 6－56　两相接地短路故障波形图

分析两相接地短路故障录波图(图 6－56)得出以下特点：

(1) 两相电流增大，两相电压降低，出现零序电流、零序电压。

(2) 电流增大、电压降低为相同两个相别。

(3) 零序电流相量位于故障两相电流间。

根据以上特点分析判断故障性质为两相接地短路，故障相为接地电流明显增大的那两相。

3. 两相短路故障

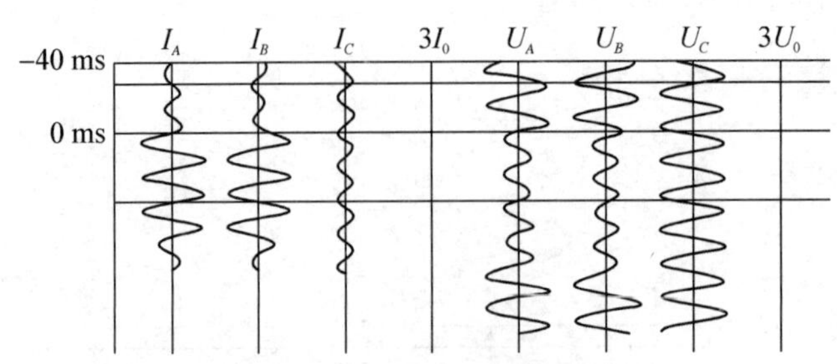

图 6 - 57　两相短路故障波形图

分析两相短路故障录波图(图 6 - 57)得出以下特点：

(1) 两相电流增大,两相电压降低;没有零序电流、零序电压。

(2) 电流增大、电压降低为相同两个相别。

(3) 两个故障相电流基本反向。

根据以上特点分析判断故障性质为两相短路,故障相为电流明显增大的那两相。

4. 三相短路故障

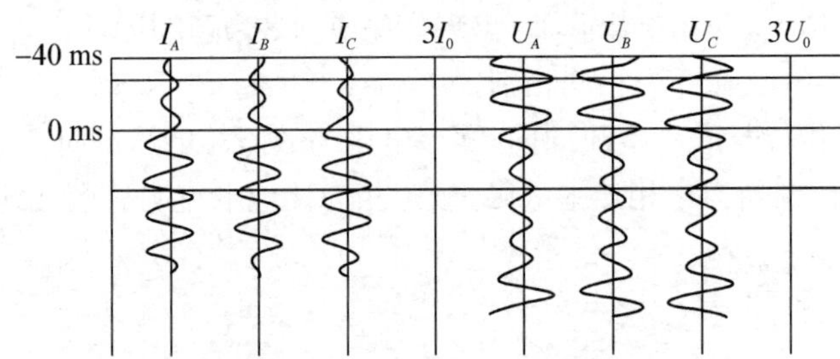

图 6 - 58　三相短路故障波形图

分析三相短路故障录波图(图 6 - 58)得出以下特点：

(1) 三相电流增大,三相电压降低。

(2) 没有零序电流、零序电压。

根据以上特点判断故障性质为三相短路故障。

第七节　低频减载自动装置

一、低频减载的意义

《电力系统安全稳定导则》将电力系统的扰动分为三类:第一类为常见的普通故障,要求系统在承受此类故障时能保持稳定运行与正常供电;第二类故障为出现概率较低的较严重的故障,要求系统在承受此类故障时能保证稳定运行,但允许损失部分负荷;第三类故障为罕见的严重复杂故障，电力系统在承受此类故障时，若不能保持系统稳定运行，则必须防止系统崩溃并尽量减少负荷损失。针对上述三种情况所采取的措施，即所谓保证安全稳定的三道防线。其中第三道防线就是要保证电力系统在严重复杂的故障下，防止事故扩大，防止导致长时间的大范围停电，以免造成巨大经济损失和社会影响。

电网事故暴露的问题包括：低频减载切除容量严重不足；低频减载方案同机组低频跳闸定值不协调；电网结构不合理等。

根据故障严重程度的不同，有必要加强电网防止稳定破坏和大面积停电的三道防线：第一道防线，电网快速保护及预防控制；第二道防线，稳定控制；第三道防线，就是在主系统发生稳定破坏时的电压及频率紧急控制，有计划、合理地实施解列的自动装置或手动方案，以及解列后为防止小系统崩溃而设置的低频减载装置，以维持整个电网的稳定运行。

二、系统频率的事故限额

1. 系统频率降低使厂用机械的出力大为下降，有时可能形成恶性循环，直至频率雪崩。

2. 系统频率降低使励磁机等的转速也相应降低，当励磁电流一定时，发送的无功功率会随着频率的降低而减少，可能造成系统稳定的破坏。发生在局部的或某个厂的有功电源方面的事故可能演变成整个电力系统的灾难。

3. 电力系统频率变化对用户的不利影响主要表现在以下几个方面：

(1) 频率变化将引起异步电动机转速的变化，由电动机驱动的纺织、造纸等机械产品的质量将受到影响，甚至出现残次品。

(2) 系统频率降低将使电动机的转速和功率降低，导致传动机械的出力降低。

(3) 国防部门和工业使用的测量、控制等电子设备将因为频率的波动而影响准确性和工作性能，频率过低时甚至无法工作，规定的频率偏差范围为±0.2 Hz至±0.5 Hz。

4. 汽轮机对频率的限制。频率下降会危及汽轮机叶片的安全。因为一般汽轮机叶片的设计都要求其自然频率充分躲开它的额定转速及其倍率值。系统频率下降时有可能因机械共振造成过大的振动应力而使叶片损伤。容量在300 MW以上的大型汽轮发电机组对频率的变化尤为敏感。例如，我国进口的某350 MW机组，频率为48.5 Hz时，要求发瞬时信号，频率为47.5 Hz时要求30 s跳闸，频率为47 Hz时，要求0 s跳闸；进口的某600 MW机组，当频率降至47.5 Hz时，要求9 s跳闸。

5. 频率升高对大机组的影响。电力系统因故障被解列成几个部分时，有的区域因有功严重缺额而造成频率下降，但有的区域却因有功过剩而造成频率升高，从而危及大机组的安全运行。例如，美国1978年的一个电网解列，其中1个区域频率升高，六个电厂中的14台大机组跳闸。

6. 频率对核能电厂的影响。核能电厂的反应堆冷却介质泵对供电频率有严格要求，如果不能满足，这些泵将自动断开，使反应堆停止运行。

综上所述，运行规程要求电力系统的频率不能长时期地运行在49 Hz以下；事故情况下不能较长时间地停留在47 Hz以下，瞬时值则不能低于45 Hz。所以在电力系统发生有功功率缺额的事故时，必须迅速断开相应的用户，使频率维持在运行人员可以从容处理的水平上，然后再逐步恢复到正常值。由此可见，频率自动减负荷装置“ZPJH”是电力系统一种有力的反事故措施。

三、自动减负荷装置的工作原理

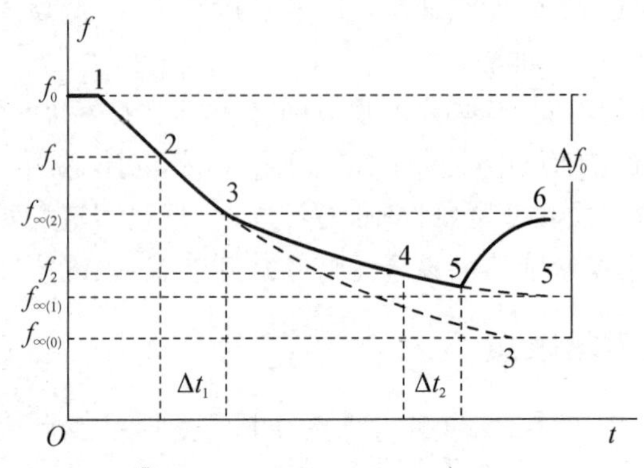

图 6－59　系统频率的变化过程

点 1：系统发生了大量的有功功率缺额。

点 2：频率下降到，第一轮继电器启动，经一定时间。

点 3：断开一部分用户，这就是第一次对功率缺额进行的计算。

点 3—点 4：如果功率缺额比较大，第一次计算不能得到系统有功功率缺额的数值，那么频率还会继续下降，很显然由于切除了一部分负荷，功率缺额已经减小，所有频率将按 3—4 的曲线而不是 3—3 虚线继续下降。

点 4：当频率下降到 f_2 时，自动减载第二轮频率继电器启动，经一定时间后。

点 5：断开接于第二轮频率继电器上的用户。

点 5—点 6：系统有功功率缺额得到补偿。频率开始沿 5—6 曲线回升，最后稳定。

逐次逼近：进行一次次的计算，直到找到系统功率缺额的数值（同时也断开了相应的用户）。即系统频率重新稳定下来或出现回升时，这个过程才会结束。

四、自动减负荷装置防误动作

自动低频减载装置动作时，原则上应尽可能快，这是延时系统频率下降的最有效措施，但考虑到以下情况，又不允许自动低频减载装置瞬时动作。

1. 当系统发生事故，电压急剧下降期间有可能引起频率继电器误动作。

2. 自动低频减载装置动作反应全系统的平均频率，而不是所接母线的频率瞬时值。

3. 防止在系统发生振荡时装置的误动作。

为此，要求装置有一定的动作时限。当然，时限过长不利于各级间的选择性，也可能在严重故障时会使系统的频率降低到危险的临界值以下，所以往往采用一个不大的时限（通常 0.1～0.2 s）以躲过暂态过程可能出现的误动作。

为了防止自动低频减载装置误动作，可引入其他信号进行闭锁。目前常用的闭锁有时限闭锁、低电压带时限闭锁、低电流闭锁、滑差闭锁等。

第七章　变电站通信及综合自动化系统

第一节　系统通信和场内通信系统

一、系统通信

1. 调度数据网

陆上集控中心布置两面调度数据网屏，分别配备路由器、交换机、纵向加密认证装置等设备，组成调度数据网一平面系统及调度数据网二平面系统，一平面接入盐城地区市级电力网将数据上传至调度中心、二平面接入江苏省级电力网将数据上传至调度中心。

调度数据网一平面路由器、二平面路由器为保障链路冗余及可靠性，分别采用双 E1 捆绑的方式接入 SDH 光通信传输网。一、二平面路由器按电网规范分别配置 VPN 实例将实时业务与非实时业务进行隔离，交换机及纵向加密认证装置按应用功能分别划分为一平面一区交换机、一平面二区交换机，一平面一区纵向加密认证装置、一平面二区纵向加密认证装置，设备按电网规范进行相应安全加固，满足“安全分区、网络专用、横向隔离、纵向认证”等基本要求。

2. 管理信息大区(调度三区)

陆上集控中心布置 1 面生产管理系统屏，配置路由器、防火墙、交换机、隔离装置等设备，组成管理信息大区(三区)，传输调度三区业务、108 网站、厂网平台等系统。三区路由器通过 E1 接入 SDH 光通信传输网连接至省调管理信息大区，三区防火墙采用白名单形式配置相应的访问控制策略，允许授权的主机访问省调信息交互平台，三区设备按电网规范进行相应的安全加固。

3. 涉网 SDH

陆上集控中心涉网通信系统配备两台 SDH 光通信传输设备、软交换设备、直流分配单元等，两台 SDH 光通信传输设备各配备 2 块双光口 622 Mbit/s L4.1 光接口板，一块用于与盐城地区系统变电站对接，一块用于新能源变电站站内互联，作为支环接入盐城地区电力通信光传输环网，用以传输调度电话、综合自动化信息等业务。涉网通信 SDH 传输设备统一纳入盐城地调网管平台统一管理，同步系统采用线路抽时钟方式与盐城地区光传输环网同步，组网拓扑图如图 7－1 所示。

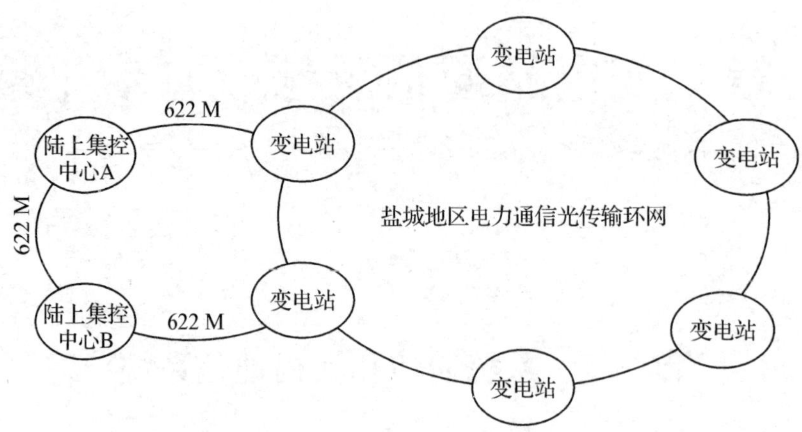

图 7-1　电力专线网络拓扑图

4. 调度电话

陆上集控中心涉网通信系统配备两套具有软交换功能的 IAD 设备，两套 IAD 设备通过网线分别连接至陆上集控中心涉网 SDH 传输设备 FE 口，通过传输网连接至盐城地调调度交换机、通过盐城地调连接至省调调度交换机，IAD 设备接入前应提前向省调申请调度电话号码、设备 IP 地址，并获取 SIP 服务器地址等参数信息，IAD 设备模拟用户接口连接至录音电话。

二、场内通信系统

风电场场内光纤通信系统将传输综自数据、视频、音频、网络等信号，陆上集控中心通信继保室、220 kV 海上升压站各设置两套场内光纤通信设备，互为主备用。两套设备利用两根海底光电复合缆内 2 * 36 芯单模光缆中的 4 芯组成风电场点到点 SDH 同步数字传送综合通信网。

场内光纤通信系统设备主要由光纤数字传输设备、用户接入设备和光调制解调器组成。接口类型包括：语音、低速数据（点对点、点对多点、共享）、2 Mb/s 数字通道、10 M/1 000 M 以太网通道（点对点、点对多点、共享）等。拓扑结构如图 7-2 所示。

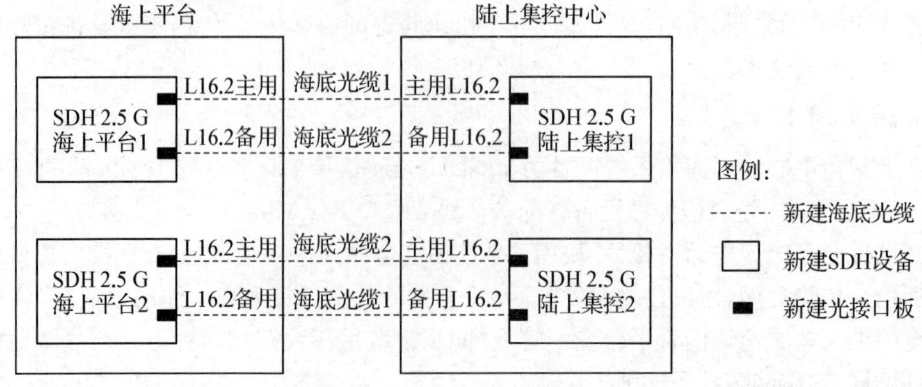

图 7-2　场内通信系统拓扑图

第二节　电力监控安全防护系统

一、概述

电力监控安全防护系统主要针对网络系统和基于网络的电力生产控制系统，重点强化边界防护，提高内部安全防护能力，防止黑客、病毒、恶意代码等通过各种形式对变电站的二次系统发起的恶意破坏和攻击，对生产网络系统的攻击侵害及由此引发的生产监控系统事故。

系统主要由隔离装置、防火墙、纵向加密装置、安全审计系统、恶意代码防护系统、入侵检测系统、网络安全监测系统等安全防护设备组成。

二、电力监控系统安全防护策略

电力监控系统安全防护的总体策略为“安全分区、网络专用、横向隔离、纵向认证”。

1. 安全分区

电力生产企业内部基于计算机和网络技术的应用系统，原则上划分为生产控制大区和管理信息大区。生产控制大区可以分为控制区（又称安全Ⅰ区）和非控制区（又称安全Ⅱ区）。

在满足安全防护总体原则的前提下，可以根据应用系统实际情况，简化安全区的设置，但是应当避免通过广域网形成不同安全区的纵向交叉连接。

2. 网络专用

电力调度数据网应当在专用通道上使用独立的网络设备组网，在物理层面上实现与电力企业其他数据网及外部公共信息网的安全隔离。

安全区的外部边界网络之间的安全防护隔离强度应该和所连接的安全区之间的安全防护隔离强度相匹配。

3. 横向隔离

横向隔离是电力监控安全防护体系的横向防线。各安全区采用不同强度的安全设备进行隔离。在生产控制大区与管理信息大区之间必须设置经国家指定部门检测认证的电力专用横向单向安全隔离装置，隔离强度接近或达到物理隔离。电力专用横向单向安全隔离装置作为生产控制大区与管理信息大区之间的必备边界防护措施，是横向防护的关键设备。生产控制大区内部的安全区之间采用具有访问控制功能的网络设备、防火墙或者具有相当功能的设施，实现逻辑隔离。

控制区与非控制区之间常采用国产硬件防火墙，具有访问控制功能的设备或具有相当功能的设施进行逻辑隔离。

采用不同强度的安全隔离设备使各安全区中的业务系统得到有效保护，其关键是将实时监控系统与办公自动化系统等实行有效安全隔离，隔离强度应接近或达到物理隔离。

4. 纵向认证

纵向认证是采用认证、加密、访问控制等手段实现数据的远方安全传输及纵向边界的安全防护。

纵向加密认证是电力监控系统安全防护体系的纵向防线，采用认证、加密、访问控制等技术措施实现数据的远方安全传输及纵向边界的安全防护。对于重点防护的调控中心、发电厂、变电站在生产控制大区与广域网的纵向连接处设置经过国家指定部门检测认证的电力专用纵向加密认证装置或者加密认证网关及相应设施，实现双向身份认证、数据加密和访问控制。

三、系统安全区规划

如表 7－1 所示，生产控制大区分为控制区（安全Ⅰ区）和非控制区（安全Ⅱ区），控制区（安全Ⅰ区）中的业务系统或其功能模块（或子系统）的典型特征：电力生产的重要环节，直接实现对电力一次系统的实时监控，纵向使用电力调度数据网络或专用通道，是安全防护的重点与核心。控制区的传统典型业务系统包括电力数据采集和后台监控系统、相量测量系统（PMU）、AGC 控制系统、AVC 控制系统、风机监控系统等，其主要使用者为调度员和运行操作人员，数据传输实时性为毫秒级或秒级，其数据通信使用电力调度数据网的实时子网或专用通道进行传输。

非控制区（安全Ⅱ区）中的业务系统或其功能模块的典型特征：电力生产的必要环节，在线运行但不具备控制功能，使用电力调度数据网络，与控制区中的业务系统或其功能模块联系紧密。非控制区的传统典型业务系统包括故障录波信息管理系统、电能量采集系统、保信子站系统、风功率系统等，非控制区的数据采集频度是分钟级或小时级，其数据通信使用电力调度数据网的非实时子网。

表 7－1　系统安全区规划

序号	业务系统	控制区（Ⅰ区）	非控制区（Ⅱ区）	管理信息（Ⅲ区）
1	升压站监控系统	远动通信及站内监控		
2	风机监控系统	风机 SCADA 系统		
3	自动发电控制	AGC		
4	自动电压控制	AVC		
5	相量测量装置	PMU		
6	故障录波		故障录波装置	
7	电能采集系统		电能量采集	
8	风功率预测系统		风功率预测	
9	继电保护子站		保信子站	
10	管理信息系统			调度生产管理系统

信息管理大区即生产管理区(安全Ⅲ区)。不同安全区确定不同安全防护要求,其中安全Ⅰ区安全等级最高,安全Ⅱ区次之,其余依次类推。在满足安全防护总体原则的前提下,可以根据业务系统实际情况,简化安全区的设置,但是应当避免形成不同安全区的纵向交叉连接。

四、电力监控安全防护设备

1. 电力专用横向单向安全隔离装置

横向隔离装置作为生产控制大区与管理信息大区之间的必备边界防护措施,是横向防护的关键设备。它可以识别非法请求并阻止超越权限的数据访问和操作,从而有效抵御病毒、黑客等通过各种形式发起的对生产控制大区的恶意破坏和攻击活动。横向隔离装置分为正向隔离装置和反向隔离装置。

横向隔离装置在新能源变电站中使用一般有两种情况:第一种情况,一部分电站将安全Ⅰ区计算机监控系统中采集的实时数据传输至管理信息大区的生产管理系统或直接传输至其他监控中心,中间必须安装正向隔离装置,用于安全Ⅰ区到管理信息大区的单向数据传输;第二种情况,电站功率预测系统中,部署在管理信息大区的气象服务器将收集的天气预报数据发送至安全Ⅱ区的功率预测服务器,中间须安装反向隔离装置,用于管理信息大区到安全Ⅱ区的单向数据传输。

2. 纵向加密认证装置

(1) 纵向加密认证装置功能

纵向加密认证装置用于生产控制大区的广域网边界防护。纵向加密认证装置为广域网通信提供认证与加密,实现数据传输的机密性、完整性保护,同时具有类似防火墙的安全过滤功能。

(2) 纵向加密认证装置在新能源变电站中的应用

纵向加密认证装置一般部署在生产控制大区纵向边界,通常在安全Ⅰ区和安全Ⅱ区纵向边界各部署1台,纵向加密认证装置通常部署于路由器与交换机之间,分别与对端安全Ⅰ区和安全Ⅱ区纵向加密装置配合实现数据的加密解密和认证功能,保障纵向数据通道的安全可靠。在电站中,纵向加密认证装置一般有两种使用情况:第一种情况,用于电网调度数据网屏;第二种情况,用于集控中心调度数据网屏。

3. 防火墙

(1) 防火墙的功能

防火墙是设置在内部网络和外部网络之间的一道屏障,以防止发生不可预测的、潜在的破坏性侵入。它可通过检测、限制、更改跨越防火墙的数据流,尽可能地对外部屏蔽网络内部的信息、结构、运行状况,以此来实现网络的安全保护。

防火墙一般要求设备本身具有预防入侵的功能,并且自身具有较高的抗攻击能力;外部网络与内部网络互相访问的双向数据流必须通过防火墙;只有被安全策略允许(合法)的数据才可以通过防火墙。

(2) 防火墙在新能源变电站中的应用

在电站电力监控系统中，防火墙作为生产控制大区或管理信息大区内部网络之间必备的横向边界防护措施，一般有三种使用情况：第一种情况，电站功率预测服务器（安全Ⅱ区）与电站监控系统（安全Ⅰ区）进行数据交互须在通信链路中间加装防火墙；第二种情况，电站 MS 终端与综合数据网（管理信息大区）进行数据交互须在通信链路中间加装防火墙；第三种情况，电站功率预测气象服务器与互联网进行数据交互须在通信链路中间加装防火墙。

4. 入侵检测系统

(1) 入侵检测的功能

入侵检测系统（简称 IDS）是一种对网络传输进行即时监视，在发现可疑传输时发出警报或者采取主动反应措施的网络安全设备。

入侵检测系统根据入侵检测的行为分为两种模式：异常检测和误用检测。前者先要建立一个系统访问正常行为的模型，凡是访问者不符合这个模型的行为将被断定为入侵；后者则相反，先要将所有可能发生的不利的、不可接受的行为归纳建立一个模型，凡是访问者符合这个模型的行为将被断定为入侵。

(2) 入侵检测在新能源电站中的应用

在电站电力监控系统中，入侵检测系统分别部署于生产控制大区和管理信息大区，部署完毕后应合理设置检测规则，检测发现隐藏于流经网络边界正常信息流中的入侵行为，分析潜在威胁发出告警并采取反应措施。

5. 恶意代码防护系统

(1) 恶意代码防护系统功能

恶意代码防护系统（简称 IPS）是电脑网络安全设施，是对防病毒软件和防火墙的综合解释。恶意代码防护系统是一部能够监视网络或网络设备的网络资料传输行为的计算机网络安全设备，能够即时的中断、调整或隔离一些不正常或是具有伤害性的网络资料传输行为。

(2) 恶意代码防护系统在新能源电站中的应用

在电站电力监控系统中，恶意代码系统分别部署于生产控制大区和管理信息大区，采取防范恶意代码措施，专门深入网络数据内部，查找它所认识的攻击代码特征，过滤有害数据流，丢弃有害数据包，并定期离线更新经过安全检测的病毒库、木马库以及 IDS 规则库，对网络边界发生的入侵行为、恶意病毒等进行有效地阻止和消除。

6. 安全审计系统

(1) 安全审计系统的功能

安全审计系统主要用于监视并记录对数据库服务器的各类操作行为，通过对网络数据的分析，实时地、智能地解析对数据库服务器的各种操作，并记入审计数据库中以便日后进行查询、分析、过滤，实现对目标数据库系统用户操作的监控和审计。

(2) 安全审计系统在新能源电站中的应用

在电站电力监控系统中，安全审计系统分别部署于生产控制大区和管理信息大区，能

够对操作系统、数据库、业务应用的重要操作进行记录、分析，及时发现各种违规行为以及病毒和黑客的攻击行为，对于远程用户登录到本地系统中的操作行为，也会进行严格的安全审计。

7. 网络安全监测装置

(1) 网络安全监测装置的功能

用于采集涉网区域服务器、工作站、网络设备、安全防护设备的网络安全事件信息，分析处理后通过调度数据网上报至调度主站的网络安全管理系统。

(2) 网络安全监测装置在新能源电站中的应用

新能源电站一般部署网络安全监测装置，生产控制大区安全一区和安全二区各部署一台，用于采集安全类信息、操作信息、运行信息。新能源电站采集对象主要有一区：远动服务器、风机监测系统、后台监控服务器等；二区：故障录波、风功率预测系统等。

第三节　综合自动化系统

变电站综合自动化，也就是综自系统，是二次系统的一个组成部分，也是保证变电站安全的一种重要技术手段。综自系统和保护的界限越来越模糊，其重要性越来越高。

一、新能源电站综自的概念

变电站综合自动化就是将变电站的二次设备(包括测量仪表、保护装置、信号系统、自动装置和远动装置等)的功能综合于一体，实现对变电站主要设备的监视、测量、控制、保护以及与调度通信等自动化功能。

综自系统包括微机监控、微机保护、微机自动装置、微机五防等子系统。它通过微机化保护、测控单元采集变电站的各种信息(如母线电压、线路电流、断路器位置、各种遥信等)。并对采集到的信息进行分析处理，并借助通信手段，相互交换和上传相关信息。

综自所谓的综合，既包括横向综合，即将不同间隔、不同厂家的设备相互连接在一起；也包括纵向综合，即通过纵向通信，将变电站与控制中心、调度之间紧密结合。

综自系统按照设备的布局来划分，可以分为集中式、局部分散式、分散式三种。

1. 集中式

通过集中组屏的方式采集变电站的模拟量、开关量和数字量等信息，并同时完成保护、控制、通信等功能。这种布局形式早期应用的比较多，因为早期综自设备技术不成熟，对运行现场的条件要求比较高，所以只能在环境比较良好的主控室中安装。

集中式布局的主要缺点是，所有与综自系统相连的设备都需要拉电缆连接进入主控室，电缆的安装敷设工作量很大，周期长，成本高，也增加了 CT 的二次负载。随着综自设备技术的成熟，已经用得很少。

2. 局部分散式

将高压等级的保护、测控装置集中安装在主控室，而将低压等级的保护综自设备就近集中安装于高压室内或专用继保小室内。这种布局形式是一种综合考虑经济性和运行环境的方案，现在较多地用在超高压变电站中。比如一个 500 kV 站，分为主控室、500 kV 继保小室、220 kV 继保小室，各二次设备电缆就近连接到相应的继保小室中，各个继保小室的保护测控设备间再通过光纤进行通信联系。

3. 分散式

随着保护测控装置技术的日渐提高，将保护测控装置分散安装于开关柜或机构箱成为可能。分散式布局将高压等级的保护、测控设备集中安装于主控室，低压等级的保护综自设备就直接分散安装在开关柜上，各设备之间通过现场总线或以太网进行通信。这种布局方式极大地减少了电缆铺设的工作量，提高了经济性。目前 35 kV 以下电压等级的保护综自设备基本都能满足分散式要求，而 110 kV 以上主要还是在主控室集中组屏。

二、新能源变电站监控系统架构

新能源变电站监控系统是以先进的计算机技术、现代电子技术、通信技术和信息处理技术为依托，集成电站运行数据采集、显示、传输与实时控制等功能为一体的综合自动化监控系统。监控系统以智能化电气设备为基础，以串行通信总线为载体，将电气主设备的在线智能监测和监控等设备组成一个实时网络。

通常变电站监控系统为开放式分层、分布式结构，分为站控层、间隔层及网络设备。站控层为全站设备监视、测量、控制、管理的中心，通过光缆或屏蔽双绞线与间隔层相连。间隔层由发电设备、配电与计量设备、监测与控制装置、保护与自动化装置等构成，实现全站发电运行和就地独立监控功能，在站控层失效的情况下，间隔层仍能独立完成间隔层设备的监视和断路器控制功能，变电站监控系统通过远动工作站与集控中心、电网调度中心通信，传送相关数据，并接受、执行其下达的命令。网络设备含网络交换机、光/电转换器、接口设备和网络连接线、光缆等。

1. 变电站监控系统站控层

站控层由数据处理及人机联系子系统、远动通信子系统等组成，实现对变电站运行信息的实时监控功能。

数据处理及人机联系子系统一般由 SCADA 服务工作站、操作员站（兼做工程师站）、五防工作站等组成，完成站内数据处理和人机联系功能。

(1) SCADA 服务工作站

新能源变电站监控系统一般采用双 SCADA 服务工作站模式，主机是站控层数据收集、处理、存储及发送中心。主机承担变电站监控系统计算和处理工作，具有实时数据库、历史数据库等应用软件，管理、存储电站的全部运行参数。两台 SCADA 服务工作站采用双机冗余互为备用工作方式，一台主机故障时，另一台主机可接管全部功能，实现无扰动切换。

(2) 操作员站（兼工程师站）

操作员站（兼工程师站）完成对电网的实时监视和操作功能，为操作员提供所有功能

的入口，显示各种画面、表格、告警信息和管理信息，提供遥控、遥调等操作，监护界面并进行人机交互。

监控系统投运后，维护人员使用它进行系统维护工作。如制作报表、编辑画面、修改工程数据库等。

(3) 五防工作站

现在电厂及变电站常用的五防系统有模拟屏型和微机型。

模拟屏型以变电站的一次模拟屏为核心。在模拟屏工控机内预存了所有设备的刀闸操作程序，操作时将模拟预演正确的操作程序传输给电脑钥匙，从而对电气设备进行对应操作。随着微机保护的发展，模拟屏已经用得越来越少。

微机型五防系统，通过五防机与监控后台机通信进行数据交换，操作时在五防机上模拟预演，并传输操作票给后台机和电脑钥匙。监控系统遥控操作时根据操作票只对允许的对象进行操作，其他对象被五防闭锁。

微机五防系统智能化程度高，功能齐全、操作简单，适用于主接线复杂的变电站，通常可分为一体化监控五防系统、专用五防系统。专用五防系统配置独立于监控系统的专用微机五防系统，两者通过实时通信交换信息，但专用五防系统已逐步退出历史舞台。

一体化监控五防系统：将五防系统与监控系统一体化配置。远方操作时，通过"五防工作站"实现全站防误闭锁功能，就地操作时有电脑钥匙和锁具来实现。通过在被控设备的操作回路中串接本间隔闭锁回路。

"五防"系统正常运行时，监控系统定时向五防系统传送现场设备的实际状态(开关、刀闸的状态等)。当运行人员需要进行操作时，首先在五防系统上进行模拟开操作票，并将操作票下传到电脑钥匙。

实际操作时，当运行人员对任何一个设备进行遥控操作，监控系统向五防系统发遥控命令。五防系统根据预先编写好的操作票判断：如果操作步骤与操作票步骤一致，五防系统向监控系统发遥控运行命令，允许操作，并通过电脑钥匙回传设备状态；如果操作步骤与操作票不一致，五防系统向监控系统发遥控禁止命令，拒绝操作。这样就起到了防误的目的。

若操作员工作站故障或监控网络异常，运行人员可将下载有正确操作票的电脑钥匙拿到现场，对开关、刀闸、地刀、网门等进行操作，"五防"的操作过程如图 7 - 3 所示。

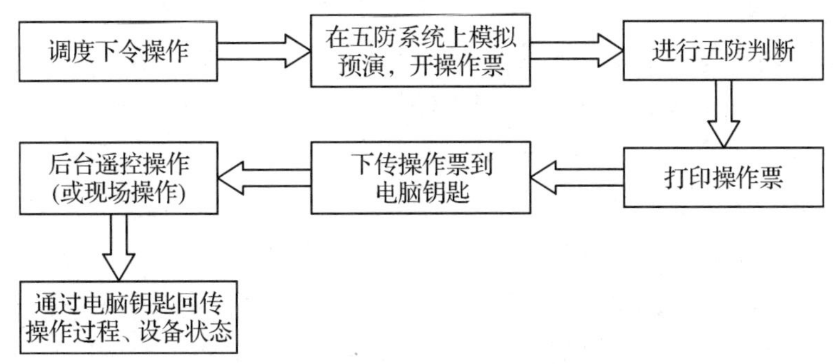

图 7 - 3　"五防"操作流程图

2. 远动通信子系统

远动通信子系统由远动工作站、调度数据网、数据传输通道等组成，负责与远方调度数据通信。

远动工作站收集全站测控装置、保护装置、自动化装置等装置的数据，使用远方调度要求的远动通信规约，通过调度数据网络等方式上传至集控中心、电网调控中心，并将集控中心或电网调控中心下发的远方遥控、遥调命令向间隔层设备转发。

远动工作站满足信息直采直送的要求，即远动工作站与站内自动化设备相对独立。电站工作站的任何操作和设备故障等对远动通信无任何影响，反之，远动工作站的上传数据亦不需从这些系统的数据库中获取，而是通过网络设备从间隔层 I/O 处理的子系统中获取；数据的处理方式符合远动通信的要求，不再做中间处理，只需转换为调度通信规约即可送出。

3. 电站系统间隔层

间隔层主要设备包括发电设备和 35 kV 及以上电压等级变电站保护、测量、计量装置等二次设备。

间隔层设备按电站内电气间隔配置，实现对相应电气间隔的测量、监视、控制等功能。间隔层装置除具备传统的输入输出功能外，还具备防误闭锁等功能，保护测控综合装置更是把监控功能和微机保护功能合二为一。

4. 变电站监控系统网络设备

变电站监控系统网络设备包括网络交换机、光/电转换器、接口设备和网络连接线、电缆、光缆及网络安全设备等。站控层与间隔层通常采用以太网连接，变电站采用双重化网络。站控层、间隔层网络交换机采用具备网络管理能力的交换机，站控层和间隔层交换机的容量根据电站远期建设规模配置。

三、调度自动化系统

在调度自动化系统中，电网调度自动化系统为主系统，新能源变电站调度自动化系统为子系统，两者通过电力局域网有效连接，实现变电站实时数据、功率控制、自动电压控制、安全稳定控制等站端信息上传、下发，实现电网安全运行、最优调度。

新能源变电站的调度自动化系统主要包括以下系统：远动通信系统、自动电压控制系统（AVC）、自动发电控制系统（AGC）、同步相量测量装置（PMU）、电能量计量系统、同步时钟实时监测装置（TMU）、功率预测系统、故障录波器、保护信息子站、调度数据网、综合数据网等。

1. 远动通信装置

远动通信装置具有远动数据处理、规约转换及通信功能，满足电网调度自动化系统要求，具有串口输出和网口输出，以适应通过专线通道和调度数据网通道通信的要求。新能源电站一般配置两套通信装置，装置之间具有手动/自动切换，且能对通道状态进行监视。

远动通信装置处于站控层，根据电网调度自动化主站系统的要求，对厂站内各种测

控、保护以及其他自动装置的信息进行独立收集、分析、处理，并通过通信通道传送给主站系统。同时，将主站系统的遥控、遥调等命令下发给厂站执行。远动装置的运行独立于后台监控系统，不受后台监控系统影响。

远动通信设备直接从间隔层获取调度所需的数据，实现远动信息的直采直送，远动通信设备能够同时和多级电网调控中心进行数据通信，且能对通道状态进行监视。

2. 自动电压控制系统(AVC)

自动电压控制系统(AVC)是保障电网电压质量的重要手段。新能源电站 AVC 子站系统在现有无功补偿设备容量范围内(包括风力发电机组、光伏设备和无功补偿装置)调节，实现动态的连续调节以控制并网点电压。AVC 子站系统提供实时监控功能和友好便捷人机界面，以及对各类事件和异常、故障的记录、报警和历史事件的数据存储与查询功能等。

AVC 子站系统接收站内相关设备电气量信息和电网调度端下发的母线电压指令，按照一定的分配策略优先计算出各台风机/光伏逆变器的目标无功出力后，下发至各台风机/光伏逆变器的就地控制器进行调节，达到风机/光伏逆变器的无功出力目标。当风机/光伏逆变器无功出力无法满足调度的母线电压需求时，控制无功补偿装置一次设备的无功出力，补偿整个场站无功，从而满足调度对电压的要求。

AVC 子站系统应具备无功电压的远方控制(闭环控制)、本地控制(开环控制)模式。

(1) 远方控制：AVC 子站系统接收电网调度实时下发的控制电压目标值，综合分析计算下发指令，自动跟踪调整发电设备和无功设备无功出力，形成电站与电网调度的闭环控制，维持控制点电压在指令允许范围内。

(2) 本地控制：与电网 AVC 主站通信中断后，能按照本地预设的电压曲线，继续维持控制点电压在指令允许范围内。

3. 同步相量测量系统(PMU)

同步相量测量装置(PMU)主要用于电力系统同步相量测量，以及暂态和动态过程的记录和上送。PMU 实时向电网调度主站上传动态录波数据和暂态数据，与电网主站系统共同构成广域相量测量系统，实现区域电网的事故分析、安全预警和动态监视。同步相量测量系统由同步相量采集单元、同步相量集中器(主机)装置等构成。

PMU 采集单元采集母线、线路和主变的电气量及开关量的动态记录和暂态记录。

PMU 集中器接收多个通道的测量数据，进行集中处理，经调度数据网实时数据交换机上送至所在电网调度主站。

当同步时钟信号丢失或异常时，装置能维持正常工作。在失去同步时钟信号 60 min 以内装置的相角测量误差的增量不大于 1°，装置动态数据的保存时间不少于 14 天。

当 PMU 监测到系统发生扰动时，能结合时标建立事件标识，主动向调度主站发送实时记录告警信息。

4. 电能量采集系统

电能量采集系统主要实现新能源变电站关口点和考核点电能量的计量，分时段存储、采集和处理，向调度主站非实时传输。

电能量数据采集装置具有电能量数据采集、数据储存、数据处理、事件记录、报警功能和与调度主站通信的功能。

电能量数据采集装置采集的数据类型包括电度表表底、瞬时量数据（电压、电流、功率、功率因数）、失压和断相数据（最近一次开始时刻及结束时刻、累计时间、累计次数等）、失压和断相事件、采集终端状态、通道状态、电表状态。

电量采集终端按 1+1 配置；计量关口点和考核点按 1+1 配置 0.2S 级电能量计量表计。电网调度机构负责电能量计量系统现场电量传输终端设备的运行管理。电站负责电能量计量表计和电量传输终端设备的运行维护。

5. 对时装置和同步时钟监测装置

新能源变电站对时装置以北斗卫星信号为主时钟信号，GPS 卫星信号为备用时钟信号。通过装置的各种扩展接口输出秒脉冲、分脉冲、IRIG－B 码、串口对时报文及网络对时报文等对时信号，对全站监控系统、调度自动化系统、测控装置、保护装置等时钟进行统一授时。

TMU 监测电站对时装置的运行状态、时间精度，以及测控、保护装置等设备接收时间精度等指标进行集中监测、报警提示和缺陷管理，并向调度主站非实时传输。

6. 风功率预测系统

功率预测系统接收天气预报数据，根据现场装机容量等信息建立预测数学模型，通过实时计算，得到下一时段的瞬时功率数值，并根据站端环境监测仪/测风塔提供的实时气象数据和监控系统提供的实时瞬时功率，对预测数据进行修正。

功率预测系统的主要功能是生成短期功率预测数据和超短期功率预测数据。短期功率预测指从现在到未来 72 h 的功率预测，至少每 15 min 一个功率预测数值；超短期功率预测为从现在到未来 4 h 内的功率预测，至少每 15 min 一个功率预测数值。

7. 故障录波器

故障录波器的主要功能是根据所录故障过程波形图和有关数据，可以准确反映故障类型、相别、故障电流和电压等数据、断路器跳合闸和重合闸动作情况等，进而可以分析和确定事故原因，为及时处理事故提供可靠的依据。

8. 保信子站

保护信息子站是设置在新能源变电站内的一种继电保护信息管理系统，主要用于变电站的保护、数据采集和故障录波器等装置与电网调度保护信息主站之间的信息联系，同时对保护信息、故障波形加以保存，以供历史查询和故障分析用。

保护信息子站的主要功能有：保护信息的采集、处理、存储及转发，故障波形的转换、转发、存储和检索，实现间隔层与保护信息主站的通信，接受和执行调度主站的命令，实现远方命令的记录和查询，对保护定值进行管理，通过对时装置实现自动对时和统一系统时间等。

变电站保护信息子站采集 220 kV 线路保护装置、主变保护装置、220 kV 母线保护装置的数据，主要包括保护装置通信状态、保护装置定值、保护量测量值、开关量信息、保护压板状态、异常告警信息、动作事件及参数、录波数据及保护装置上送的事件报告、故障报告等数据。

保护信息子站系统采用独立组网的形式获取保护及故障录波器装置信息，不影响保护装置和故障录波装置的独立运行性能。

第四节　监控系统

监控系统是变电站综合自动化的核心系统。“四遥”也就是常说的：遥测、遥信、遥控、遥调。“四遥”功能是监控系统最基本最重要的一块功能，和运维工作密不可分。

一、遥测

遥测就是将变电站内的交流电流、电压、功率、频率，直流电压，主变温度、挡位等信号进行采集，上传到监控后台，便于运行人员进行工况监视。

1. 采集方式

整站的遥测量采集方式主要有两种：

扫描方式：将站内所有遥测量每个扫描周期采集更新一次，并存入数据库。扫描周期为3～8 s。

越阈值方式：每个遥测量设定一个阈值，按扫描周期采集。如果一个遥测量与上次测量值的差大于阈值，则将该遥测量上传监控后台显示，并存入数据库。如果差小于阈值则不上传更新。这样扫描周期可缩短，一般不大于3 s。

2. 电流电压遥测量的采集

外部电流电压模拟量经过CT/PT转换后，强电压、电流量转换为相应的弱电电压信号。经过低通滤波和A/D转换，进入CPU。经过CPU处理，按照一定的规约格式组成遥测量，通过通信口上送到监控后台（图7－4）。

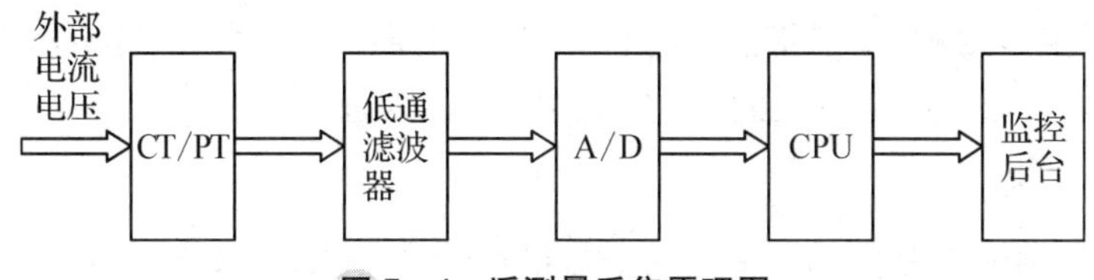

图7－4　遥测量采集原理图

3. 遥测越限

对于一些重要的遥测数据，可以通过设置对遥测越限进行重点监视。运行中监控系统后台遥测数据超过越限设定值，经过整定延时后，自动报越限告警。通常变电站的母线电压、直流电压、主变温度、主变功率、重要线路的功率等都应该设置遥测越限监视。

二、遥信

遥信是为了将开关、刀闸、中央信号等位置信号上送到监控后台，应采集的遥信包括：

开关状态、刀闸状态、变压器分接头信号、一次设备告警信号、保护跳闸信号等。

1. 遥信的分类

(1) 实遥信、虚遥信

大部分遥信采用光电隔离方式输入系统，通过这种方式采集的遥信称为“实遥信”。保护闭锁告警、保护装置异常、直流屏信号等重要设备的故障异常信号，必须通过实遥信方式输出。

另一部分通过通信方式获取的遥信称为“虚遥信”。比如一些合成信号、计算遥信，俗称软信号。

(2) 全遥信和变位遥信

全遥信：如果遥信状态没有发生变化，测控装置每隔一定周期，定时向监控后台发送本站所有遥信状态信息。

变位遥信：当某遥信状态发生改变，测控装置立即向监控后台发送变位遥信的信息。后台收到变位遥信报文后，与遥信历史库比较后发现不一致，于是提示该遥信状态发生改变。

(3) 单位置遥信、双位置遥信、计算遥信

单位置遥信：从开关辅助装置上取一对常开接点，值为 1 或 0 的遥信，比如刀闸位置。

双位置遥信：从开关辅助装置上取两对常开/常闭接点，值为 10、01、00、11 的遥信。分为主遥信、副遥信，如断路器状态(表 7-2)。

表 7-2　双位置遥信分类及开关状态

主遥信	副遥信	开关状态
1	0	合
0	1	分
0	0	开关异常或控回断线
1	1	开关异常

计算遥信：通过遥测、遥信量的混合计算发出的遥信。比如：PT 断线，判别条件为母线 PT 任一线电压低于额定电压的 80%，则报 PT 断线遥信。

2. 遥信的采集

光电隔离遥信输入原理如图 7-5 所示，接点闭合，光耦二极管导通，光信号转换成数字信息发送给 CPU。为了取得良好的抗干扰性能，信号量的开入通常采用 DC220/110V 直流电压强电输入。

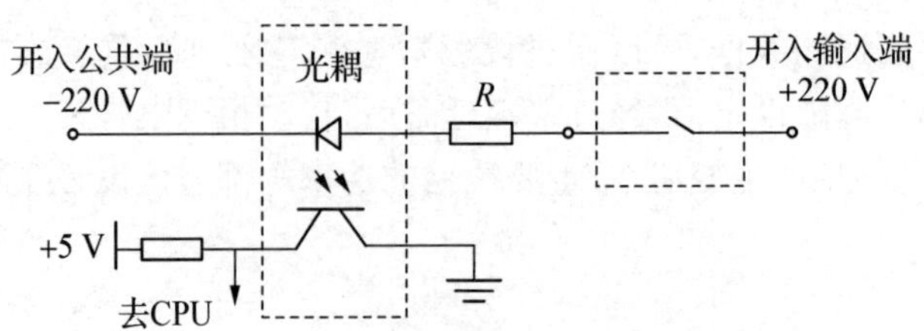

图 7-5　光电隔离遥信输入原理图

3. 遥信防抖

遥信输入是带时限的，就是说某一状态变位后，在一定时限内不应再发生变位，如果短时间内发生变位将不被确认。防抖就是为了防止遥信受干扰发生瞬时变位，导致遥信误报。防抖时限一般设为 20～40 ms。防抖时限设得太短，易造成误报，设得太长，可能导致遥信丢失。

需要注意的是，对于“开关控制回路断线”信号，防抖时间不可以设得太短。因为控回断线信号由 HWJ、TWJ 常闭接点串联而成。开关在分合过程中总有一个交叠时间，TWJ、HWJ 都处于闭合状态，若防抖时限小于这个交叠时间，就会误报“控回断线”。

4. SOE

SOE 即事件顺序记录。为了分析系统故障，需要掌握遥信变位动作的先后顺序及准确时间。SOE 由测控装置产生，遥信发生变位时，测控装置确认遥信变位，通过报文的形式将该信息上送到监控后台。报文包含了遥信变位的具体时刻，精确到秒，对监控系统非常重要。

三、遥控

遥控由监控后台发布命令，要求测控装置合上或断开某个开关或刀闸。

1. 遥控操作过程

遥控操作是一项非常重要的操作，为了保证可靠，通常需要反复核对操作性质和操作对象。开关遥控的操作回路如图 7－6 所示。

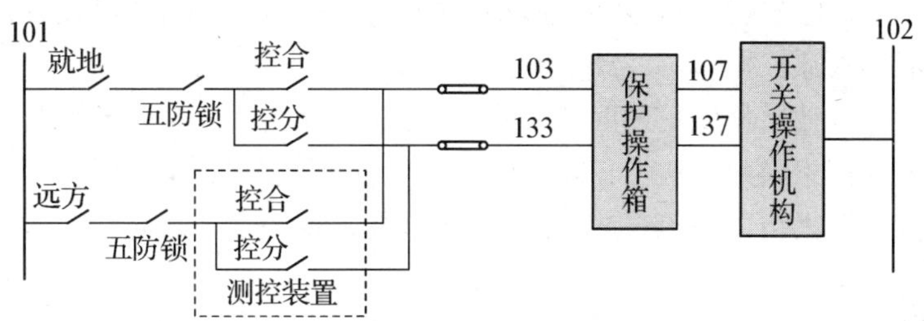

图 7－6　遥控操作回路图

遥控操作可以分为几个主要步骤：

(1) 首先监控后台向测控装置发送遥控命令。遥控命令包括遥控操作性质(分/合)和遥控对象号。

(2) 测控装置收到遥控命令后不急于执行，而是先驱动遥控性质继电器，并根据继电器动作判断遥控性质和对象是否正确。

(3) 测控将判断结果回复给后台校核。

(4) 监控后台在规定时间内，如果判断收到的遥控返校报文与原来发的遥控命令完全一致，就发送遥控执行命令。

(5) 规定时间内，测控装置收到遥控执行命令后，驱动遥控执行继电器动作。

(6) 如果二次回路与开关操作机构正确连接，则完成遥控操作。

遥控操作的过程如图 7-7 所示。

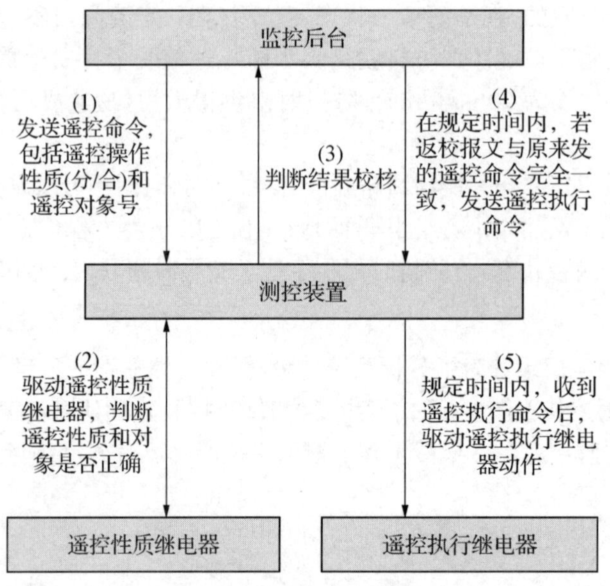

图 7-7　遥控操作流程图

2. 遥控失败的原因

在步骤(3)中,如果监控后台未收到返校报文,经延时提示“遥控超时”,如果返校报文不正确,提示“遥控返校出错”。

在步骤(4)中,如果测控装置规定时间内未收到执行命令,则使已动作的遥控性质继电器返回,取消本次遥控操作,并清除原遥控命令。

在遥控操作中,如果报遥信超时,应重点检查监控后台到相应测控装置间的通信是否正常;如果遥控返校正确而无法出口,应重点检查外部回路(如遥控压板、切换开关)是否正确;如果遥控返校报错,应重点检查相应测控装置出口板或电源板是否故障。

四、遥调

遥调是监控后台测控装置发布变压器分接头调节命令。

一般认为遥调对可靠性的要求不如遥控高,所以遥调大多不进行返送校核。因此变电站改造时需要确保监控后台上的主变挡位遥控对象号正确。遥调原理同遥控类似,就不再赘述了。

第八章　消防系统

第一节　火灾自动报警控制系统

火灾自动报警系统是火灾探测报警与消防联动控制系统的简称，是以实现火灾早期探测和报警、向各类消防设备发出控制信号并接收设备反馈信号，进而实现预定消防功能为基本任务的一种自动消防设施。

一、系统分类

1. 火灾探测器分类

火灾探测器是火灾自动报警系统的基本组成部分之一，它至少含有一个能够连续或以一定频率周期监视与火灾有关的适宜的物理或化学现象的传感器，并且至少能够向控制和指示设备提供一个合适的信号，是否报火警可由探测器或控制和指示设备做出判断。火灾探测器可按探测火灾特征参数、监视范围、复位功能、可拆卸性等进行分类。

(1) 根据探测火灾特征参数分类

火灾探测器根据其探测火灾特征参数的不同，分为感温、感烟、感光、气体和复合五种基本类型。

感温火灾探测器，即响应异常温度、温升速率和温差变化等参数的探测器。

感烟火灾探测器，即响应悬浮在大气中的燃烧或热解产生的固体或液体微粒的探测器，进一步可分为离子感烟、光电感烟、红外光束、吸气型等火灾探测器。

感光火灾探测器，即响应火焰发出的特定波段电磁辐射的探测器，又称火焰探测器，进一步可分为紫外、红外及复合式等火灾探测器。

气体火灾探测器，即响应燃烧或热解产生的气体的火灾探测器。

复合火灾探测器，即将多种探测原理集于一身的探测器，进一步可分为烟温复合、红外紫外复合等火灾探测器。

此外，还有一些特殊类型的火灾探测器，包括：使用摄像机、红外热成像器件等视频设备或它们的组合方式获取监控现场视频信息，进行火灾探测的图像型火灾探测器；探测泄漏电流大小的漏电流感应型火灾探测器；探测静电电位高低的静电感应型火灾探测器；在一些特殊场合使用的，要求探测极其灵敏、动作极为迅速，通过探测爆炸产生的参数变化

(如压力的变化)信号来抑制、消灭爆炸事故发生的微压差型火灾探测器;利用超声原理探测火灾的超声波火灾探测器等。

(2) 根据监视范围分类

火灾探测器根据其监视范围的不同,分为点型火灾探测器和线型火灾探测器。点型火灾探测器,即响应一个小型传感器附近的火灾特征参数的探测器。线型火灾探测器,即响应某一连续路线附近的火灾特征参数的探测器。

此外,还有一种多点型火灾探测器,即响应多个小型传感器(如热电偶)附近的火灾特征参数的探测器。

(3) 根据其是否具有复位(恢复)功能分类

火灾探测器根据其是否具有复位功能,分为可复位探测器和不可复位探测器两种。

可复位探测器,即在响应后和在引起响应的条件终止时,不更换任何组件即可从报警状态恢复到监视状态的探测器。

不可复位探测器,即在响应后不能恢复到正常监视状态的探测器。

(4) 根据其是否具有可拆卸性分类

火灾探测器根据其维修和保养时是否具有可拆卸性,分为可拆卸探测器和不可拆卸探测器两种。

可拆卸探测器,即探测器容易从正常运行位置上拆下来,以方便维修和保养。

不可拆卸探测器,即在维修和保养时,探测器不容易从正常运行位置上拆下来。

2. 手动火灾报警按钮分类

手动火灾报警按钮是火灾自动报警系统中不可缺少的一种手动触发器件,它通过手动操作报警向火灾报警控制器发出火灾报警信号。

手动火灾报警按钮按编码方式分为编码型报警按钮与非编码型报警按钮。

3. 火灾自动报警系统分类

火灾自动报警系统是火灾探测报警与消防联动控制系统的简称,是以实现火灾早期探测和报警,以及向各类消防设备发出控制信号并接收设备反馈信号,进而实现预定消防功能为基本任务的一种自动消防设施。火灾自动报警系统根据保护对象及设立的消防安全目标不同分为以下三类。

(1) 区域报警系统

区域报警系统由火灾探测器、手动火灾报警按钮、火灾声光警报器、火灾报警控制器等组成,系统中可包括消防控制室图形显示装置和指示楼层的区域显示器。区域报警系统的组成示意图如图 8-1 所示。

(2) 集中报警系统

集中报警系统由火灾探测器、手动火灾报警按钮、火灾声光警报器、消防应急广播、消防专用电话、消防控制室图形显示装置、火灾报警控制器、消防联动控制器等组成。集中报警系统的组成示意图如图 8-2 所示。

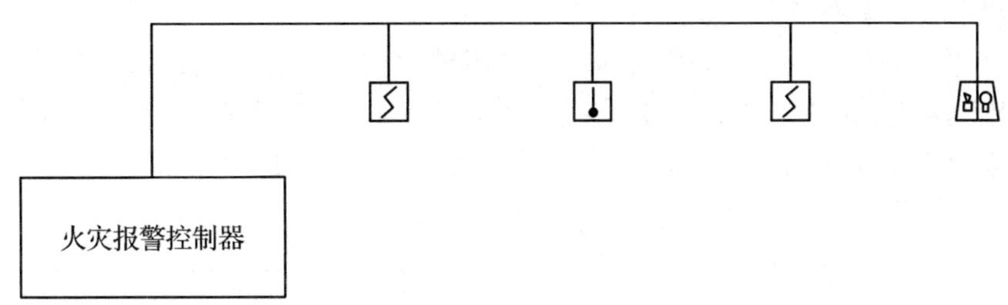

序号	图例	名称	备注	序号	图例	名称	备注
1		感烟火灾探测器		10	FI	火灾显示盘	
2		感温火灾探测器		11	SFJ	送风机	
3		烟温复合探测器		12	XFB	消防泵	
4		火灾声光警报器		13		可燃气体探测器	
5		线型光束探测器		14	M	输入模块	GST–LD–8300
6		手动火灾报警按钮		15	C	控制模块	GST–LD–8301
7		消火栓报警按钮		16	H	电话模块	GST–LD–8304
8		报警电话		17	G	广播模块	GST–LD–8305
9		吸顶式音箱		18			

图 8－1　区域报警系统的组成示意图

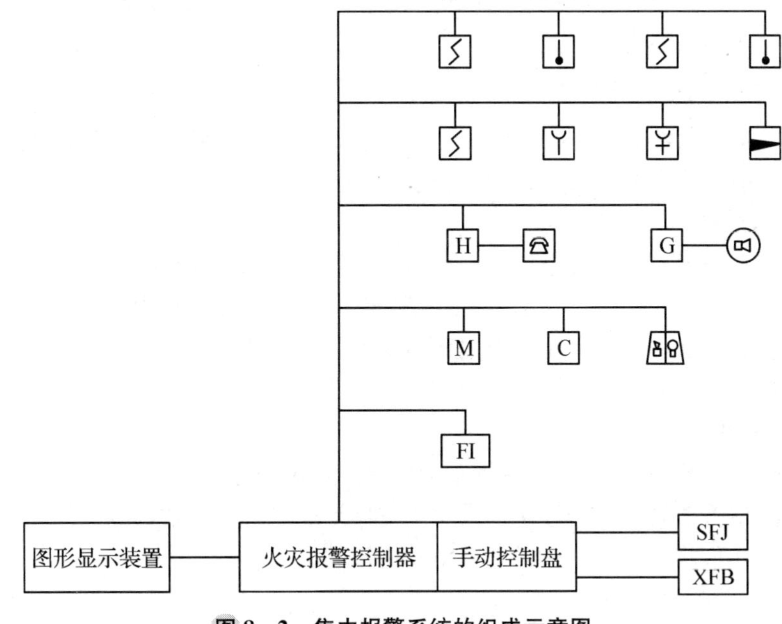

图 8－2　集中报警系统的组成示意图

(3) 控制中心报警系统

控制中心报警系统由火灾探测器、手动火灾报警按钮、火灾声光警报器、消防应急广播、消防专用电话、消防控制室图形显示装置、火灾报警控制器、消防联动控制器等组成，且包含两个及以上集中报警系统。控制中心报警系统的组成示意图如图 8-3 所示。

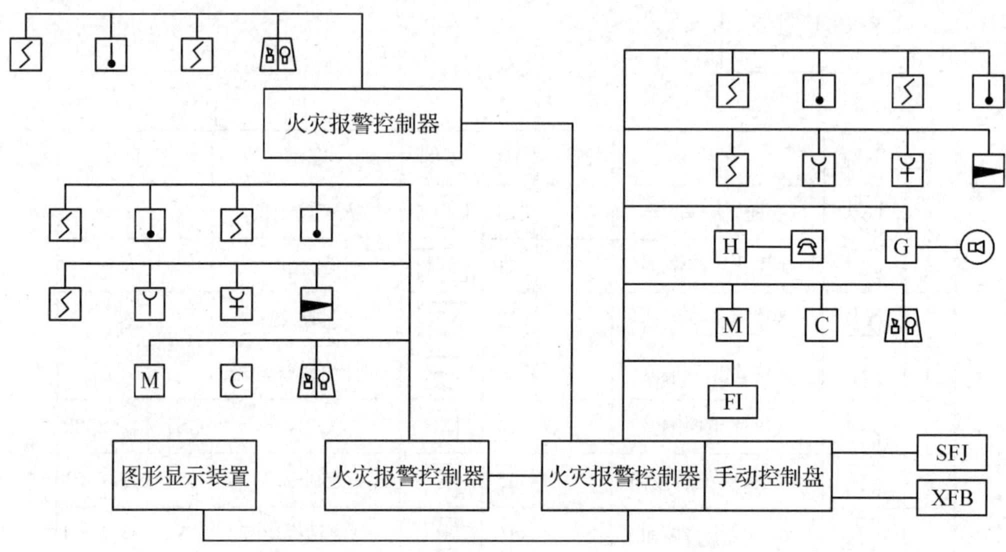

图 8-3　控制中心报警系统的组成示意图

二、系统组成及工作原理

火灾自动报警系统一般设置在工业与民用建筑内部和其他可对生命和财产造成危害的火灾危险场所，与自动灭火系统、防烟排烟系统以及防火分隔设施等其他消防设施一起构成完整的建筑消防系统。

1. 火灾自动报警系统的组成

火灾自动报警系统由火灾探测报警系统、消防联动控制系统、可燃气体探测报警系统及电气火灾监控系统组成。火灾自动报警系统的组成如图 8-4 所示。

(1) 火灾探测报警系统

火灾探测报警系统由火灾报警控制器、触发器件和火灾警报装置等组成，它能及时准确地探测被保护对象的初起火灾，并做出报警响应，从而使建筑物中的人员有足够的时间在火灾尚未发展蔓延到危害生命安全的程度时疏散至安全地带，是保障人员生命安全的最基本的建筑消防系统。

① 触发器件

在火灾自动报警系统中，自动或手动产生火灾报警信号的器件称为触发器件，主要包括火灾探测器和手动火灾报警按钮。火灾探测器是能对火灾参数(如烟、温度、火焰辐射、气体浓度等)响应，并自动产生火灾报警信号的器件。

② 火灾报警装置

在火灾自动报警系统中，用以接收、显示和传递火灾报警信号，并能发出控制信号和

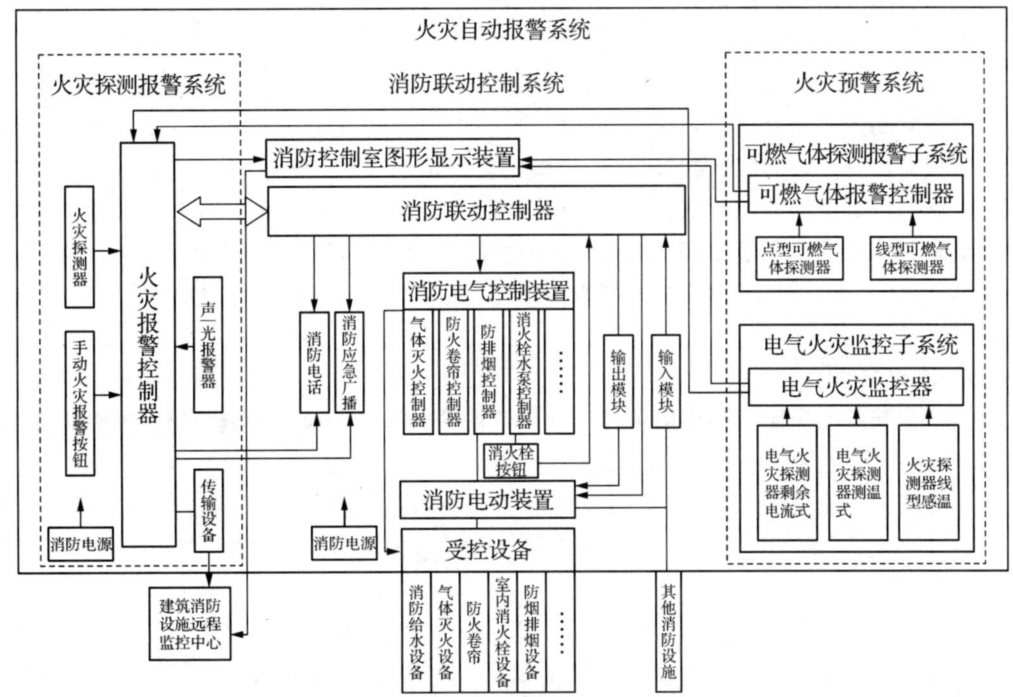

图 8-4　火灾自动报警系统的组成

具有其他辅助功能的控制指示设备称为火灾报警装置。火灾报警控制器就是其中最基本的一种。火灾报警控制器担负着为火灾探测器提供稳定的工作电源，监视探测器及系统自身的工作状态，接收、转换、处理火灾探测器输出的报警信号，进行声光报警，指示报警的具体部位及时间，同时执行相应辅助控制等诸多任务。

③ 火灾警报装置

在火灾自动报警系统中，用以发出区别于环境声、光的火灾警报信号的装置称为火灾警报装置。它以声、光和音响等方式向报警区域发出火灾警报信号，以警示人们迅速采取安全疏散、灭火救灾措施。

④ 电源

火灾自动报警系统属于消防用电设备，其主电源应当采用可靠的电源，备用电源可采用蓄电池。系统电源除为火灾报警控制器供电外，还为与系统相关的消防控制设备等供电。

(2) 消防联动控制系统

消防联动控制系统由消防联动控制器、消防控制室图形显示装置、消防电气控制装置(如防火卷帘控制器、气体灭火控制器等)、消防电动装置、消防联动模块、消火栓按钮、消防应急广播设备、消防电话等设备和组件组成。在发生火灾时，消防联动控制器按设定的控制逻辑向消防供水泵、报警阀、防火门、防火阀、防烟排烟阀和通风等消防设施准确发出联动控制信号，实现对火灾警报、消防应急广播、应急照明及疏散指示系统、防烟排烟系统、自动灭火系统、防火分隔系统的联动控制，接收并显示上述系统设备的动作反馈信号，同时接收消防水池、高位水箱等消防设施的动态监测信号，实现对建筑消防设施的状态监视功能。

① 消防联动控制器

消防联动控制器是消防联动控制系统的核心组件。它通过接收火灾报警控制器发出的火灾报警信息，按预设逻辑对建筑中设置的自动消防系统（设施）进行联动控制。消防联动控制器可直接发出控制信号，通过驱动装置控制现场的受控设备；对于控制逻辑复杂且在消防联动控制器上不便实现直接控制的情况，可通过消防电气控制装置（如防火卷帘控制器、气体灭火控制器等）间接控制受控设备，同时接收自动消防系统（设施）动作的反馈信号。

② 消防控制室图形显示装置

消防控制室图形显示装置用于接收并显示保护区域内的火灾探测报警及联动控制系统、消火栓系统、自动灭火系统、防烟排烟系统、防火门及防火卷帘系统、电梯、消防电源、消防应急照明和疏散指示系统、消防通信等各类消防系统及系统中的各类消防设备（设施）运行的动态信息和消防管理信息，同时还具有信息传输和记录功能。

③ 消防电气控制装置

消防电气控制装置的功能是控制各类消防电气设备，它一般通过手动或自动的工作方式来控制各类消防泵、防烟排烟风机、电动防火门、电动防火窗、防火卷帘、电动阀等各类电动消防设施的控制装置及双电源互换装置，并将相应设备的工作状态反馈给消防联动控制器进行显示。

④ 消防电动装置

消防电动装置的功能是实现电动消防设施的电气驱动或释放，它包括电动防火门窗、电动防火阀、电动防烟阀、电动排烟阀、气体驱动器等电动消防设施的电气驱动或释放装置。

⑤ 消防联动模块

消防联动模块是用于消防联动控制器和其所连接的受控设备或部件之间信号传输的设备，包括输入模块、输出模块和输入输出模块。输入模块的功能是接收受控设备或部件的信号反馈并将信号输入到消防联动控制器中进行显示，输出模块的功能是接收消防联动控制器的输出信号并发送到受控设备或部件，输入输出模块则同时具备输入模块和输出模块的功能。

⑥ 消防应急广播设备

消防应急广播设备由控制和指示装置、声频功率放大器、传声器、扬声器、广播分配装置、电源装置等部分组成，是在火灾或意外事故发生时通过控制功率放大器和扬声器进行应急广播的设备。它的主要功能是向现场人员通报火灾，指挥并引导现场人员疏散。

⑦ 消防电话

消防电话是用于消防控制室与建筑物中各部位之间通话的电话系统。它由消防电话总机、消防电话分机、消防电话插孔组成。消防电话是与普通电话分开的专用独立系统，一般采用集中式对讲电话，消防电话的总机设在消防控制室，分机分设在其他各个部位。其中，消防电话总机是消防电话的重要组成部分，能够与消防电话分机进行全双工语音通

信;消防电话分机设置在建筑物中各关键部位,能够与消防电话总机进行全双工语音通信;消防电话插孔安装在建筑物各处,插上电话手柄就可以和消防电话总机通信。

2. 火灾自动报警系统工作原理

在火灾自动报警系统中,火灾报警控制器和消防联动控制器是核心组件,是系统中火灾报警与警报的监控管理枢纽和人机交互平台。

(1) 火灾探测报警系统

火灾发生时,安装在保护区域现场的火灾探测器将火灾产生的烟雾、热量和光辐射等火灾特征参数转变为电信号,经数据处理后,将火灾特征参数信息传输到火灾报警控制器;或直接由火灾探测器做出火灾报警判断,将报警信息传输到火灾报警控制器。火灾报警控制器在接收到探测器的火灾特征参数信息或报警信息后,经报警确认判断,显示报警探测器的部位,记录探测器火灾报警的时间。处于火灾现场的人员,在发现火灾后可立即触动安装在现场的手动火灾报警按钮,手动火灾报警按钮便将报警信息传输到火灾报警控制器,火灾报警控制器在接收到手动火灾报警按钮的报警信息后,经报警确认判断,显示动作的手动火灾报警按钮的部位,记录手动火灾报警按钮报警的时间。火灾报警控制器在确认火灾探测器和手动火灾报警按钮的报警信息后,驱动安装在被保护区域现场的火灾警报装置,发出火灾警报,向处于被保护区域的人员警示火灾的发生。

火灾探测报警系统的工作原理如图 8－5 所示。

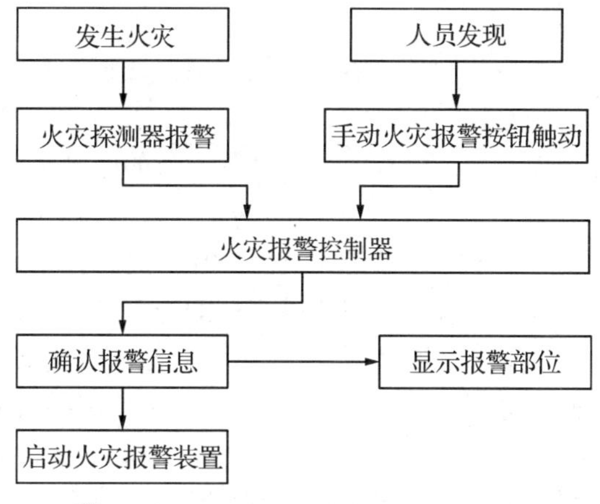

图 8－5　火灾探测报警系统的工作原理

(2) 消防联动控制系统

火灾发生时,火灾探测器和手动火灾报警按钮的报警信号等联动触发信号传输到消防联动控制器,消防联动控制器按照预设的逻辑关系对接收到的触发信号进行识别判断,在满足逻辑关系条件时,消防联动控制器按照预设的控制时序启动相应的自动消防系统(设施),实现预设的消防功能;消防控制室的消防管理人员也可以通过操作消防联动控制器的手动控制盘直接启动相应的消防系统(设施),从而实现相应消防系统(设施)预设的消防功能。消防联动控制系统接收并显示消防系统(设施)动作的反馈信息。

三、火灾控制系统和操作

1. 火灾自动报警系统联动原理

每个火灾报警模块箱负责一个报警区域，当该区域内发生火灾时，相应的模块箱去关闭该报警区域内的电动防火阀和事故风机，开启该报警区域内的高压细水雾阀箱。并通过低压配电室模块箱切除配电柜中带分励脱扣器的非消防电源（主要为空调、电动风阀等电源）。

任何一只火灾探测器探测到火情后仅发出报警信号；同一报警区域内两只及以上火灾探测器同时动作，或者一只火灾探测器动作，值班人员在火灾报控制器上确认火灾才自动启动高压细水雾阀箱等联动动作。

手动报警按钮安装在公共区域，故手报动作时不联动其他设备，只向火灾报警控制器发出火警信号，通知值班运行人员。

不同报警区域任两只火灾探测器动作，或者一只火灾探测器和一个手报动作时，关闭所有电动防火阀，切除新风机，事故风机，空调等非消防电源，但不启动高压细水雾阀箱。

当某个报警区域发生火灾时，所有楼层的声光报警器发出声光报警信号。任一报警区域发生火灾时，火灾报警控制器启动平台顶部的平台状态灯。

除联动控制式外，值班人员可在陆上集控中心手动直接控制海上升压站消防水泵、细水雾阀箱等消防设备。

2. 指示灯及按键说明

火警灯：红色，此灯亮表示控制器检测到外接探测器处于火警状态。控制器进行复位操作后，此灯熄灭。

监管灯：红色，此灯亮表示控制器检测到了外部设备的监管报警信号。控制器进行复位操作后，此灯熄灭。

屏蔽灯：黄色，有设备处于被屏蔽状态时，此灯点亮，此时报警系统中被屏蔽设备的功能丧失，需要尽快恢复，并加强被屏蔽设备所处区域的人工检查。控制器没有屏蔽信息时此灯自动熄灭。

系统故障灯：黄色，此灯亮，指示控制器处于不能正常使用的故障状态，以提示用户立即对控制器进行修复。

主电工作灯：绿色，当控制器由主电源供电时，此灯点亮。

备电工作灯：绿色，当控制器由备电供电时，此灯点亮。

故障灯：黄色，此灯亮表示控制器检测到外部设备（探测器、模块或火灾显示盘）有故障，或控制器本身出现故障，具体信息见液晶显示。除总线短路故障需要手动清除外，其他故障排除后可自动恢复，所有故障排除或控制器进行复位操作后，此灯熄灭。

启动灯：红色，当控制器发出启动命令时，此灯点亮，若启动后控制器没有收到反馈信号，则该灯闪亮，直到收到反馈信号。控制器进行复位操作后，此灯熄灭。

反馈灯：红色，此灯亮表示控制器检测到外接被控设备的反馈信号。反馈信号消失或控制器进行复位操作后，此灯熄灭。

自动允许灯：绿色，此灯亮表示当满足联动条件后，系统自动对联动设备进行联动操作。否则不能进行自动联动。

自检灯：黄色，当系统中存在处于自检状态的设备时，此灯点亮；所有设备退出自检状态后此灯熄灭；设备的自检状态不受复位操作的影响。

延时灯：红色，此灯亮表示系统中存在延时启动的设备。所有延时结束或控制器进行复位操作后，此灯熄灭。

喷洒允许灯：绿色，控制器允许发出气体灭火设备启动命令时，此灯亮。控制器禁止发出气体灭火启动命令时，此灯熄灭。

喷洒请求灯：红色，有启动气体灭火设备的延时信息存在或当控制器在喷洒禁止状态下有启动气体灭火设备的命令需要发出时，此灯亮。气体灭火设备启动命令发出后此灯熄灭。

气体喷洒灯：红色，气体灭火设备喷洒后，控制器收到气体灭火设备的反馈信息后此灯亮。

警报器消音指示灯：黄色，指示报警系统内的声光警报器是否处于消音状态。当警报器处于输出状态时，按“警报器消音/启动”键，警报器输出将停止，同时警报器消音指示灯点亮。如再次按下“警报器消音/启动”键或有新的警报发生时，警报器将再次输出，同时警报器消音指示灯熄灭。

声光警报器故障指示灯：黄色，声光警报器故障时，此灯点亮。

声光警报器屏蔽指示灯：黄色，系统中存在被屏蔽的声光警报器时，此灯点亮。

火警传输动作/反馈：红色，当控制器向火警传输设备传输火警信息后，该灯闪亮；若收到火警传输设备的反馈信号，则该灯常亮。

火警传输故障/屏蔽：黄色，当控制器和火警传输设备的连接线路故障或火警传输设备发生故障时，该灯闪亮；若控制器屏蔽了火警传输设备，则该灯保持常亮。

3. 系统操作说明

(1) 自检

系统提供了声光显示自检、警报器/火警传输自检、手动盘/多线制自检、总线报警设备自检 4 种自检方式，管理员可以通过自检操作来判定系统各个部件是否正常。

控制器声光显示自检：在自检操作选择界面下按“1”键，系统将对控制器面板的指示灯、液晶显示器、扬声器进行自检，自检过程中面板指示灯全部点亮，液晶显示器上面显示的字符整屏向左平移，随后指示灯全部熄灭，各个指示灯再次一一点亮。扬声器依次发出消防车声、救护车声、机关枪声三种声音。

警报器自检：在自检操作选择界面下按“2”键，系统将启动本机的警报器，5 秒钟后自检结束，警报器停止。

手动盘/多线制控制器自检：在自检操作选择界面下按“3”键，系统将对手动盘、多线制控制器自检，手动盘自检过程中指示灯全部点亮，5 秒钟后熄灭，随后面板上每一横排的指示灯依次点亮，最后熄灭；多线制控制器自检过程中面板的所有指示灯全部点亮，自检结束后熄灭。

总线设备自检:系统提供了总线设备的报警检查功能,当总线上某个探测器被设置成自检状态时,该设备报警后,屏幕显示报警信息,扬声器发出火警音响,但不触发任何的控制输出。

在自检操作选择界面下按“4”键,屏幕显示总线设备自检设置界面。输入设置自检的设备编号,如0100 * * 03——点型感烟,确认后,系统中所有满足条件的点型感烟探测器将被设置成自检状态。

复位操作不影响总线设备的自检状态,总线设备的自检状态只有在重新开机或是执行总线设备自检取消操作后才被清除。

(2) 键盘解锁

控制器开机默认为“锁键”状态,若进行命令功能键(除“窗口切换”“消音”“公式查询”“≙”“⩢”“记录检查”键外)操作,液晶屏显示一个要求输入密码的画面,此时输入正确的用户密码并按下“确认”键,才可继续操作,同时完成键盘解锁。

键盘锁定后,除“窗口切换”“消音”“公式查询”“≙”“⩢”“记录检查”键外,其他命令功能键均要求重新输入相应级别的密码。

(3) 设备信息检查

按下“设备检查”键,按“1”键,屏幕显示注册信息,信息内容包括所有注册的回路数和设备总数。设备显示内容包括:设备的本身编码、二次码(用户编码)、设备类型、设备特性和汉字注释。

(4) 查看运行记录

按下“记录检查”键,系统将显示运行记录信息,每条信息包括记录信息发生的时间、六位编码、类型及内容提要。

六位编码:当此条信息为外部设备信息时,此编码为用户编码;当此条信息为回路或总线信息时,此编码为回路编号或总线编号。

类型:当此条信息为外部设备信息时,此项为设备类型;若记录的是系统操作,则此项为操作类型。

内容提要:对所发生情况的简略说明,如火警、启动、反馈、故障、停动、屏蔽、释放、恢复、设置、操作等。

(5) 消音

在发生火警或故障等警报情况下,控制器的扬声器会发出相应的警报声加以提示,按“消音”键消音指示灯点亮,扬声器终止发出警报。如有新的警报发生时将再次发出警报声。

(6) 声光警报器的消音及启动

在发生火警时,控制器所连接的声光警报器将发出报警声,提示人员有火警存在,如果值班人员发现不是真实火警时,可以按“警报器消音/启动”键,来禁止声光警报器发出声光报警,警报器消音的同时控制器的警报器消音指示灯点亮,有新的火警发生时,警报器将再次发出声光报警,同时控制器的警报器消音指示灯熄灭。也可以通过按下“警报器消音/启动”键来手动启动控制器所连接的警报器和讯响器。“警报器消音/启动”键需要使用用户密码(或更高级密码)解锁后才能进行操作。

四、火警及故障的处理

1. 故障的一般处理方法

故障一般可分为两类，一类为控制器内部部件产生的故障，如主备电故障、总线故障等；另一类是现场设备故障，如探测器故障、模块故障等。故障发生时，可按“消音”键终止故障警报声。

若主电掉电，采用备电供电，处于充满状态的备电可维持控制器工作 8 小时以上，直至备电自动保护；在备电自动保护后，为提示用户消防报警系统已关闭，控制器会提示 1 小时的故障声；在使用过备电供电后，需要尽快恢复主电供电并给电池充电 48 小时，以防蓄电池损坏。

若为现场设备故障，应及时维修，若因特殊原因不能及时排除的故障，应利用系统提供的设备屏蔽功能将设备暂时从系统中屏蔽，待故障排除后再利用取消屏蔽功能将设备恢复。

2. 火警的一般处理方法

当主机接收到火灾报警信号，发出声光报警和显示时，值班人员应首先通过液晶屏查清报警的具体位置。

在现场确认报警内容后，可以在主机上进行消音操作。

值班人员应根据查出的火灾报警的具体位置，立即通过海上升压站视频监控系统判明火情。

对于火灾初期，若海上升压站有人值班，火势可由现场人员自行处理的情况，现场人员可迅速用各种简单的灭火设备处置。当火势已较大时，现场人员应立即确认自动灭火系统启动，并组织撤离。并通知公司的主管部门及主管领导；

对于火灾初期，若海上升压站无人值班，陆上升压站值班人员应迅速检查自动灭火系统是否启动，若未启动应手动投入自动灭火系统，并向海事部门汇报联系船只出海救援，并通知公司的主管部门及主管领导；

对于因一些其他原因干扰引起的火灾报警，在排除了这些原因后，对主机的报警点进行复位。火灾事件处理完后，也应进行同样的复位操作。

3. 设备的屏蔽与取消屏蔽

当外部设备（探测器、模块或火灾显示盘）发生故障时，可将它屏蔽掉，待修理或更换后，再利用取消屏蔽功能将设备恢复。

（一）设备屏蔽

按下“屏蔽”键（若控制器处于锁键状态，需输入用户密码解锁），设需要屏蔽的设备为用户编码 010125 的点型感烟探测器，其屏蔽操作应按照如下步骤进行：

输入欲屏蔽设备的用户编码“010125”；

按“TAB”键，设备类型处为高亮条；

参照“设备类型表”，输入其设备类型“03”；

按“确认”键存储，如该设备未曾被屏蔽，屏幕的屏蔽信息中将增加该设备，否则在显示屏上提示输入错误。

(二) 设备取消屏蔽

按下“取消屏蔽”键(若控制器处于锁键状态，需输入用户密码解锁)，输入欲释放设备的用户编码；

按“TAB”键，设备类型处为高亮条；

参照“设备类型表”，输入其设备类型；

按“确认”键，如该设备已被屏蔽，屏幕上此设备的屏蔽信息将消失，否则显示屏上提示输入错误。

第二节　水喷雾灭火系统

水喷雾灭火系统是由水源、供水设备、管道、雨淋报警阀(或电动控制阀、气动控制阀)、过滤器和水雾喷头等组成，发生火灾时向保护对象喷射水雾进行灭火或防护冷却的系统。

一、系统灭火机理

水喷雾灭火系统通过改变水的物理状态，利用水雾喷头使水从连续的洒水状态转变成不连续的细小水雾滴喷射出来。它具有较高的电绝缘性能和良好的灭火性能。水喷雾的灭火机理主要是表面冷却、窒息、乳化和稀释作用，在水雾滴喷射到燃烧物质表面时通常是几种作用同时发生并实现灭火的。

1. 表面冷却

相同体积的水以水雾滴形态喷出时的表面积比直射流形态喷出时的表面积要大几百倍，当水雾滴喷射到燃烧物质表面时，因换热面积大而会吸收大量的热能并迅速汽化，使燃烧物质表面温度迅速降到物质热分解所需要的温度以下，热分解中断，燃烧即终止。

表面冷却的效果不仅取决于喷雾液滴的表面积，还取决于灭火用水的温度与可燃物闪点的温度差。可燃物的闪点越高，与喷雾用水之间的温差越大，冷却效果就越好。对于气体和闪点低于灭火所使用水的温度的液体火灾，表面冷却是无效的。

2. 窒息

水雾滴受热后汽化形成体积为原体积 1 680 倍的水蒸气，可使燃烧物质周围空气中的氧含量降低，燃烧将会因缺氧而受抑制或中断。实现窒息灭火的效果取决于能否在瞬间生成足够的水蒸气并完全覆盖整个着火面。

3. 乳化

乳化只适用于不溶于水的可燃液体，当水雾滴喷射到正在燃烧的液体表面时，由于水雾滴的冲击，在液体表层产生搅拌作用，从而造成液体表层的乳化，由于乳化层的不燃性而使燃烧中断。对于某些轻质油类，乳化层只在连续喷射水雾的条件下存在，但对于黏度大的重质油类，乳化层在喷射停止后仍能保持相当长的时间，有利于防止复燃。

4. 稀释

对于水溶性液体火灾，可利用水来稀释液体，使液体的燃烧速度降低而较易扑灭。灭火的效果取决于水雾的冷却、窒息和稀释的综合效应。

二、系统分类

1. 电动启动水喷雾灭火系统

电动启动水喷雾灭火系统通过传统的点式感温、感烟探测器或缆式火灾探测器探测火灾。当有火情发生时，探测器将火警信号传到火灾报警控制器上，火灾报警控制器打开雨淋阀，同时启动水泵，系统喷水灭火。为了减少系统的响应时间，雨淋阀前的管道内应是充满水的状态。电动启动水喷雾灭火系统的组成如图 8－6 所示。

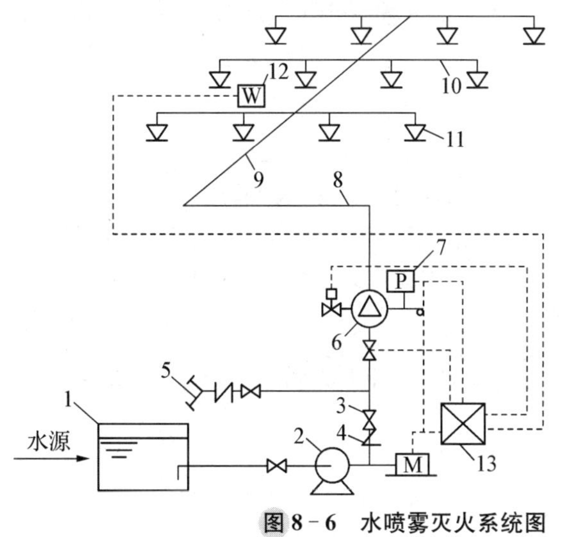

1. 水池；
2. 水泵；
3. 闸阀；
4. 止回阀；
5. 水泵接合器；
6. 雨淋报警阀；
7. 压力开关；
8. 配水干管；
9. 配水管；
10. 配水支管；
11. 开式洒水喷头；
12. 感温探测器；
13. 报警控制器；
P. 压力表；
M. 驱动电动机。

图 8－6　水喷雾灭火系统图

2. 传动管启动水喷雾灭火系统

传动管启动水喷雾灭火系统是以传动管作为火灾探测系统，传动管内充满压缩空气或压力水，当传动管上的闭式喷头受火灾高温影响动作后，传动管内的压力迅速下降，打开封闭的雨淋阀。为了尽量缩短管网的充水时间，雨淋阀前的管道内应是充满水的状态，传动管的火灾报警信号通过压力开关传到火灾报警控制器上，报警控制器启动水泵，通过雨淋阀、管网将水送到水雾喷头，水雾喷头开始喷水灭火。传动管启动水喷雾灭火系统一般适用于防爆场所等不适合安装普通火灾探测系统的场所。传动管启动水喷雾灭火系统的组成如图 8－7 所示。

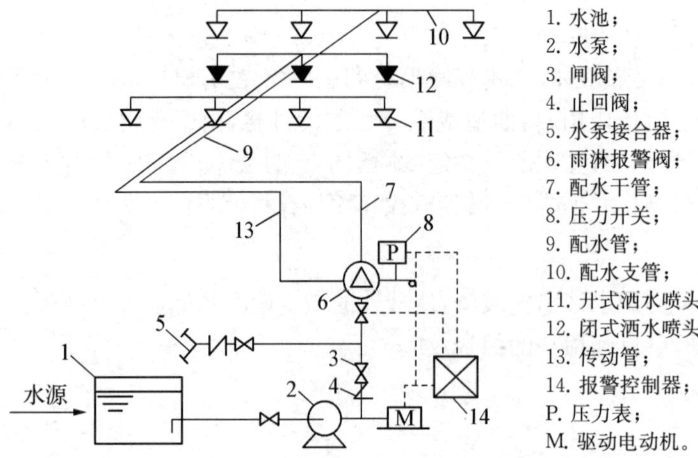

图 8－7　传动管启动水喷雾灭火系统图

传动管启动水喷雾灭火系统按传动管内的充压介质不同，可分为充液传动管和充气传动管两种。充液传动管内的介质一般为压力水，这种方式适用于不结冰的场所，充液传动管的末端或最高点应安装自动排气阀。充气传动管内的介质一般为压缩空气，平时由空压机或其他气源保持传动管内的气压。这种方式适用于所有场所，但在北方寒冷地区，应在传动管的最低点设置冷凝器和汽水分离器，以保证传动管不会因冷凝水结冰而堵塞。

三、系统工作原理与适用范围

1. 系统工作原理

水喷雾灭火系统的工作原理是：当系统的火灾探测器探测到火灾后，自动或手动打开雨淋报警阀组，同时发出火灾报警信号给报警控制器，并启动消防水泵，水通过供水管网到达水雾喷头，水雾喷头喷水灭火。水喷雾灭火系统的工作原理如图 8－8 所示。

2. 系统适用范围

水喷雾灭火系统的防护目的主要有两个，即灭火和防护冷却，其适用范围随不同的防护目的而设定。

(1) 灭火的适用范围

以灭火为目的的水喷雾灭火系统主要适用于以下范围：

固体火灾：水喷雾灭火系统适用于扑救固体物质火灾。

可燃液体火灾：水喷雾灭火系统可用于扑救丙类液体火灾和饮料酒火灾，如燃油锅炉、发电机油箱、丙类液体输油管道火灾等。

电气火灾：水喷雾灭火系统的离心雾化喷头喷出的水雾具有良好的电绝缘性，因此可用于扑救油浸式电力变压器、电缆隧道、电缆沟、电缆井、电缆夹层等处发生的电气火灾。

(2) 防护冷却的适用范围

以防护冷却为目的的水喷雾灭火系统主要适用于以下范围：可燃气体和甲、乙、丙类液体的生产、储存装置和装卸设施的防护冷却，火灾危险性大的化工装置及管道，如加热器、反应器、蒸馏塔等的防护冷却。

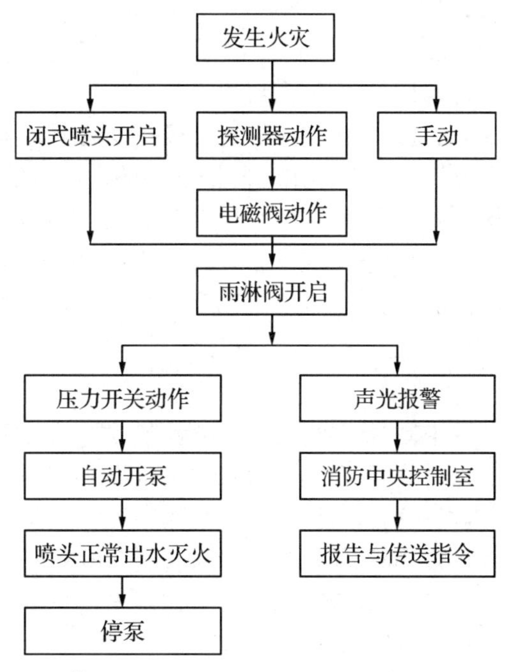

图 8-8 水喷雾灭火系统工作原理图

四、系统组件

水喷雾灭火系统由水雾喷头、雨淋阀、过滤器、供水管道等主要部件组成。

1. 水雾喷头

水雾喷头是在一定的压力作用下，利用离心或撞击原理将水流分解成细小水雾滴的喷头。水雾喷头按结构可分为离心雾化型水雾喷头和撞击型水雾喷头两种。

离心雾化型水雾喷头由喷头体、涡流器组成，水在较高的水压下通过喷头内部的离心旋转形成水雾喷射出来，它形成的水雾同时具有良好的电绝缘性，扑救电气火灾应选用离心雾化型水雾喷头。但离心雾化型水雾喷头的通道较小，时间长了容易堵塞。

撞击型水雾喷头的压力水流通过撞击外置的溅水盘，在设定区域分散为均匀的锥形水雾。喷头由溅水盘、分流锥、框架本体和滤网组成。撞击型水雾喷头根据需要可以水平安装，也可以下垂、斜向安装。

2. 雨淋阀

雨淋阀作为水喷雾灭火系统中的系统报警控制阀，起着十分重要的作用。雨淋阀一般有角式雨淋阀和直通雨淋阀两种。

(1) 角式雨淋阀

角式雨淋阀组由角式雨淋阀、供水蝶阀单向阀、电磁阀、手动快开阀、过滤器、压力开关、水力警铃等主要部件组成，具有功能完善、安全可靠、耐蚀性好、便于安装、维护方便等特点。

角式雨淋阀利用隔膜的上下运动来实现阀瓣的启闭。隔膜将阀分为压力腔（即控制腔)、工作腔和供水腔,来自供水管的压力水流(0.14 MPa～1.2 MPa)作用于隔膜下部阀瓣,也从控制管路经单向阀进入压力腔而作用于隔膜的上部,由于隔膜上、下受水作用面积的差异,保证了隔膜雨淋阀具有良好的密封性。

当保护区发生火灾时,通过火灾报警控制器直接打开隔膜雨淋阀的电磁阀,使压力腔内的水快速排出,由于压力腔泄压,使作用于阀瓣下部的水迅速推起阀瓣,水流即进入工作腔,流向整个管网喷水灭火。同时,部分压力水流向报警管网,使水力警铃发出铃声报警,压力开关动作,向值班室(消防控制室)发出信号指示或直接启动消防水泵供水。此时,由于隔膜雨淋阀控制管路上的电磁阀具有自锁功能,所以雨淋阀被锁定为开启状态,灭火后,手动复位电磁阀,稍后雨淋阀将自行复位。

(2) 直通雨淋阀

直通雨淋阀组由直通雨淋阀、信号蝶阀、单向阀、电磁阀、手动球阀、压力开关、水力警铃等主要部件组成。直通雨淋阀具有功能完善、安全可靠.耐蚀性好、便于安装、维护方便等特点;相对其他形式的雨淋阀而言,还具有水力性能好、水力摩阻损失小的优点。

直通雨淋阀利用隔膜的左右运动实现阀瓣的启闭。由隔膜将阀分为控制腔和工作腔。来自供水管的压力水流(0.14 MPa～1.6 MPa)作用于阀瓣,同时压力水还从控制管路经单向阀进入控制腔而作用于隔膜的左侧,由隔膜通过推杆将力传递到压臂上,由压臂压紧阀瓣,保证隔膜雨淋阀具有良好的密封性。

第三节　细水雾灭火系统

细水雾灭火系统是由供水装置、过滤装置、控制阀、细水雾喷头等组件和供水管道组成,能自动和人工启动并喷放细水雾进行灭火或控火的固定灭火系统。

一、系统灭火机理

细水雾灭火系统的灭火机理与水雾有密切关系。本节主要介绍细水雾的定义及分级、成雾原理和系统灭火机理。

1. 细水雾的定义

细水雾是指在最小设计工作压力下,经喷头喷出并在喷头轴线下方 1.0 m 处的平面上形成的雾滴粒径 Dv0.5 小于 200 μm 且 Dv0.9 小于 400 μm 的水雾滴。

2. 细水雾的灭火机理

细水雾的灭火机理主要是表面冷却、窒息、辐射热阻隔和浸湿作用。除此之外,细水雾还具有乳化等作用。而在灭火过程中,几种作用往往会同时发生,从而有效灭火。

(1) 吸热冷却

细小水滴受热后易于汽化,在气、液相态变化过程中,从燃烧物质表面或火灾区域吸收大量的热量。燃烧物质表面温度迅速下降后,会使热分解中断,燃烧随即终止。表 8-1

列出了雾滴直径、每升水的表面积、汽化时间和自由下落速度的关系。从表中可以看出，雾滴直径越小，表面积就越大，汽化所需要的时间就越短，吸热作用和效率就越高。对于相同的水量，细水雾雾滴所形成的表面积至少比传统水喷淋喷头（包括水喷雾喷头）喷出的水滴所形成的表面积大100倍，因此细水雾灭火系统的冷却作用是非常明显的。

表8-1 雾滴直径、每升水的表面积、汽化时间和自由下落速度的关系

雾滴直径/mm	每升水的表面积/m^2	汽化时间/s	自由下落速度/$(m \cdot s^{-1})$
10.0	0.6	620	9.2
1.0	6.0	6.2	4.0
0.1	60.0	0.062	0.35
0.01	600.0	0.000 62	0.003

(2) 隔氧窒息

雾滴受热后汽化形成体积为原体积1 680倍的水蒸气，最大限度地排斥火场的空气，使燃烧物质周围的氧含量降低，燃烧会因缺氧而受到抑制或中断。系统启动后形成的水蒸气完全覆盖整个着火面的时间越短，窒息作用越明显。

(3) 辐射热阻隔

细水雾喷入火场后，形成的水蒸气迅速将燃烧物、火焰和烟羽笼罩，对火焰的辐射热具有极佳的阻隔能力，能够有效抑制辐射热引燃周围其他物品，达到防止火灾蔓延的效果。

(4) 浸湿作用

颗粒大、冲量大的雾滴会冲击到燃烧物表面，从而使燃烧物得到浸湿，阻止其进一步挥发可燃气体。另外，系统喷出的细水雾还可以充分将着火位置以外的燃烧物浸湿，从而抑制火灾的蔓延和发展。

二、系统组成、工作原理与适用范围

细水雾灭火系统由水源（储水池、储水箱、储水瓶）、供水装置（泵组推动或瓶组推动）、系统管网、控制阀组、细水雾喷头以及火灾自动报警及联动控制系统组成（图8-9）。为保证系统中形成细水雾的部件正常工作，系统对水质的要求较高。对于泵组系统，其供水的水质要符合《生活饮用水卫生标准》(GB 5749—2006)的有关规定。对于瓶组系统，其供水的水质不应低于《瓶（桶）装饮用纯净水卫生标准》(GB 17324—2003)的有关规定，而且系统补水水源的水质应与系统的水质要求一致。

1. 开式细水雾灭火系统

(1) 系统组成

开式细水雾灭火系统包括全淹没应用方式和局部应用方式，是采用开式细水雾喷头，由配套的火灾自动报警系统自动联锁或远程控制、手动控制启动后，控制一组喷头同时喷水的自动细水雾灭火系统。

(2) 工作原理

开式细水雾灭火系统的工作原理如图8-10所示。

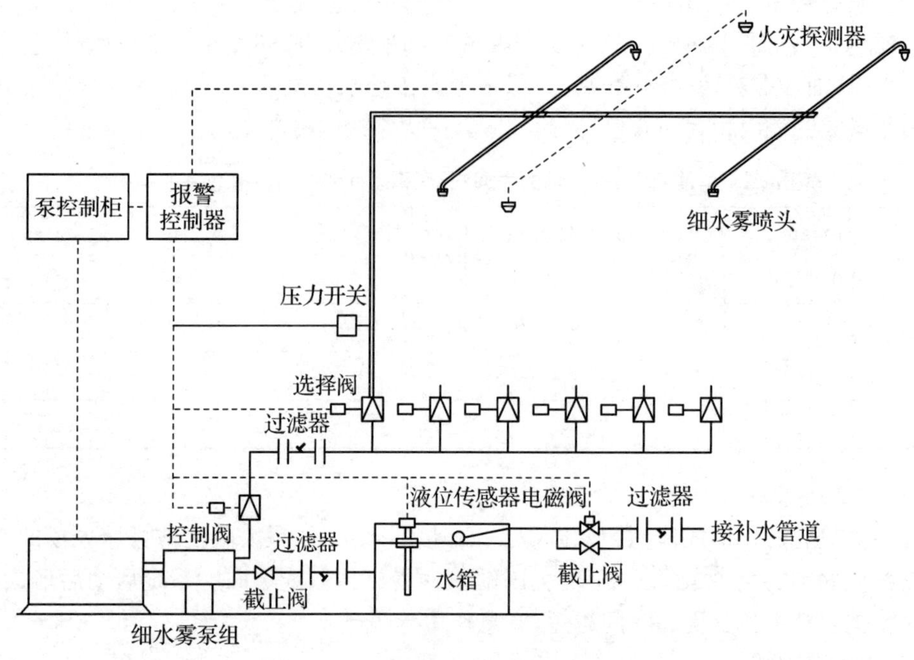

图 8－9　泵组式开式细水雾灭火系统图

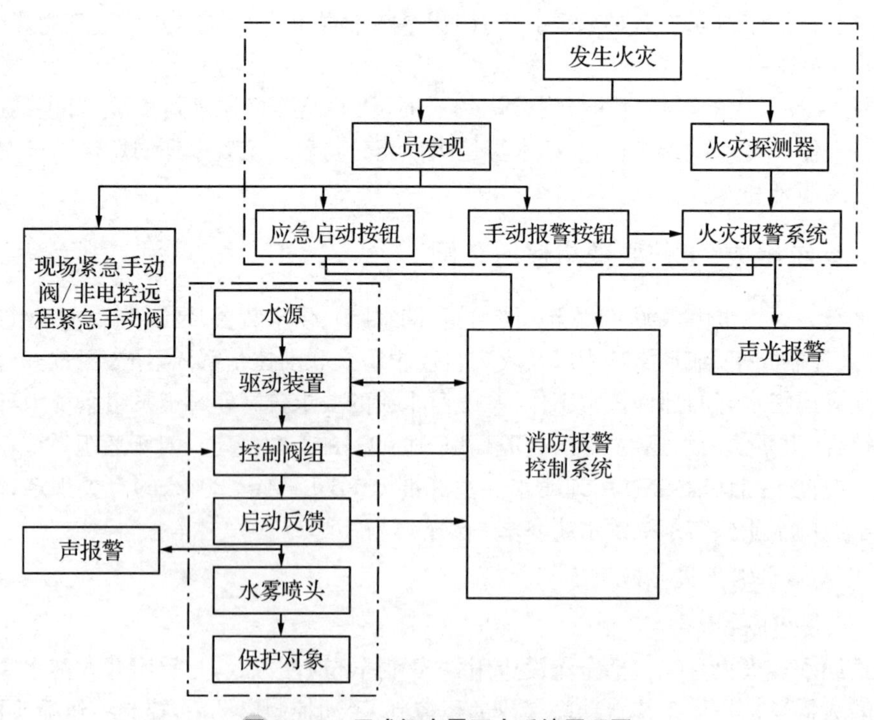

图 8－10　开式细水雾灭火系统原理图

采用自动控制方式时，火灾发生后，报警控制器收到两个独立的火灾报警信号，自动启动系统控制阀组和消防水泵并向系统管网供水，水雾喷头喷出细水雾，实施灭火。

2. 闭式细水雾灭火系统

闭式细水雾灭火系统采用闭式细水雾喷头，根据使用场所的不同，闭式细水雾灭火系统又可以分为湿式系统、干式系统和预作用系统三种形式。闭式细水雾灭火系统适用于采用非密集柜存储的图书库、资料库和档案库等保护对象。除喷头不同外，闭式细水雾灭火系统的工作原理与闭式自动喷水灭火系统相同。

3. 系统适用范围

细水雾灭火系统适用于扑救以下火灾：

(1) 可燃固体火灾(A 类)

细水雾灭火系统可以有效扑救相对封闭空间内的可燃固体表面火灾，包括纸张、木材、纺织品和塑料泡沫、橡胶等固体火灾等。

(2) 可燃液体火灾(B 类)

细水雾灭火系统可以有效扑救相对封闭空间内的可燃液体火灾，包括正庚烷或汽油等低闪点可燃液体和润滑油、液压油等中、高闪点可燃液体火灾。

(3) 电气火灾(E 类)

细水雾灭火系统可以有效扑救电气火灾，包括电缆、控制柜等电子、电气设备火灾和变压器火灾等。

三、海上升压站消防系统概述

某风电场海上升压站细水雾泵房内设置一套高压细水雾泵组，采用组合分配方式对多个防护区进行细水雾保护，每个防护区设置一套区域阀组，高压细水雾灭火系统保护主变压器、柴油发电机等容易引发 B 类火灾的设备及其设置场所，同时避难室、暖通用房、GIS 室等设备用房及所有电气用房采用高压细水雾系统进行降温冷却保护。区域阀组设置在防护区外便于观察及操作的地方，细水雾泵房位于四层，保护区共有 20 个。

高压细水雾系统由高压细水雾泵组、细水雾喷头、细水雾喷枪、区域控制阀组、不锈钢管道等组成。

高压细水雾泵组由主泵、稳压泵、控制柜、调节水箱(含液位显示及控制器)，水箱进水过滤器、补水电磁阀、安全泄压阀、压力传感器、阀件、机架及连接管道等组成。由液位控制器实现对调节水箱自动补水；安全泄压阀用于调节泵组的出口压力；泵组主要部件材质为不锈钢。主泵采用九柱塞立式不锈钢高压柱塞泵。开式区域控制阀组由系统控制(电动)阀、供水球阀、压力开关、压力表及连接管道等组成。阀箱有手动启动功能，能进行手动及机械应急启动。

高压细水雾喷头最低工作压力为 10 MPa，雾滴直径 $Dv0.9 < 200\ \mu m$。管道、管件的工作压力为 13 MPa。

主变室顶部采用 $K = 1.87$ 喷头，房间四周采用 $K = 0.95$ 喷头，油盘采用 $K = 0.238$ 微型喷嘴，变压器防护区采用高压细水雾开式全淹没＋局部应用保护方式。喷头分三层布置在围绕变压器的矩形环管上，第一层喷头离主变地板区域的高度为 0.15 m，喷头横向间距为 0.5 m，第二层喷头离地面的高度 3.5 m，喷头横向间距为 2.6 m，第三层喷头布置在主变室顶部，喷头横向间距 2.6 m，油枕泄爆口加设 2 只喷头保护。喷头侧向安装，喷口方向使水雾直接喷射并能覆盖变压器的外表面。

散热器采用局部应用系统，散热器顶部采用 $K=0.95$ 喷头，顶部喷头距离散热器顶面 0.7 m，喷头横向间距 2.5 m。底部采用 $K=0.238$ 微型喷头，喷头离地面的高度为 0.5 m，地板区域的高度为 0.15 m，喷头横向间距为 0.5 m。其他设备用房仅在房间顶部设开式喷头，设计为全淹没系统保护，喷头布置间距不大于 3.5 m。

GIS 室采用 $K=1.87$ 喷头；蓄电池室采用 $K=0.95$ 喷头；走廊、通风机房、避难所等均采用 $K=0.45$ 喷头。

四、高压细水雾系统的运行操作

1. 系统启动

高压细水雾系统有自动启动、消防控制室远程启动、本地手动启动和应急启动等启动方式，操作人员必须熟悉系统原理、性能、操作、维修、保养和管理要求，未经严格培训的人员，不准操作、测试及维护该系统设备及附件。

(1) 自动启动

系统在备用状态，当保护区内发生火灾时，收到安装在消防控制室内的火灾报警联动系统的两路报警信号后自动开启对应保护区的区域阀组，启动高压细水雾灭火系统进行灭火。

(2) 消防控制室远程启动

通过设置在海上升压站及陆上集控中心的火灾报警机柜，可以远程打开区域阀箱、启动泵组，系统喷雾灭火。

(3) 本地启动

通过设置在位于保护区外区域阀组的现场启动按钮来操作，这将会打开区域阀组，启动泵组，系统喷雾灭火。火灾扑灭后通过按泵组控制柜上停止按钮来停泵。

(4) 应急启动

当阀组电控操作失灵后，应立即打开阀箱用手摇曲柄手动打开阀门，这样会启动泵组，系统喷雾灭火。区域阀组设置了电动阀自动复位，应切断其电动阀电源情况下进行操作。

(5) 泵组手动启动

值班人员若发现区域阀组已经开启但泵组未启动的情况，还可到达泵房直接在泵组控制柜上按下启动按钮，启动泵组，系统喷雾灭火。

若通过控制柜上启动按钮仍不能启动泵组，打开控制柜，通过旋转每台高压泵的接触器旁路开关强制启动每台高压泵进行灭火。

2. 系统恢复

(1) 火灾被扑灭后通过按下消防控制室内火灾报警盘停止按钮或泵组控制面板上的停止按钮或急停按钮来停止泵组，再关闭相应区域阀组，打开阀组调试阀的方式将压力开关复位，复位后关闭阀组调试阀，高压泵组停止后若管道内有压力可通过打开泵组测试阀

将压力水泄压，最后将火灾报警系统复位。

(2) 喷枪装置关闭喷枪通断阀，按下喷枪开关将软管及喷枪内残存压力排空，然后将喷枪与高压软管拆离，放空高压软管内余水并卷入卷盘，喷枪置入箱内，恢复喷枪装置于常态位置，将喷枪装置恢复到备用状态。

(3) 按下泵组紧急停止按钮，将泵组控制柜内的高压泵负荷开关断开，关闭泵组主出水阀，水箱自动补水完成后打开泵组主出水阀。

(4) 旋转急停按钮，按下泵控制柜报警盘系统复位按钮，用稳压泵对主管道进行充水，直到达到正常的系统备用工作压力 1.0 MPa～1.2 MPa 为止。

(5) 由于程序设定原因每 15 s 稳压泵会停止工作，需再次按下泵组控制柜报警盘系统复位按钮，稳压泵才会再次自动启动。

(6) 在对主管网补水的同时，要注意在主管道的末端进行排气，充满水检测办法：通过区域阀组或末端试验放水排除的水流平稳，无夹杂气泡，通过启动泵组稳压泵能在 3～5 s 内确保管网压力从 1.0 MPa 升至 1.2 MPa。

(7) 补水完成后将泵组控制柜内的高压泵负荷开关闭合，旋转急停按钮(复位)，按下泵组控制柜报警盘系统复位按钮，报警盘无任何报警输出，“系统就绪”指示灯亮，系统各部件处于备用工作状态。

3. 系统停用

(1) 断开所有与火灾报警控制柜自动联动信号，断开所有泵组和区域阀组的电源。

(2) 关闭泵组进水手动球阀，打开调节水箱排水阀、高压泵放气堵头、出水管道堵头，将泵组内余水排净，待排净后关闭主出水阀。

(3) 关闭区域阀组检修阀和电动阀，打开排水调试球阀，将阀内剩余水排净。

(4) 在泵组、区域阀组、喷枪装置等系统部件表面粘贴“消防设备停止运行”警示标语。

4. 泵组调试

(1) 泵组主出水阀保持关闭状态，仔细检查泵组、阀组、喷头及管道均连接正常，合上控制柜电源，给泵组控制柜送电。

(2) 接通电源，确认泵组准备就绪，常用电源、控制电源和备用电源指示灯亮。

(3) 关闭泵组测试阀与主出水阀，关闭泵组控制柜上过载断路开关，ON 全部改为 OFF 状态，包括稳压泵开关，按下急停按钮。

(4) 接通电源，确认泵组准备就绪，常用电源、控制电源和备用电源指示灯亮。

(5) 旋转急停按钮，按下报警盘上系统报警复位按钮，查看报警盘灯是否正常，“主出水阀关闭”报警灯亮，证明出水阀处于关闭状态。若该阀门处于开启位置，系统报警复位后会消失。

(6) 补水电磁阀自动打开为调节水箱补水，按下水箱可视液位计通断开关，观察调节水箱水的容量。当调节水箱水补满时、浮球开关会通过泵组控制柜 LOGO 可编程逻辑控制器关闭补水电磁阀。

(7) 测试单台高压泵的转向及运转

测试泵运转时关闭主出水阀，打开测试阀，水可以通过测试阀回到水箱。

泵组调试切勿打开所有高压泵的电源，应先对单台高压泵进行测试，打开对应的泵电源，手动查看运行泵体的转向(注：泵体根据泵体标贴的指示方向运行，从电机风扇方向看为顺时针)，若转向错误应按下急停按钮紧急停止泵的运转，关闭总电源，高压泵重新排气充水，调整电源相位连接再试，对其他高压泵测试也按此操作。

(8) 测试稳压泵工作是否正常

高压泵测试完毕关闭高压泵电源并开启稳压泵电源，此时将主出水阀和测试阀全部关闭，旋转急停按钮按下系统报警复位按钮，稳压泵会自动启动，查看泵体的转向(注：泵体根据泵体标贴的指示方向运行，从电机风扇方向看为逆时针)，若转向错误应按下急停按钮紧急停止泵的运转，关闭总电源，调整电源相位连接再试。稳压泵运行指示灯亮，稳压泵会根据传感器将压力数据传送至控制面板上面显示，压力为 1.0 MPa～1.2 MPa，低于1.0 MPa 稳压泵自动启动，报警面板的右上方会显示稳压泵的具体运行时间。

(9) 测试泵组启动是否正常

缓慢打开泵组测试阀，每台高压泵进行启动运行停止测试和面板显示功能是否一致，如一切正常送上所有高压泵过载断路开关。

模拟管道渗漏可缓慢打开泵组测试阀，稳压泵将自动启动以保持管道的原有压力 1.0 MPa～1.2 MPa。若压力继续下降至低于 1.0 MPa，15 s 后 1# 主泵自动启动，稳压泵同时停止，压力上升到 1.0 MPa。若压力不能达到 1.0 MPa 则依次启动 2#、3# 主泵，时差为 5～10 s。

(10) 调试完成，将泵组主出水阀打开，测试阀关闭，所有电源打开，按下系统报警复位按钮，"系统就绪"指示灯亮，泵组处于备用状态。如果主出水阀不开启则"系统就绪"指示灯不亮，控制柜报警盘上"主出水阀关闭"指示灯亮。

5. 运行操作过程中的注意事项

(1) 区域阀组在进行电动操作时不得将驱动器拆离阀门。

(2) 避免在无水的状态下启动高压泵。在泵组的首次启动之前和每次维修之后，系统复位可以运转之前必须保证高压泵内倒灌满水。

(3) 手动操作区域阀组之前须确认电源已关掉(仅在电动装置设置自动复位的情况下才需要)，电源未关进行手动操作时，手柄会突然回转。

6. 系统检查项目

(1) 泵组正常检查项目

① 出口压力维持在 1.0 MPa～1.2 MPa(由于环境温度升高造成压力上升超过 1.2 MPa 属于正常现象)，稳压泵无频繁启动现象。

② 高压泵电机无发热现象。

③ 水箱、管道等连接完好，无渗漏滴水现象。

④ 泵组控制柜无报警，各个状态指示灯显示正常。

⑤ 主出水阀处于打开状态。

⑥ 火灾报警装置无异常报警、联动设备均工作正常。

(2) 区域阀箱检查项目

① 阀组的电动阀处于关闭状态，其驱动装置无发热现象。

② 各手动阀门位置正确。

③ 压力开关(或流量开关)处于关闭状态。

④ 压力表显示正常(其起始压力为 0.5 MPa，在工作压力±0.4 MPa 之间为正常现象)。

⑤ 各个管件及其连接处无渗漏现象。

(3) 喷枪装置正常检查项目

① 装置通断球阀处于关闭位置。

② 压力表显示正常(其起始压力为 0.5 MPa，在工作压力±0.4 MPa 之间为正常现象)。

③ 装置阀门、管件、软管及其连接处无渗漏现象。

7. 细水雾系统常见故障及解决方法

表 8－2　细水雾系统常见故障及解决方法

故　障	原　因	解决方法
稳压泵频繁启动	1. 管道有渗漏 2. 安全泄压阀密封不好 3. 测试阀未关紧 4. 单向阀密封垫上粘连杂质	1. 管道渗漏点补漏 2. 检修安全泄压阀 3. 完全关闭测试阀 4. 清洗单向阀并清洁水箱及管道
泵组连接处有渗漏	1. 连接件松动 2. 连接处 O 型圈或密封垫损坏 3. 连接件损坏	1. 拧紧连接件 2. 更换 O 型圈或密封垫 3. 更换连接件
调节水箱低液位报警或断水停泵	1. 过滤器进水压力低 2. 过滤器滤芯堵塞 3. 进水电磁阀异物堵塞	1. 保证进水压力不低于 0.2 MPa 2. 清洗或更换滤芯 3. 清理进水电磁阀
泵组出口压力低	1. 泵组测试阀未关闭 2. 泵组进线电源反相 3. 高压泵损坏 4. 使用流量超出额定值	1. 关闭泵组测试阀 2. 调整进线电源相序 3. 更换高压泵 4. 在泵组额定值内工作
稳压泵规定时间内不能恢复压力	1. 管道内残存空气 2. 管道有渗漏 3. 高压球阀渗漏 4. 稳压泵出口压力低 5. 稳压泵损坏	1. 完全排除管道空气 2. 管道渗漏点补漏 3. 见高压球阀解决方法 4. 调节稳压泵压力调节螺丝 5. 更换稳压泵
电动阀不动作	1. 电源接线接触不良 2. 超出电源电压至允许范围 3. 阀芯内混入杂质卡死 4. 电动装置烧毁或短路	1. 压紧电源接线 2. 调整电压至允许范围内 3. 清洗阀芯 4. 更换电动装置

续 表

故 障	原 因	解决方法
进水电磁阀关闭不严,有渗漏	1. 阀座损伤 2. 膜片损坏 3. 膜片附粘物 4. 进口无压力	1. 清洗,研磨或更换阀座 2. 更换膜片 3. 清洗内件 4. 保证进口压力不小于 0.04 MPa
高压球阀渗漏	1. 管道内水有杂质割伤密封垫 2. 手柄紧定六角螺丝松动 3. O 型圈损坏	1. 更换密封垫并清洗管道 2. 旋紧紧定六角螺丝 3. 更换 O 型圈
泵组不启动	1. 高压泵接触器 Q01 等未闭合 2. 泵组停止触点断开 3. “LOGO!”未执行程序 4. 电源未接通 5. 断水水位保护	1. 闭合 Q01、Q02 等接触器 2. 闭合泵组停止触点 3. 检查“LOGO!”,必要时更换 4. 接通电源 5. 恢复调节水箱水位
压力开关报警	1. 高压球阀渗漏 2. 高压球阀未关闭到位 3. 压力开关未复位 4. 压力开关损坏	1. 见高压球阀渗漏解决方法 2. 用手柄将电动阀关闭至零位 3. 按下压力开关进行复位 4. 更换压力开关
压力表指示不正常	1. 超压工作 2. 压力表出现故障 3. 取压管路阻塞	1. 在规定压力内使用 2. 更换压力表 3. 清洗取压管路
喷头喷雾不正常	1. 管道内有杂质堵塞喷头 2. 工作压力低	1. 清洗管道和喷头 2. 保证工作压力不小于 1.0 MPa

第九章　倒闸操作

第一节　倒闸操作的概念及要求

一、基本概念

倒闸操作是指运行人员依据调度员或当值运行值班负责人正式发布的指令，为改变电气设备运行方式或继电保护方式，通过操作隔离开关、断路器及接地刀闸（接地线），将设备由一种状态转变为另一种状态的过程而进行的操作。

运行转热备用：指断开设备各侧断路器。

热备用转冷备用：指在设备各侧断路器已断开的前提下断开设备各侧隔离开关。

冷备用转检修：指在设备可能来电的各侧合上接地刀闸（或装设接地线）。

检修转冷备用：指拉开设备各侧接地刀闸或拆除接地线。

冷备用转热备用：指在设备各侧断路器已断开的前提下合上设备各侧隔离开关。

热备用转运行：指在设备各侧隔离开关处于合位的前提下，合上设备各侧断路器。

热备用转检修：指在设备各侧断路器已断开的前提下，拉开设备各侧刀闸并在设备可能来电的各侧合上接地刀闸（或装设接地线）。

检修转热备用：指拉开设备各侧接地刀闸，合上设备各侧隔离开关。

监护操作：指由两人共同完成的操作项目。其中一人（对设备较为熟悉者）做监护，另一人实施操作。特别重要和复杂的电气操作，应提高监护等级。

单人操作：指由一人完成的操作。单人值班的升压站（变电站）操作时，运行人员根据发令人用电话传达的操作指令填写操作票，复诵无误后进行操作。实行单人操作的设备、项目及运行人员须经设备运行管理单位批准，操作人员应通过专项考核。

运行人员进行倒闸操作的依据是：所辖设备值班调度员或当值运行值班负责人的指令，其他任何人员无权下令操作。倒闸操作可以通过就地操作、遥控操作、程序操作三种方式完成，遥控操作、程序操作的设备应满足有关技术条件。

二、倒闸操作接令的规定

接受省调正式操作发令时，双方先互通单位、姓名，受令人分别将发令人及自己的姓名填写在操作票相应栏目内，双方应使用规范的操作术语和普通话，并全过程电话录音。

发令人将操作任务的编号、所需操作的设备、操作任务、发令时间一并发给受令人，受令人填写受令时间，并向发令人复诵，发现问题及时提出，经双方核对确认无误后即告发令结束，操作人员方可开始操作。

对于口头发布的操作指令，应做好记录并由值班负责人核对无误后签名确认。接令后运行人员在完成填票、审票、预想等步骤后方可开始操作，紧急情况下（如事故处理时）可不填写操作票而直接操作，但应记入运行日志和相关记录中。

三、倒闸操作的要求

1. 操作票的要求

(1) 操作票面应清楚、整洁，不得涂改。

(2) 操作、检查项目应填入操作票内（包括但不限于）：

① 应拉合的断路器（开关）、隔离开关（刀闸）、接地刀闸（装置）。

② 检查拉合断路器（开关）、隔离开关（刀闸）、接地刀闸（装置）的位置，手车开关拉出后观察隔离挡板在封闭位置；设备检修后合闸送电前检查接地线已拆除，接地刀闸（装置）已拉开。

③ 验电，装拆接地线。

④ 安装（送上）或拆除（断开）控制回路或电压互感器回路的熔断器或小开关。

⑤ 在进行停送电操作时，在拉合隔离开关（刀闸）时，手车开关拉出、推入前，检查断路器确在分闸位置。

⑥ 为了同一操作目的，且根据调度或值班命令，必须间断操作时，应在操作项目中注明“待令”；重新接令时，必须在操作项目中注明“接令”，并分别注明指令时间。

⑦ 切换保护回路和安全自动装置。

⑧ 检验是否确无电压。

⑨ 进行倒负荷或解列、并列操作前后，检查相关电源运行及负荷分配情况。

⑩ 应调整的设备状态和参数。

(3) 操作、检查项目可不填入操作票：

① 刀闸操作电源的投退（安措要求除外）。

② 执行二次操作后，有关信息、信号、指示灯变位情况的检查。

③ 拉合开关、刀闸后，相关一、二次设备部件、信号灯、光字牌等项目的检查。

(4) 设备检修结束后，在冷备用改热备用前应检查送电范围内无遗留接地；检查送电范围内无遗留接地，无须列出具体的接地刀闸名称或接地线编号。

(5) 三工位刀闸的操作票填写，与常规刀闸（接地刀闸）操作术语无异。

2. 倒闸操作

停电拉闸操作应按照开关-负荷侧刀闸-电源侧刀闸的顺序依次进行，送电合闸操作应按与上述相反的顺序进行。

在一项操作任务中，如同时停用几个间隔时，允许在先行拉开几个开关后再分别拉开刀闸，但拉开刀闸前必须再检查相应开关在分闸位置。

具体操作顺序如下。

(1) 断开断路器(开关)的操作应按下列顺序进行：

① 断开断路器(开关)。

② 检查断路器(开关)在分闸的位置。

③ 取下(断开)断路器(开关)的操作电源熔断器(开关)。

(2) 拉开隔离开关(刀闸)的操作应按下列顺序进行：

① 装上(合上)隔离开关(刀闸)的操作电源开关。

② 拉开隔离开关(刀闸)。

③ 检查隔离开关(刀闸)在分闸的位置。

④ 取下(断开)隔离开关(刀闸)的操作电源开关。

(3) 合上接地刀闸(装置)的操作应按下列顺序进行：

① 装上(合上)接地刀闸(装置)的操作电源开关。

② 合上接地刀闸(装置)。

③ 检查接地刀闸(装置)在合闸的位置。

④ 取下(断开)接地刀闸(装置)的操作电源开关。

3. 操作票管理要求

已执行的操作票，在编号位置加盖“已完成”章。未执行的操作票应在编号位置加盖“未执行”章。作废操作票应在编号位置加盖“作废”章，并在备注栏注明作废原因。

在下列情况，可不使用倒闸操作票，但操作时应执行监护制度。

(1) 事故紧急处理。

(2) 程序操作。

(3) 拉合断路器(开关)的单一操作。

(4) 拉开全厂(站)仅有的一组接地刀闸或拆除全厂(站)仅有的一组接地线的操作。

(5) 变压器、消弧线圈分接头的电动调整。

不使用操作票的操作任务完成后，值长或值班负责人应在运行日志中做好记录。事故或应急处理必须保存好原始记录。

生产现场应建立专业操作票登记台账，所有操作票需及时进行登记。运行管理人员、安监人员不定期对操作票执行情况进行检查、指导、评价和考核。

4. 操作票的填写要求

(1) 编制和建立典型操作票库，同时建立典型操作票库定期复审制度，明确典型操作票库复审条件、时间及审核流程。在设备或系统实施重大技改或变更后，应及时对操作票库中相关操作票进行修订、复审。

(2) 操作票应连续编号(计算机生成的操作票应自动连续编号)，手动填写应遵循以下要求：

a. 前面字母为变电站汉语拼音首字母大写。

b. 后面四位为流水编号，如中电二洪“ZDEH0001”。

(3) 一个操作任务需填写两页或两页以上的操作票，手写操作票应在上一页操作票下面备注空格中填写“下接第 x 页”，下一页操作任务栏内填写“上接第 x 页”与之对应；

机打操作票上下页之间操作项连续，页面底部为备注栏；手写票与机打票的操作任务和开始时间、终了时间均只在第一页填写，签名只在最后一页填写，操作编号和页数每页填写。在最后一项操作项目下面的第一空格栏内加盖“以下空白”章，如操作项目填到最末一行，盖在备注栏内空白处。盖“以下空白”章后不允许增添操作项目。

(4) 操作票应由操作人根据操作任务、设备系统的运行方式和运行状态人工填写或由计算机自动生成。在填写操作任务和操作步骤时，设备应使用双重名称，填写操作票必须使用规范的专业术语、设备名称、状态转换。

(5) 人工填写的操作票应用黑色钢笔或圆珠笔填写，采用仿宋字体，票面工整干净，严禁涂改。

(6) 一份操作票只能填写一个操作任务，每一条操作项目只能填写一个操作步骤，检查项目视同操作项目，并按操作顺序分项填写，连续编号。

(7) 填写操作票时，必须同时填写危险点分析及安全措施控制卡，危险点分析及安全措施控制卡编号与操作票编号一致。操作人应根据操作任务和操作环境，对工作任务进行全过程有针对性地危险因素分析，完整填写有针对性的控制措施。

(8) 操作人员和监护人员必须明确知晓和掌握危险因素及控制措施，并在危险因素控制卡上进行签字确认、记录确认时间。

5. 操作票的填写、审查和核对

倒闸操作票由操作人负责填写。接令后，操作人、监护人应明确操作任务和操作目的，核对操作任务的安全性、正确性，确认无误后即可开始填写操作票。

值班负责人、监护人对操作票应进行全面审核，对操作步骤填写的正确性、合理性、完整性进行逐项审核，检查是否符合操作目的。如果审核中发现有错误应由操作人重新填写。

操作人和监护人应根据模拟图或接线图和实际运行方式核对所填写的操作项目进行模拟预演，监护人手持操作票与操作人一起进行模拟预演。监护人根据操作票的步骤，手指模拟图上具体设备位置进行模拟操作唱票，操作人则根据监护人指令进行复诵。也可以在防误操作闭锁系统上进行模拟预演，在系统执行的过程中，操作人、监护人应密切关注系统执行过程。模拟操作步骤结束后，监护人、操作人应共同核对模拟操作后系统的运行方式是否符合操作目的。模拟操作必须根据操作票的步骤逐项进行，二次设备操作可不模拟。

6. 操作票的执行

(1) 操作票必须由具有操作权的人员执行，严禁检修人员和无操作权的人员擅自操作。严格执行操作监护制度，严禁低岗位监护高岗位，严禁无监护操作，监护人原则上不参与操作。

(2) 一组操作人员(监护人、操作人)一次只能持有一张操作票。

(3) 监护人、操作人接到值班负责人或值长下达操作指令时，必须重复操作指令，得到发令人确认许可后，将时间记入操作票的操作开始时间，开始操作。

(4) 操作中必须严格按操作票所列项目的顺序依次进行操作。操作时监护人应根据

操作票的顺序逐项发出操作指令，进行高声唱票，操作人在接到指令后，认真核对设备名称、编号和状态是否正确，高声复诵操作指令，监护人确认设备名称、编号和状态正确，发出允许操作指令。操作人只有接到监护人发出的“操作可以执行”指令后方可执行操作。

(5) 考虑保护和自动装置相应变化及应断开的交、直流电源和防止电压互感器、场用变二次反高压的措施。

(6) 分析操作过程中可能出现的问题和危险点及相应的措施。

(7) 由操作人填写操作票和危险因素卡，填写操作票时要检查电气设备的实际运行状态。操作票填写完成后交由监护人审核并同监护人一起进行操作预演，预演无误后监护人签字。然后向当值值长或值班负责人汇报预演情况，将操作票交其审核签字批准并记入审核时间。

(8) 在对应操作票工作完成后，操作前应认真检查设备状况及一、二次设备的分合位置与工作前相符，并且没有遗漏短接线或者工具等杂物。

四、操作过程

正式操作应严格执行监护复诵制。没有监护人的指令，操作人不得擅自操作；监护人不得放弃监护工作，而自行操作设备。执行一个操作任务，中途严禁换人。

1. 远方操作

(1) 操作人、监护人在远方自动化系统监控工作站的操作画面上核对设备间隔名称编号及设备状况是否与操作项目相符。

(2) 核对无误后，监护人根据操作步骤，手指待操作设备图标高声唱票，操作人听清监护人指令后，选中待操作设备图标，核对名称编号无误后高声复诵并进入操作界面。监护人在该项操作步骤后画上“\”。

(3) 操作人、监护人分别输入操作密码，操作人输入待操作设备代码。

(4) 监护人再次核对正确无误后，即发“正确，执行”的命令，操作人点击执行。操作完毕后，操作人应回答“操作完毕!”，监护人确认后，在“\”上加“/”，完成一个“V”。

(5) 每项远方操作结束后，操作人、监护人都应检查设备遥信、遥测变化情况是否正确。

(6) 在操作过程中必须按操作顺序逐项操作，不得漏项、跳项。

(7) 操作全部结束后，对所操作的设备进行一次全面检查，以确认操作正确完整，设备状态正常。

(8) 监护人在操作票结束时间栏内填写操作结束时间。

2. 现场操作

(1) 操作人携带好必要的工器具、安全用具等走在前面，监护人手持操作票、录音笔、钥匙走在后面。

(2) 监护人、操作人到达具体设备操作地点后，首先根据操作项目进行操作前的站位核对，核对设备名称、编号及设备实际状况是否与操作项目相符。监护人根据操作步骤，手指待操作设备高声唱票，操作人听清监护人指令后，手指待操作设备，核对无误后高声复诵，监护人再次核对正确无误后，在“执行情况栏”打“\”，发“正确，执行”的命令，并将钥

匙交给操作人实施操作;操作完毕后,操作人应回答“操作完毕!”,监护人确认后,在“\”上加“/”,完成一个“V”。

(3) 每项操作结束后都应对设备的状态进行检查,如检查一次设备操作是否到位、三相位置是否一致、二次设备的投退方式与一次运方是否对应、二次压板(电流端子)的投退是否正确和拧紧、灯光及信号指示是否正常、电流电压指示是否正常、操作后是否留下缺陷等。

(4) 操作中需使用钥匙时,由监护人将钥匙交给操作人,操作人方可开锁将设备操作到位,然后重新将锁锁好后将钥匙交回监护人手中。

(5) 在操作过程中必须按操作顺序逐项操作,每项操作结束后,必须逐项打钩,不得漏项、跳项。

(6) 操作全部结束后,对所操作的设备进行一次全面检查,以确认操作正确完整,设备状态正常。

(7) 监护人在操作票结束时间栏内填写操作结束时间。

五、操作汇报

全部操作完毕进行复查,监护人应通过录音电话及时向发令人汇报:×时×分已完成×变电站×操作任务,并核对操作后的运行方式,得到发令人认可后即告本次操作任务已全部执行结束,并在操作票上加盖“已完成”章。

六、设备的操作注意事项

1. 断路器的操作注意事项

断、合断路器,操作控制把手时,不能用力过猛,以防损坏控制开关,不能返回太快,以防时间太短合不上闸,计算机远控操作时,注意检查断路器变位,检查三相电流基本平衡,断路器状态以设备实际位置为准。

2. 隔离开关的操作注意事项

隔离开关又称刀闸,是高压开关的一种。因为它没有专门的灭弧装置,所以不能用它来接通和切断负载电流及短路电流,一般在主控室远方合断。计算机远程操作时,注意检查隔离开关变位,以设备实际位置为准。在出现远控失灵的情况下需要进行手动操作,手动合隔离开关应迅速、果断,但合闸终了时不可用力过猛,以免损坏支持绝缘子。当合到底时发现有弧光或为误合时,不准再将隔离开关拉开,以免由于误操作而发生带负荷拉隔离开关,扩大事故。合闸后应检查动、静触头是否合到位,且接触良好。

3. 拆装熔断器的注意事项

一般来说,拆、装高压熔断器应该在回路断电之后进行,带电拆、装高压熔断器时所产生的弧光会对操作人员人身安全产生危险。在拆、装高压熔断器时一定要戴护目镜和绝缘手套,必要时使用绝缘夹钳,站在绝缘垫或绝缘台上操作。操作中应精神集中,注意保持身体平衡,握紧绝缘夹,不使夹持物滑脱落下。

4. 确认已操作到位的注意事项

电气设备操作后的位置检查应以设备实际位置为准,无法看到实际位置时,可通过设

备机械位置指示、电气指示、仪表及各种遥测、遥控信号的变化，且至少应有两个及以上指示已同时发生对应变化，才能确认该设备已操作到位。

5. 验电的操作注意事项

验电时，应使用相应电压等级而且合格的接触式验电器，在装设接地线或合接地刀闸处对各相分别验电。验电前，应先在有电设备上进行试验，确证验电器良好。高压验电应戴绝缘手套。验电器的伸缩式绝缘棒长度应拉足，验电时手应握在手柄处，不得超过护环，人体应与验电设备保持安全距离。雨雪天气时不得进行室外直接验电。

6. 设备放电的操作注意事项

当验明设备确已无电压后，应立即将检修设备接地并三相短路。电缆及电容器接地前应逐相充分放电，星形接线电容器的中性点应接地，串联电容器及与整组电容器脱离的电容器应逐个放电，装在绝缘支架上的电容器外壳也应放电。

7. 装设接地线的操作注意事项

装设接地线应由两人进行(经批准可以单人装设接地线的项目及运行人员除外)。装设接地线应先接接地端，后接导体端，接地线应接触良好，连接应可靠。拆接地线的顺序与此相反。装、拆接地线均应使用绝缘棒和绝缘手套。人体不得碰触接地线或未接地的导线，以防止感应电触电。

8. 检修设备停电的操作注意事项

检修设备停电，应把各方面的电源完全断开(任何运行中的星形接线设备的中性点，应视为带电设备)。禁止在只经断路器断开电源的设备上工作。应拉开隔离开关，手车开关应拉至试验或检修位置，应使各方面有一个明显的断开点(对于有些无法观察到明显断开点的设备除外)。与停电设备有关的变电器和电压互感器，应将设备各侧断开，防止向停电设备反送电。

9. 间接验电的操作注意事项

对无法进行直接验电的设备，可以进行间接验电。即检查隔离开关(刀闸)的机械指示位置、电气指示、仪表及带电显示装置指示的变化，且至少应有两个及以上指示已同时发生对应变化；若进行遥控操作，则应同时检查隔离开关(刀闸)的状态指示、遥测和遥控信号及带电显示装置的指示进行间接验电。

第二节　变压器的停、送电操作

一、变压器的状态转换

运行状态：各侧断路器及隔离开关均在合闸位置，使变压器与相邻设备电气上连通。

热备用状态：各侧断路器均在断开位置，但隔离开关均在合闸位置，使变压器与相邻设备失去电气上连通。

冷备用状态：各侧断路器及隔离开关均在断开位置，中性点接地刀闸在断开位置，使变压器与相邻设备有明显的断开点。

检修状态：在冷备用状态基础上，断开断路器、隔离开关的操作电源开关，变压器各侧均装设接地线或合上接地刀闸。变压器接有电压互感器时，应将其刀闸断开，并取下低压侧熔断器并断开低压侧开关。

1. 变压器停电操作的关键步骤

(1) 检查变压器负荷情况，解列变压器所带负荷，并且将场用电负荷转移。

(2) 合上变压器中性点接地刀闸。

(3) 断开变压器低压侧断路器。

(4) 断开变压器高压侧断路器。

(5) 拉开变压器低压侧隔离开关(注：到此步骤做完技术措施后即为冷备用状态；若变压器低压侧断路器为开关柜的小车式断路器，则需要将开关小车摇出至试验位置)。

(6) 拉开变压器高压侧隔离开关。

(7) 退出变压器保护。

(8) 验电。

(9) 按规定装设接地线或合上接地刀闸。

(10) 按要求悬挂遮拦和标识牌(注：到此步骤做完技术措施后即为检修状态；若变压器低压侧断路器为开关柜的小车式断路器，则需要将开关小车拉出至检修位置，并且绝缘挡板可靠封闭)。

变压器操作前，应先检查负荷情况，将变压器所带负荷全部解列，并转移场用电负荷后，方可断开该变压器。

变压器在投入或退出运行时，操作前先将各侧中性点都接地，未运行变压器的各侧中性点都应保持在接地状态。

倒换变压器中性点接地刀闸时，应先合上另一台变压器中性点接地刀闸，后拉开原变压器中性点接地刀闸。

2. 变压器送电操作的关键步骤

(1) 拆除变压器遮拦及标识牌。

(2) 按规定拆除相关的接地线或拉开接地刀闸。

(3) 检查变压器及断路器间隔无其他安全措施(注：到此步骤做完技术措施后即为冷备用状态；若变压器低压侧断路器为开关柜的小车式断路器，则需要将开关小车推至试验位置)。

(4) 按规定投入变压器全套保护。

(5) 合上变压器中性点接地刀闸。

(6) 检查变压器高压侧断路器在断开位置。

(7) 合上变压器高压侧隔离开关。

(8) 检查变压器低压侧断路器在断开位置。

（9）合上变压器低压侧隔离开关（若变压器低压侧断路器为开关柜的小车式断路器，则需要将开关小车摇入至工作位置）。

（10）合上变压器高压侧断路器。

（11）合上变压器低压侧断路器。

（12）断开中性点接地刀闸（注：到此步骤做完技术措施后即为运行状态）。

变压器投入时，一般是先合电源侧开关，停用时一般先停负荷侧开关。变压器充电时，应有完备的、灵敏的继电保护投入，并应检查调整充电侧母线电压及变压器分接头位置，防止充电后各侧电压超过规定值。

并列运行的两台变压器，须由一台倒换至另一台时，应先合上另一台中性点接地刀闸，然后再拉开原来的中性点接地刀闸。

中性点直接接地系统中投入或退出变压器时，应先将该变压器中性点接地，调度要求中性点不接地运行的变压器，在投入系统后随即拉开中性点接地刀闸，运行中变压器中性点接地的数目（接地方式）和地点应按继电保护规定设置，继电保护应满足变压器本身绝缘的要求。

二、变压器操作的注意事项及故障防范

变压器操作的主要危险点：切合空载变压器过程中可能出现的操作过电压，危及变压器绝缘；变压器空载电压升高，使变压器绝缘遭受损坏；走错间隔，导致人身触电事故；带负荷拉合隔离开关。

切、合空载变压器产生操作过电压的防范措施。切、合空载变压器产生操作过电压的防范措施主要是变压器中性点接地。在主变压器操作时，为防止操作断路器发生三相不同期动作或出现非对称断开产生的过电压影响主变压器绝缘，必须要合上中性点接地刀闸，避免发生电容传递过电压或失步工频过电压所造成的事故。因此，防范切、合空载变压器产生操作过电压造成的危害，应将变压器中性点接地。

变压器中性点接地刀闸操作应遵循下述原则：

（1）若数台变压器并列于不同的母线上运行时，则每一条母线至少需有 1 台变压器中性点直接接地，以防止母联开关跳开后使某一母线成为不接地系统。

（2）若变压器低压侧有电源，则变压器中性点必须直接接地，以防止高压侧开关跳闸，变压器成为中性点绝缘系统。

（3）同一厂站多台变压器间中性点接地刀闸的切换。为保证电网不失去应有的接地点，应采用先合后拉的操作方式，即先合上备用接地点刀闸，再拉开工作接地点刀闸。若数台变压器并列运行，正常时只允许 1 台变压器中性点直接接地。在变压器操作时，应始终至少保持原有的中性点直接接地个数，例如 2 台变压器并列运行，1＃变中性点直接接地，4＃变中性点间隙接地。1＃变压器停运之前，必须首先合上 4＃变压器的中性点刀闸，同样地必须在 1＃变压器（中性点直接接地）充电以后，才允许拉开 4＃变压器中性点刀闸。

（4）变压器停电或充电前，为防止开关三相不同期或非全相投入而产生过电压影响变压器绝缘，必须在停电或充电前将变压器中性点直接接地。变压器充电后的中性点接地方式应按正常运行方式考虑，变压器的中性点保护要根据其接地方式做相应的改变。

第三节　线路的停、送电操作

一、线路的状态转换

运行状态:线路断路器及线路电压互感器隔离开关均处于合闸运行状态。

热备用状态:线路断路器处于热备用状态,线路电压互感器均在运行状态。

冷备用状态:线路断路器处于冷备用状态,线路电压互感器均在运行状态。

检修状态:在线路断路器处于冷备用状态的基础上,断开断路器、两侧隔离开关的操作、合闸电源。在线路侧装设接地线或合上接地刀闸。若线路侧装有电压互感器,应将其隔离开关拉开,并取下低压侧熔丝或断开低压侧开关。手车式开关的线路检修状态是指手车开关在检修位置。

1. 线路停电操作的主要步骤

(1) 确认线路负荷解列后断开断路器。

(2) 拉开负荷侧隔离开关。

(3) 拉开电源侧隔离开关(注:到此步骤做完技术措施后即为冷备用状态;若为高压开关柜的小车开关,则需要将小车开关摇出至试验位置)。

(4) 取下线路电压互感器二次熔断器或拉开二次开关。

(5) 退出断路器、线路全套保护。

(6) 验明线路侧无压。

(7) 合上线路侧接地刀闸。

(8) 断开断路器及隔离开关操作电源。

(9) 装设遮拦、悬挂标识牌(注:到此步骤做完技术措施后即为检修状态;若为高压开关柜的小车开关,则需要将小车开关拉出至检修位置,并且绝缘挡板可靠封闭)。

2. 线路送电操作的主要步骤

(1) 合上断路器及隔离开关操作电源。

(2) 拉开线路侧接地刀闸。

(3) 检查本间隔无其他安全措施。

(4) 装上线路电压互感器二次熔断器或合上二次开关。

(5) 投入断路器、线路全套保护。

(6) 检查断路器确在断开位置。

(7) 合上电源侧隔离开关(注:到此步骤做完技术措施后即为冷备用状态;若为高压开关柜的小车开关,则需要将小车开关摇至工作位置)。

(8) 合上负荷侧隔离开关。

(9) 合上断路器。

(10) 按规定投入线路重合闸。

停电操作时先断开线路断路器,后拉开负荷侧隔离开关,最后拉电源侧隔离开关;如果线路有电压互感器,在最后还应拉开线路电压互感器隔离开关。

在送出线路上挂地线需要接到调度下令。调度下令挂地线后,在线路侧验明无电后立即设一组三相短路接地线(或合上线路侧接地开关),并悬挂"禁止合闸,线路有人工作"标识牌。

线路侧送电操作与此相反。采取此种操作顺序,可防止发生带负荷拉、合隔离开关的事故。

在线路停送电操作中,如果调度没有下令投退保护及重合闸装置,保护及重合闸应保持原状态。对线路充电的断路器必须具备完整的继电保护。

集电线路的停电操作顺序:应先断负荷侧断路器,后断电源侧断路器;恢复送电的顺序与之相反,应先合电源侧断路器,后合负荷侧断路器。

操作隔离开关前,必须检查相应回路的断路器确实在断开位置,防止带负荷拉合隔离开关。

隔离开关、接地开关和断路器之间安装有电气和机械闭锁装置,如果失灵,应查明原因,不得私自解锁操作。

无论送出线路还是集电线路停送电,始终按照倒闸操作的基本原则进行,其目的是防止带负荷拉合隔离开关。先断断路器,后拉隔离开关,因为断路器有切断空载电流、负荷电流、故障电流的能力,而隔离开关没有。先拉负荷侧隔离开关,后拉母线侧隔离开关,线路保护动作,断路器跳闸,缩小停电范围,若先拉母线侧隔离开关,后拉负荷侧隔离开关,会造成带负荷拉隔离开关,母差保护动作扩大停电范围。

二、线路操作的注意事项及危险点防范

明确操作总体要求。不得中途离开操作现场,防止单人操作,认真核对设备名称、编号,避免走错间隔。

接地线不得随意乱放,只能放在将要操作的间隔里,以防止造成带电挂地线恶性误操作或人身事故。安全工器具不能放错间隔,放错会造成误入带电间隔或误带负荷拉合刀闸等误操作。

重点防止误合接地刀闸,要清楚合接地刀闸的部位及合上后的接地范围,特别是线路和母线有多处接地的,用哪组一定要清楚。

发现异常情况应停止操作,只有在查清原因并得到值班负责人允许后才能继续操作。同时要熟悉防误操作装置的闭锁功能,防止误判断闭锁装置失灵而强行解锁,发生误操作。

开关分合闸指示要清楚,必须确认开关在分闸位置时,才能操作刀闸。若刀闸操作不了,要查明原因,特别要复查开关是否在分闸位置,或有关的接地刀闸未拉开而使刀闸不能操作,不能违规强行解闭锁进行操作。不得随意解锁操作,防止强制解锁造成误操作。

刀闸瓷柱断落时有发生,易造成伤人事故,操作人员应选择好位置,避免操作过程中部件伤人或瓷柱断裂砸伤人员。

要使用合适的安全工器具，使用的方法要正确。装、拆接地线时要戴绝缘手套。装设接地线时，先接接地端，后接导体端；拆除时的顺序与此相反。

测量设备、线路绝缘前要先验电、放电，在验明被测设备确实无压后方可进行。

线路的停、送电均应按照调度机构或线路运行维护单位的指令执行，不得约时停、送电。

第四节　常用安全工器具的使用

一、概述

安全工器具是用于防止触电、灼伤、高空坠物、摔伤、物体打击等人身伤害，保障操作者在工作时人身安全的各种专门用具和器具。

安全工器具可分为绝缘安全工器具、一般安全工器具、安全围栏（网）和标识牌三大类。绝缘安全工器具又分为基本安全工器具和辅助安全工器具两种。

基本安全工器具是直接操作带电设备、接触或可能接触带电体的工器具，如验电器、绝缘杆、绝缘隔板、绝缘罩、携带型短路接地线、个人保安接地线等。

辅助安全工器具的绝缘强度不是承受设备或线路的各种电压，只是用于加强基本绝缘安全工器具的保安作用，用以防止接触电压、跨步电压、泄漏电流电弧对操作人员的伤害，不能用辅助安全工器具直接接触高压带电部分。属于这一类的安全工器具有绝缘手套、绝缘靴（鞋）、绝缘胶垫等。

二、常用基本安全工器具的使用

1. 高压验电器

(1) 高压验电器是检验电气设备、导线上是否有电的一种专用安全工具。按照被试设备的电压等级使用，通过验电器与带电部分接触而产生的声、光来检验设备是否带电。

(2) 使用前根据被验电设备的额定电压选用适合电压等级的合格高压验电器。检查试验标签在有效期内（验电器每半年试验一次）；在验电前进行自检，方法是用手拨动自检按钮，指示灯有间断闪光，同时发出间断报警声，说明该仪器正常。

(3) 验电前，应先在有电设备上进行试验，确证验电器良好。验电应戴绝缘手套。验电器的伸缩式绝缘棒长度应拉足，验电时手应握在手柄处，不得超过保护环，人体应与验电设备保持安全距离。雨雪天气时不得进行室外直接验电。

高压验电时，验电器应逐渐靠近带电部分，直到氖灯发亮为止，验电器不要立即直接触及带电部分。

2. 绝缘杆

绝缘杆是用于短时间对带电设备进行操作或测量的绝缘工具，如用来操作隔离开关

和跌落式熔断器的分合、安装和拆除接地线、放电操作、处理带电体上的异物，以及进行高压测量、试验、直接与带电体接触等各项作业和操作。其结构主要由工作部分、绝缘部分和握手部分组成。

使用前，应检查绝缘杆试验标签在有效期内（每年试验一次）。检查绝缘杆的堵头，如发现破损，应禁止使用。

使用绝缘杆时，操作人员应戴绝缘手套，穿绝缘鞋（靴），人体与带电设备保持足够的安全距离，并注意防止绝缘杆被人体或设备短接，以保持有效的绝缘长度。操作绝缘杆时，绝缘杆不得直接与墙或地面接触，以防碰伤其绝缘表面。

雨天、雪天在户外操作电气设备时，操作杆的绝缘部分应有防雨罩。装罩的上口应与绝缘部分紧密结合，无渗漏现象，罩下部分的绝缘杆保持干燥。

3. 绝缘隔板

绝缘隔板是用于隔离带电部件，限制工作人员活动范围的绝缘平板。用在 35 kV 及以下电压等级的设备上。

使用前，应检查绝缘隔板是否干净、受潮、破损。试验标签在有效期内（每年试验一次）。

使用绝缘隔板时，操作人员应戴绝缘手套，穿绝缘鞋（靴），人体与带电设备保持足够的安全距离。一人操作，一人监护。

三、常用辅助安全工器具的使用

1. 绝缘手套

绝缘手套是在高压电气设备上进行操作时使用的辅助安全用具。如用来操作隔离开关、高压跌落式熔断器等，在低压带电设备上进行操作时，把它作为基本安全用具使用，在低压设备上进行带电作业。

每次使用前应进行外部检查，试验标签在有效期内（绝缘手套每半年试验一次），若发现有发黏、裂纹、破口（漏气）、气泡等，则应禁止使用。检查方法是将手套朝手套手指方向卷起，当卷到一定程度时，内部空气因体积减小、压力增大，手指鼓起，不漏气者即为良好。

设备验电、操作隔离开关、装拆接地线等操作，均应戴绝缘手套。戴绝缘手套时，应将上衣袖口套入手套筒内。

2. 绝缘靴（鞋）

绝缘靴是高压操作时用来与地面保持绝缘的辅助安全用具，而用于 220 kV～500 kV 带电杆塔上及 330 kV～500 kV 带电设备区非带电作业时，为防止静电感应所穿用的绝缘鞋，是由特种性能橡胶制成的。低压系统中，两者都作为防护跨步电压的基本安全用具。

每次使用前应进行外部检查，试验标签在有效期内（绝缘靴每半年试验一次），不得有外伤、裂纹、漏洞、气泡、毛刺、划痕等缺陷，如发现有以上缺陷，应立即停用并及时更换。

使用绝缘靴时，应将裤管套入靴内，并要避免接触尖锐的物体、高温或腐蚀性的物质，以防受到损伤。严禁将绝缘靴挪作他用。

四、防误闭锁系统的使用

防误闭锁系统的作用。防误闭锁系统用于防误断合断路器、防带负荷拉合隔离开关、防带电挂地线(接地刀闸)、防带地线(接地刀闸)送电、防误入带电间隔。高压电气设备都应安装完善的防误操作闭锁装置。

不准擅自更改操作票,不准随意解除闭锁装置。解锁工具(钥匙)应封存保管,所有操作人员和检修人员禁止擅自使用解锁工具(钥匙)。若遇特殊情况需解除闭锁,应经本单位分管生产的领导或总工程师批准,方能使用解锁工具(钥匙)。单人操作、检修人员在倒闸操作过程中严禁解锁。如需解锁,应待增派运行人员到现场后,履行上述手续。防误闭锁装置不得随意退出运行,停用防误闭锁装置应经本单位分管生产的领导或总工程师批准。

第十章　事故处理

第一节　母线失电故障

一、母线失电原因

1. 母线范围内的设备发生故障，如母线支持瓷瓶断裂、断路器、隔离开关、避雷器、互感器发生故障。

2. 母线保护误动使母线失电。

3. 变压器故障且高压侧断路器拒动，越级跳闸使母线失电。

4. 人员误操作造成母线失电。

5. 上级电源失电造成母线失电。

二、事故现象及处理

1. 事故现象

(1) 交流照明灯全部熄灭。

(2) 各母线电压表、电流表、功率表等均无指示。

(3) 保护装置发出“PT 断线”信号。

(4) 各集电线路跳闸。

(5) 场用电切至备用电源供电。

2. 事故处理

(1) 不允许对故障母线不经检查强行送电，以防事故扩大。

(2) 母线失电后，值班人员应立即进行检查，并汇报当值调度员，当确定失电原因非本场母线或主变压器故障引起时，可保持本场设备的原始状态不变。

(3) 若为主变压器故障越级跳闸，则应拉开主变压器各侧断路器，进行检查处理。

(4) 主变压器低压侧断路器跳闸造成母线失电后，值班人员应对该母线及各出线间隔的电气设备进行详细检查，并汇报当值调度员，拉开连接于该母线的所有断路器。若越级跳闸，隔离故障线路可恢复对停电母线送电。

三、事故案例分析

1. 事故案例名称

某风电场220 kV母线故障跳闸。

2. 事故前运行方式

全站负荷300 MW,220 kV母线运行正常,35 kV母线运行正常,1#主变、2#主变、3#主变运行正常,各集电线路运行正常,风机运行正常,场用电运行正常。

3. 事故现象

事故报警铃响,监控后台显示洪曙×开关跳闸;220 kV母线运行电压、电流、有功功率为0;监控后台光字牌亮;220 kV母差保护动作;1#主变、2#主变、3#主变停运;全场风机停运;场用电400 V Ⅰ段备自投动作。

4. 事故处理

(1) 汇报班长。

(2) 汇报相关领导及调度。

(3) 启动全站失电应急预案。

(4) 检查交流站用电源切换正常。

(5) 检查站内UPS系统、直流系统运行正常。

(6) 检查站内保护装置动作正常。

(7) 检查站内无人为误操作。

(8) 检查本站无拒动断路器。

(9) 将可能来电的断路器全部拉开,汇报调度,等候处理。

(10) 汇报相关领导及调度事故情况。

(11) 向调度申请恢复运行。

(12) 记录故障事故处理过程。

第二节　单相接地故障

一、单相接地主要原因

1. 电缆本身质量或安装时绝缘子受损等。

2. 电压异常造成电缆终端击穿:运行中电力电缆的电压不得超过额定电压的15%,超过规定值容易造成电缆绝缘击穿。

3. 温度异常造成电缆终端击穿。

4. 外力因素造成电缆终端击穿:电力电缆在运行中由于外力、洋流、地震等因素引起

电力电缆震动、变形、绝缘层损坏等造成接地故障。

二、事故现象及处理

1. 事故现象

(1) 故障相电压下降,其他两相电压升高。如果为金属性接地,则故障相电压为零,非故障相电压升高为$\sqrt{3}$倍相电压。

(2) 接地变报警装置发出信号。

(3) 如装有接地电阻,其接地电阻的电压表、电流表有读数,零序保护启动。

2. 事故处理

(1) 事故原因未查明不得自行强送电。

(2) 检查该跳闸断路器有无明显异常。

(3) 检查该跳闸线路负荷有无明显故障。

(4) 经初步检查无明显故障现象,断开负载后对该线路进行绝缘测试,测试绝缘合格后方可送电。

(5) 当遇到下列情况时,未经检查确认,不允许对故障跳闸线路进行试(强)送:

① 全部或部分是电缆的线路。

② 判断故障可能发生是否在站内。

③ 线路若有带电作业,且明确故障后不得试(强)送。

④ 存在已知的线路不能送电的情况。包括严重自然灾害、外力破坏导致线路倒塔或导线严重损坏、人员攀爬等。

三、事故案例分析

1. 事故案例名称:某风电场海上升压站 35 kV 1#集电线路单相接地

2. 事故前运行方式

某风电场海上升压站 35 kV 1#集电线路有功功率 20 MW,35 kV 1#集电线路 3201 开关合位,35 kV 1#集电线路风机运行正常。

3. 事故现象

事故报警铃响,监控后台显示 35 kV 1#集电线路 3201 开关跳闸;35 kV 1#集电线路电压、电流、有功功率为 0;监控后台光字牌零序电流Ⅱ段动作,接地变零序保护启动,触发 2#集电线路、3#集电线路、4#集电线路上的风机低电压穿越告警。

4. 事故处理

(1) 汇报班长。

(2) 汇报相关领导及调度。

(3) 断开 35 kV 1#集电线路 32011 隔离开关。

(4) 检查风机和海上升压站监控视频画面无明显异常。

(5) 检查海上升压站自动消防系统是否启动。

(6) 检查海上升压站保护装置和故障录波器动作情况,进行初步分析。

(7) 检查海上升压站 17 米层海缆有无异常。

(8) 检查 35 kV 1#集电线路所带设备有无明显故障现象。

(9) 断开 35 kV 1#集电线路箱变高压侧电源 32F32 开关。

(10) 对 35 kV 1#集电线路至首台风机电缆进行绝缘电阻测试,以此类推对该集电线路其他连接电缆进行绝缘测试。

(11) 对找出的故障点进行隔离故障。

(12) 记录故障事故处理过程。

第三节　系统振荡

一、系统振荡原因

1. 输电线路输送功率超过极限值造成静态稳定破坏。

2. 电网发生短路故障,切除大容量的发电、输电或变电设备,负荷瞬间发生较大突变等造成电力系统暂态稳定破坏。

3. 环状系统(或并列双回线)突然开环,使两部分系统联系阻抗突然增大,动态稳定被破坏从而失去同步。

4. 电源非同步合闸未能拖入同步。

二、事故现象及处理

1. 事故现象

(1) 发电机电流表、功率表及连接失去同期的电厂或部分系统的输电线路及变压器的电流表、功率表明显地周期性地剧烈摆动。

(2) 系统中各点电压将发生波动。

(3) 振荡中心的电压波动最大。

(4) 照明灯光随电压波动忽明忽暗。

(5) 变压器发出有无节奏的嗡嗡声响。

(6) 在失去同期的受端系统中频率下降,在送端的系统频率则升高。

2. 事故处理

(1) 任何发电机组都不得无故从系统中解列,在频率或电压严重下降威胁场站安全时,可按低频、低压保场用电的办法处理。

(2) 利用人工方法进行再同步。

① 提高无功出力,尽可能使电压提高到最大允许值。

② 频率升高的发电厂应立即自行降低出力,使频率下降,直至振荡消失或频率降至

系统正常频率偏差的下限值为止。

③ 频率降低的发电厂应立即采取果断措施(包括使用事故过负荷和紧急拉路)使频率提高,直到系统正常频率偏差的下限值以上。

(3) 符合下列情况下之一,应按事先设置的解列点自动或手动解列。

① 非同步运行时,通过发电机的振荡电流超出允许范围,可能导致重要设备损坏。

② 变电站的电压波动低于额定值的 75%可能引起大量甩负荷。

③ 采取人工再同步(包括有自动调节措施),在 3～4 分钟内未能恢复同步运行。

(4) 运行值班人员应掌握和监视电压监视点和控制点的母线电压,当超出规定值时,应采取以下办法进行调整。

① 调整发电机、静止无功补偿的无功功率,投切变电站的电容器组或电抗器组。

② 调整有载调压变压器分接头。

③ 调整变压器运行台数(若负荷允许时)。

④ 在不降低系统安全运行水平的前提下,适当改变送端电压来调整近距离受端的母线电压。

⑤ 调整系统运行方式,改变潮流分布(包括转移负荷或拉停线路)。

⑥ 汇报上级调度机构,值班调度员协助调整。

三、事故案例分析

1. 事故名称:220 kV 系统振荡

2. 事故前运行方式

某风电全场负荷 300 MW,220 kV 母线电压 230 kV,频率 50 Hz,风机运行正常。

3. 事故现象

220 kV 母线电压降低,母线电压频率降低,变压器有不正常的周期性轰鸣声,风机监控系统报低电压穿越。

4. 事故处理

(1) 汇报班长。

(2) 汇报相关领导及调度。

(3) 将 AVC 系统由远方切至就地。

(4) 检查站内设备有无故障报警。

(5) 确认无故障后将 1＃SVG、2＃SVG 出力将感性无功调到最大,观察电压是否恢复正常。

(6) 将风机感性无功调到最大,观察电压是否恢复正常。

(7) 停用风电机组直到电压恢复。

(8) 观察站内频率变化,当低于 48.0 Hz 必要时拉停站内送出线路开关。

(9) 待电压恢复后,申请调度启动停用风机。

(10) 记录故障事故处理过程。

第四节　断路器及刀闸异常的处理

一、断路器及刀闸在运行中常见的异常

1. 断路器非全相合闸、分闸。
2. 断路器合、分闸失灵。
3. SF_6 断路器压力低导致开关闭锁。
4. 真空断路器灭弧室异常。
5. 操作电源断线。
6. 隔离开关触头过热。
7. 隔离开关瓷件破损。
8. 带负荷误拉、合隔离开关。
9. 隔离开关拉不开、合不上。

二、异常处理

1. 隔离开关发热

(1) 隔离开关接触不良，或者触头压力不足，都会引起发热。隔离开关发热严重时，可能损坏与之连接的引线和母线，产生的高温可能使隔离开关瓷件爆裂。

(2) 发现隔离开关过热，应报告调度员设法转移负荷，或通过减少负荷电流减少发热量。如果隔离开关发热现象加重，应立即申请停电处理。

2. 隔离开关瓷件破损

隔离开关瓷件在运行中发生破损或放电，应立即报告调度员，并通知尽快处理。

3. 带负荷误拉、合隔离开关

在变电所运行中，严禁用隔离开关拉、合负荷电流。

(1) 误拉隔离开关。发生带负荷误拉隔离开关时，如刀片刚离刀口(已起弧)，隔离开关应立即反方向操作合好隔离开关。若隔离开关已拉开，则不允许再合上。

(2) 误合隔离开关。运行人员带负荷误合隔离开关，任何情况都不允许再拉开。如需拉开，则应断开该回路断路器将负荷电流切断，再拉开隔离开关。

4. 隔离开关拉不开、合不上

(1) 运行中的隔离开关，如果发生拉不开的情况不要硬拉，应查明原因并处理后再拉隔离开关。隔离开关拉不开的原因多为冰冻使隔离开关拉不开，操作机构锈死、卡死，隔离开关动触头、静触头熔焊，瓷件破裂、断裂等。

(2) 隔离开关合不上或合不到位应该查明原因，缺陷消除后再合隔离开关。

三、事故案例分析

1. 事故名称

某风电场 35 kV 1＃SVG 动态无功补偿装置 39121 刀闸触头过热

2. 事故前运行方式

事故发生前，某风电场陆上集控中心 35 kV 1＃SVG 动态无功补偿装置运行，1＃SVG 动态无功补偿负荷 10 Mvar。

3. 事故现象

刀闸过热发红、绝缘子有放电痕迹。

4. 事故处理

(1) 汇报班长。

(2) 汇报相关领导。

(3) 将 35 kV 1＃SVG 动态无功补偿装置负荷降至 1 Mvar。

(4) 通过红外成像观察刀闸温度，若无好转立即向调度申请停运 35 kV 1＃SVG 动态无功补偿装置。

(5) 待查明原因并处理后向调度申请恢复投运 35 kV 1＃SVG 动态无功补偿装置。

第五节　电气设备引起火灾事故的处理方法

一、电气设备引起火灾的主要原因

1. 短路。
2. 过负荷。
3. 接触电阻过大引起发热。
4. 电火花和电弧。
5. 照明灯具、电热元件、电热工具的表面过热。
6. 过电压。

二、事故现象及处理

1. 事故现象

一般火灾初始阶段，附近地点往往能闻到烧焦的煳味或看到轻微黑烟。

运维人员闻到烧焦的煳味时，应引起火灾发生的警觉，烟是最明显的火灾征兆，意味着情况可能非常危险。

火灾初始阶段，着火电气设备附近有强烈刺鼻的煳味并伴随轻微黑烟，着火电气设备

可能发出强烈耀眼的弧光，同时发出强烈刺耳的声音。

火灾发展阶段，电气设备电源切除，有强烈的黑烟冒出。

2. 事故处理

(1) 电气设备着火后带电燃烧，火势发展很快，并发出强烈的弧光。

(2) 扑救这类火灾必须确保电源已切断，判断电气设备的工作电压，熟悉着火电气设备附近有无易燃物质，再针对不同对象、不同状况，采取不同的灭火方法。

(3) 在着火电气设备不确定电源是否切断的情况下，不能用水或泡沫扑救，因为水和泡沫易导电，可用二氧化碳或干砂土进行扑救。扑救过程中，人员必须与着火的电气设备保持一定的距离。

(4) 扑救 110 kV 及以下电气设备火灾时，距离火源要保持一米以上；扑救 220 kV 以上的电气设备火灾时，距离火源要保持二米以上。

三、事故案例分析

1. 事故名称

某风电场 35 kV A2 集电线路开关柜着火

2. 事故前运行方式

某变电站 35 kV A2 集电线路有功 500 MW，35 kV A2 集电线路 3903 开关在合位，风机运行正常。

3. 事故现象

运维人员发现 35 kV A2 集电线路开关柜着火并伴有浓烟和烧焦的煳味。

4. 事故处理

(1) 根据烟火现象确定着火开关柜。

(2) 汇报班长并通知消防队。

(3) 简明汇报相关领导及调度。

(4) 通知中控室立即拉开 A2 集电线路 3903 开关，拉开相邻间隔开关。

(5) 班长组织运维人员灭火。

(6) 开启配电室通风装置，灭火人员在穿戴好正压式呼吸器、安全帽、绝缘靴、绝缘手套，做好各项安全措施后，使用干粉灭火器进行灭火。

(7) 明火扑灭后，应检查着火点和着火设备，以防止二次火灾的发生。

(8) 检查配电室内其他电气设备有无异常。

(9) 将故障开关柜与运行设备隔离，做好安全隔离措施，并向其他人告知危险点。

(10) 向调度及有关领导汇报事故详细原因，并申请恢复运行。

(11) 清理事故现场，联系设备厂家等，组织相关人员抢修设备。

(12) 开展事故调查，查看监控系统报文，记录监控系统故障时的信息。

(13) 核对保护定值和保护压板投退情况，检查故障发生时保护未动作原因。

(14) 故障处理后向调度申请操作，送电前对 35 kV A2 集电线路进行绝缘测试，若无

异常现象，对集电线路开关进行送电操作。

(15) 记录事故处理过程。

第六节　变压器常见的故障及处理方法

一、变压器有下列情况之一应立即停运

1. 变压器内部声音明显增大，不时有爆裂声。
2. 在正常负荷条件下，变压器温度异常并不断上升。
3. 有严重漏油或喷油现象，致使油位低于油位计指示的限度。
4. 变压器冒烟着火现象。
5. 套管有严重破损或严重放电现象。

二、变压器故障现象及处理

1. 变压器油位不正常时，如因轻度漏油引起，应补充油(加油时注意先停瓦斯保护)，并根据泄漏程度安排消除；如因大量漏油使油位迅速降低，有条件时停电消除，无条件时应立即采取停止漏油的措施。对采用充油套管的变压器，当套管无油时，禁止将变压器投入运行。运行中应注意监视充油套管的油位情况。

2. 变压器运行中自动跳闸，应查明变压器跳闸原因、系何种保护跳闸、跳闸时有何外部现象(如外部短路、过负荷、二次回路故障等)。如查明不是变压器内部故障所造成，而是由于过负荷、外部短路或保护二次回路故障引起的，则变压器可不经外部检查即可重新投入运行，否则需进行检查并测量线圈的绝缘电阻等，设法查明变压器跳闸原因。

3. 变压器着火时，首先应拉开变压器连接的高低压断路器和隔离开关，并停用冷却器，按《电气设备消防规程》规定迅速使用灭火设备灭火。若油溢在变压器顶盖上而着火时，则打开下部放油门将油放至适当油位。若变压器内部故障引起着火时则不能放油，以防变压器发生严重爆炸。

4. 当变压器附近的设备着火、爆炸或其他状况，对变压器构成严重威胁时，运维值班人员应立即停运变压器。

5. 瓦斯保护

(1) 正常运行时变压器瓦斯保护装置按下列规定执行：

① 变压器运行时，重瓦斯保护应投于跳闸、轻瓦斯保护投于信号，有载分接开关的瓦斯保护应投信号。

② 对运行中变压器进行滤油、加油及换潜油泵或更换净油器的硅胶时应先将重瓦斯保护投于信号，此时变压器的其他保护(差动、电流速断保护等)仍应投于跳闸。工作完毕后 8 小时内轻瓦斯未报警且瓦斯继电器内无气体时，重瓦斯即可投于跳闸。

③ 变压器投运前应检查瓦斯继电器通向储油柜的阀门全开，瓦斯继电器内充满油且

无气泡。变压器在加油或滤油后、投入备用或运行前，应将重瓦斯保护投于跳闸。

④ 当油位计上指示的油面有异常升高或呼吸系统有异常现象时，应查明原因，需打开放气或放油阀门时，应先将重瓦斯投于信号。

⑤ 对运行中的变压器及其附属设备（如油阀门、瓦斯继电器、硅胶罐等）进行有可能引起瓦斯保护误动作的工作时，应事先申请将瓦斯保护由跳闸改为信号。变压器取油样，重瓦斯保护仍投于跳闸。

(2) 根据故障性质的不同，瓦斯保护装置动作一般有两种：一种是轻瓦斯动作发信号而重瓦斯未动作跳闸；一种是轻瓦斯、重瓦斯同时动作且跳闸。

① 瓦斯保护信号动作时，运维值班人员应立即对变压器进行检查，查明其动作原因。

② 如瓦斯继电器内存在气体，应用专门容器收集气体，记录气量，鉴定气体颜色及是否可燃。

③ 如瓦斯继电器内存在的气体为无色、无臭不可燃的，且色谱分析判断为空气，则变压器可继续运行。

④ 若瓦斯保护信号动作是因油中剩余空气逸出或冷却系统吸入空气而动作，运维值班人员应立即放出瓦斯继电器内的空气，并注意监视和记录这次与下次动作时间的间隔。若信号动作时间逐次缩短，就预示即将造成断路器跳闸，则应将重瓦斯改接信号，并报告生产运维部负责人和分管领导，同时应立即查出原因加以消除。

⑤ 若气体是可燃的，根据色谱分析结构综合判断变压器出现内部故障，则必须申请将变压器停止运行，以便分析动作原因和进行试验检查。

⑥ 瓦斯保护轻瓦斯动作发信号和重瓦斯动作跳闸同时发生，并经检查证明瓦斯继电器内是可燃气体，则变压器未经检查试验合格前，不允许再投入运行。

⑦ 变压器铁芯多点接地而接地电流较大时，应安排检修处理。在缺陷消除前，应采取措施将电流限制在 100 mA 左右，并加强监视。

(3) 瓦斯保护装置动作原因和故障性质，可由继电器内聚积的气体量、颜色、可燃性和化学成分等来鉴别。用瓦斯继电器内气体颜色鉴别变压器内部故障的性质，可根据表 10－1 确定。

表 10－1 瓦斯继电器内气体颜色对应变压器内部故障性质

气体颜色	故障性质
无色、无味，仅有油味（不可燃）	空气
黄色（不可燃）	木质故障
淡灰色，带强烈臭味（可燃）	纸或纸板故障
灰色和黑色（易燃）	油故障

三、事故案例分析

1. 事故名称

某风电场海上升压站 2＃主变重瓦斯动作事故处理。

2. 事故前运行方式

全场负荷 200 MW，220 kV 母线运行正常，35 kV 母线运行正常，1＃主变、2＃主变、3＃主变运行正常，集电线路运行正常，风机运行正常，场用电运行正常。

3. 事故现象

监控后台事故报警铃响，海上升压站 2＃主变本体重瓦斯保护动作，海缆线路海洪 2602 开关分位，2＃主变低压侧分支 302A 和 302B 开关分位，2＃主变有功功率和无功功率为 0，35 kV Ⅱ、Ⅲ段母线电压为 0，故障录波器启动录波，风机监控系统显示 5＃、6＃、7＃、8＃、9＃、10＃、11＃、12＃集电线路上 50 台风机停运。

4. 事故处理

(1) 汇报班长。

(2) 汇报相关领导及调度。

(3) 查看厂用电 400 V 403 开关在分闸位置、405 开关在合闸位置，站用电切换成功。就地检查海洪 4E35 开关分闸位置，2＃主变低压侧 302A 开关分闸位置，2＃主变低压侧 302B 开关分闸位置，断开 35 kV Ⅱ、Ⅲ段母线所有负荷开关，合上海洪 4E354/5 接地开关，合上 2＃主变低压侧分支 302A4、302B4 接地开关，合上 2＃主变低压侧 302A、302B 开关(特殊结构下接地安全措施)。

(4) 检查后台报警信号，记录保护动作情况，查看故障滤波器波形。

(5) 视现场情况决定是否申请将 2＃主变低压侧负荷转移至 3＃主变低压侧，35 kV Ⅰ、Ⅱ、Ⅲ、Ⅳ段母线并列运行，必须严格执行特殊运行方式下技术措施和安全措施，加强监视负荷运行情况，3＃主变负荷不得超过 200 MW 运行，为避免发生过负荷，风场内风机做好限出力措施。

(6) 对变压器外部进行全面检查，判断瓦斯继电器动作是否正确，查看瓦斯继电器内有无气体，变压器是否受到冲击和震动。

① 检查油位、油温、油色有无变化，变压器外壳有无变形，焊缝是否开裂喷油。

② 套管油位是否正常，套管外部有无破损裂纹、严重油污、放电痕迹及其他异常现象。

③ 呼吸器是否完好，硅胶颜色是否正常。

④ 引线接头、电缆有无发热迹象。

⑤ 压力释放阀、安全气道及防爆膜是否完好无损。

⑥ 对变压器分接开关进行检查，检查动静触头间接触是否良好，检查触头分接线是否紧固，检查分接开关绝缘件有无受潮、剥裂或变形。

(7) 按照电力设备预防性试验规程的要求，对变压器进行绝缘电阻、直流电阻等试验。

(8) 若变压器内部故障时导致变压器重瓦斯保护动作，例如变压器内部发生多相短路、匝间短路、匝间与铁芯故障、铁芯故障等，则需对 2＃主变进行检修处理。

(9) 若瓦斯继电器内无气体，变压器外部也无异常现象，有可能为瓦斯继电器二次回路有故障，则应对二次回路进行重点检查，查明重瓦斯保护动作发生的原因。

(10) 未查明原因不得将变压器投入运行。

(11) 待查明事故原因，排除故障后，向调度申请投入运行。

(12) 2#主变恢复运行后，加强运行参数变化情况监视。

(13) 记录事故处理过程，并向相关领导汇报。

第七节　电压、电流互感器常见故障

一、电压、电流互感器故障

1. 电压互感器故障

(1) 电压互感器常见故障现象：一次熔断器熔断、二次熔断器熔断（或空气开关跳闸）、断线、短路等。

(2) 引起电压互感器一次侧熔断器熔断，主要有以下几个原因：

① 电压互感器内部绕组发生层间、匝间或者相间短路以及单相接地等故障。

② 电压互感器一、二次回路故障，导致电压互感器过电流，其二次侧熔断器容量选择不合理。

③ 过负荷长期运行，熔断器接触部分发生锈蚀，导致接触不良。

④ 感应雷电波，致使电压互感器铁芯磁场接近饱和。

⑤ 铁磁谐振作用。

⑥ 中性点不接地，系统发生单相接地故障，使非故障相电压升高到线电压，以及发生间歇性电弧接地时产生数倍过电压，电压互感器铁芯饱和，致使电压互感器电流剧增。

(3) 引起电压互感器二次侧熔断器熔断原因多为二次回路导线受潮、腐蚀及损伤而发生单相接地，甚至可能发展成为两相接地短路；电压互感器内部存在金属性短路时，也可能会造成电压互感器二次侧短路。

2. 电流互感器故障

(1) 过热现象其原因可能是电流互感器一次侧接线接触不良、二次侧接线板表面氧化严重、电流互感器内部匝线间短路、电流互感器一、二次侧绝缘击穿。当电流互感器发生过热、冒烟、流胶等现象时，应立即停运。

(2) 电流互感器二次侧开路。电流值突然无指示，电流互感器声音明显增大，在二次回路开路点可闻到臭氧味和听到轻微的放电声。

(3) 内部有放电声或放电现象。内部放电声是由于电流互感内部绝缘降低，造成一次侧绕组对二次侧绕组以及对铁芯击穿放电；电流互感器表面有放电现象，可能是互感器表面污秽使得绝缘降低造成的。

(4) 内部声音异常原因：电流互感器铁芯紧固螺丝松动、铁芯松动、硅钢片振动增大引起的振动声；某些铁芯因硅钢片组装工艺不良，造成在空负荷（或轻负荷）有一定的“嗡嗡”声；二次侧开路时因磁饱和及磁通的非正弦性，使硅钢片振荡且振荡不均匀发出较大

的噪声;电流互感器严重过负荷,使得铁芯振动声增大。

(5) 充油式电流互感器严重漏油。

二、互感器故障现象及处理

1. 电压互感器故障现象及处理

(1) 故障现象

① 故障相电压降低(或为零),非故障相电压不变。

② 监控后台收到 PT 断线信号。

③ 互感器内部有放电声、冒烟、着火等。

④ 套管严重破裂。

(2) 处理方法

① 母线电压互感器二次空开跳闸后应立即重新合上,若合上后仍跳开,应通知检修人员对 PT 二次回路进行检查。

② 母线 PT 一次故障,退出母线保护,断开 PT 二次空开,将 PT 退出运行,检查 PT 一次熔断器是否熔断,若一次熔断器熔断,则更换熔断器后将 PT 投入运行。

2. 电流互感器故障现象及处理

(1) 故障现象

① 电流互感器本体发出嗡嗡声,严重时冒烟起火。

② 开路处发生火花放电。

③ 监控后台收到 CT 断线信号。

(2) 故障处理

① 当发现上述情况的故障时,运维值班人员应立即进行处理,危及设备安全运行时应立即切断电源,然后汇报班长。

② 当发现二次回路故障时,应检查容易发生故障的端子和元件。对检查出的故障,能自行处理的,如接线端子等外部元件松动、接触不良等,处理前应解除可能引起误动的保护,并尽快在互感器就近的二次侧端子短接后检查处理开路点。处理时要尽量减小一次负荷电流以降低二次回路电压,处理时站在绝缘垫上,戴好绝缘手套。处理后立即投入所退出的保护。

③ 当发现二次回路开路故障点在 CT 本体接线端子,则应立即停电处理。

④ 有异常声音时,应仔细观察,如果内部放电、引线与外壳间有放电现象时,立即停电处理。

三、事故案例分析

1. 事故名称:某风电场 35 kV Ⅰ段母线电压互感器 B 相一次熔断器熔断。

2. 事故前运行方式

220 kV 母线运行正常,35 kV 母线运行正常,各负荷开关运行正常,当前负荷 45 MW。

3. 事故现象

35 kV Ⅰ段母线 B 相电压降低为 0,A、C 相电压不变。

4. 事故处理

(1) 汇报班长。

(2) 汇报相关领导。

(3) 检查 35 kV Ⅰ段母线电压二次空开是否跳开。

(4) 停用该母线上可能误动保护的跳闸压板。

(5) 将 35 kV Ⅰ段母线 PT 由运行转为检修。

(6) 检查 35 kV 母线 PT 手车 B 相熔断器是否熔断。

(7) 更换 35 kV 母线 PT 手车 B 相熔断器。

(8) 测量 35 kV 母线电压互感器绝缘电阻。

(9) 将 35 kV 母线 PT 手车由检修转为运行。

(10) 检查母线电压是否恢复正常。

(11) 记录事故处理过程,并向相关领导汇报。